现代果蔬花卉深加工与应用丛书

果蔬加工安全控制技术

高海燕 主编

王 欣 关文强 副主编

GUOSHU JIAGONG
ANQUAN KONGZHI JISHU

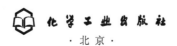

化学工业出版社

·北京·

内容简介

《果蔬加工安全控制技术》围绕果蔬加工制品企业质量与安全管理的基本要求，以果蔬加工制品安全问题产生的环节和控制途径为主线，全面系统地阐述了果蔬加工制品质量和安全相关的控制体系及应用。

本书简要介绍了果蔬加工制品的概念、分类及市场发展趋势，重点阐述了果蔬制品安全性的危害来源，GAP 等果蔬质量安全控制技术体系，果蔬食品原料生产、采购与贮运安全控制技术，果蔬制品加工企业食品安全保证的前提条件，果蔬加工企业生产过程中的危害控制，HACCP 体系在果蔬制品生产企业中的应用，果蔬制品安全控制新技术，果蔬制品安全性和营养性的检测等内容。

本书可供从事果蔬花卉深加工的企业、科研单位的相关人员使用，同时可供轻工、食品、农业等相关专业的高等院校和大中专院校的师生参考。

图书在版编目（CIP）数据

果蔬加工安全控制技术 / 高海燕主编；王欣，关文强副主编. -- 北京：化学工业出版社，2025. 2.
（现代果蔬花卉深加工与应用丛书）. -- ISBN 978-7-122-46971-7

Ⅰ. TS255.3

中国国家版本馆 CIP 数据核字第 2025G81D11 号

责任编辑：张　艳　　　　　文字编辑：林　丹　张春娥
责任校对：王鹏飞　　　　　装帧设计：王晓宇

出版发行：化学工业出版社
　　　　　（北京市东城区青年湖南街 13 号　邮政编码 100011）
印　　装：北京建宏印刷有限公司
710mm×1000mm　1/16　印张 12¾　字数 255 千字
2025 年 3 月北京第 1 版第 1 次印刷

购书咨询：010-64518888　　　　　售后服务：010-64518899
网　　址：http://www.cip.com.cn
凡购买本书，如有缺损质量问题，本社销售中心负责调换。

定　　价：88. 00 元　　　　　　　　　　　版权所有　违者必究

"现代果蔬花卉深加工与应用丛书"
编委会

本书编写人员名单

主　　编：高海燕

副 主 编：王　欣　关文强

编写人员（按姓氏笔画排序）：

王　欣（上海理工大学）

关文强（天津商业大学）

陈金玉（天津商业大学）

高海燕（上海大学）

黄俊逸（上海大学）

前 言 FOREWORD

　　果蔬产业是中国种植业中仅次于粮食的第二大产业，在农业经济发展中占有举足轻重的地位。近年来，中国的果蔬产业蓬勃发展。据国家统计局调查数据，中国水果总产量由 2016 年的 2.44 亿吨增至 2022 年的 3.13 亿吨；同期内，蔬菜产量也从 6.74 亿吨增至 8 亿吨。同时，果蔬脂肪含量低、营养价值高，含有人体必需的多种营养元素，新鲜果蔬及其制品在保持营养均衡及预防慢性疾病等方面发挥着重要作用。随着人口的增加、城镇化水平的提高及人们对健康关注度的提升，果蔬的直接消费量和加工消费量显著增加，果蔬加工制品的需求扩大，加工水平快速提升，果蔬产业链得以延长。 2020 年，水果的直接消费和加工消费分别达到 1.37 亿吨和3278 万吨。

　　随着人们对健康的重视，果蔬及其产品的安全问题成为人们普遍关注的焦点之一。但近年来，果蔬及其产品引发的安全事件时有发生，"甲醛白菜""毒豆芽""柑橘生蛆"等事件引发人们的关注，这也说明我国在果蔬生产、加工、运输、销售等环节仍然存在一些问题。在社会不断进步、科技迅速发展的今天，食品中存在着一些不安全因素。随着新技术的广泛应用，新的食品安全问题也会不断涌现，果蔬制品的安全问题存在于从种植到餐桌整个链条中，要保证果蔬制品安全，必须在整个生产过程中对原料的种植、选择、加工、包装及贮存、运输、销售等环节进行全过程的安全控制。

　　本书为"现代果蔬花卉深加工与应用丛书"的一个分册。本书围绕果蔬加工制品企业质量与安全管理的基本要求，以果蔬加工制品安全问题产生的环节和控制途径为主线，全面系统地阐述了果蔬加工制品质量和安全相关的控制体系及应用。书中介绍了大量应用实例，可以帮助读者更好地理解相关知识。

　　本书共分九章，由上海大学、上海理工大学、天津商业大学等多所院校联合编写，编写过程中力求内容丰富、条理清晰、特色突出，适用于专业及非专业人士的科普学习。具体内容与编者为：第一章果蔬制品产业概述，为本书后续内容的理解提供必要的背景知识，该部分由高海燕和王欣共同编写；第二、三章分别介绍了果蔬制品安全性危害的来源和质量控制体系，由高海燕和王欣共同编写；第四、五章分别介绍了果蔬制品从来源、生产到运输过程中的质量控制方法，该部分由陈金玉、关文强编写；第六~八章主要讲述果蔬制品生产过程中的危害控制及一些果蔬安全控制的新技术，由王欣、高海燕共同编写；第九章介绍了果蔬制品的检测方法，由黄俊逸编写。全书主要由高海燕统稿，并进行修改与审定，王欣、关文强参与了部分章节的统稿与审定工作。

　　本书在编写时，尽可能采用最新研究成果及资料，力求增加相关内容的先进性与实用性。但是，由于食品安全控制相关技术和政策体系处于快速发展和不断完善的过程中，有些内容可能会出现相对滞后的现象。此外，由于本书涉及内容广泛，加之作者水平有限，书中疏忽和不当之处在所难免，恳请读者在使用过程中提出宝贵的意见和建议。

主编

2024 年 10 月

目 录 CONTENTS

03 | 第三章
果蔬质量安全控制技术体系　　/ 039

06 | 第六章
果蔬加工企业生产过程中的危害控制　　/ 114

第一章 概论

第一节 果蔬加工制品的概念、分类及市场发展趋势

一、果蔬加工制品的概念

水果是对部分可以食用的植物果实或其他器官的统称。蔬菜是指可供人类作为佐餐食用且具有柔嫩组织器官的植物。目前，可供人类食用的蔬菜有上百种，根据结构和可食用部位的不同，大致可分为叶菜、根菜、茎菜、花菜、瓜果和食用菌等。新鲜的水果蔬菜含有大量水分，组织脆嫩，体积较大。收获后若无适当的包装、运输和贮藏条件，极易受伤破损，致使产品质量变坏。

果蔬加工是指以新鲜果蔬为原料，依照不同的理化特性，采用不同的方法和机械，通过各种加工工艺处理，消灭或抑制果蔬中存在的有害微生物，保持或改进果蔬的食用品质，使果蔬达到长期保存、随时取用的目的。通过此过程加工制成的产品，称为果蔬加工制品。在加工处理中，要最大限度地保存果蔬的营养成分，改进食用价值，使加工品的色、香、味俱佳，组织形态更趋完美，进一步提高果蔬加工制品的商品化水平。

我国是世界上最大的果蔬生产国和果蔬制品加工基地，果蔬加工制品在农产品出口贸易中占有相当大的比重。果蔬加工业是涵盖第一、二、三产业的全局性和战略性产业，是衔接工业、农业与服务业的关键产业，也是我国农产品加工业中具有明显比较优势和国际竞争力的行业。因此，发展果蔬加工业，不仅能够大幅度提高产后附加值，增强出口创汇能力，还能够全面带动其他产业的发展，促进国民经济的全面发展与社会的可持续发展，具有十分重要的战略意义。

二、果蔬加工制品的分类及其特点

根据果蔬植物原料的生物学特性采取相应的工艺，可制成许多种加工品，其种类繁多，风味也各不相同。根据加工保藏方法的不同，果蔬加工制品可分为鲜切果蔬、干制品、糖制品、腌制品、罐制品、速冻制品、果蔬汁、发酵制品及副产品等。

1. 鲜切果蔬

鲜切果蔬又称最少加工果蔬、半加工果蔬、轻度加工果蔬等，它是指以新鲜果蔬为原料，经分级、清洗、整修、去皮、切分、保鲜、包装等一系列处理后，再经过低温运输进入冷柜销售的即食或即用果蔬制品。鲜切果蔬在保持原有新鲜状态的同时，又经过加工，确保产品的清洁卫生，属于净菜的范畴。这类产品具有天然、营养、新鲜、方便以及可利用度高（100%可食用）的特点，能够满足人们追求天然、营养的食品以及适应快节奏生活方式等方面的需求。目前该加工处理方式已被广泛用于胡萝卜、生菜、圆白菜、韭菜、芹菜、马铃薯（土豆）、苹果、梨、桃、草莓、菠菜等果蔬。与速冻果蔬及脱水果蔬相比，鲜切果蔬能更有效地保持果蔬的新鲜质地和营养价值，食用更方便，生产成本更低。

2. 干制品

将新鲜的果蔬原料经过清洗、切分、烫漂后，采取自然干燥或人工干燥的方法，除去果蔬组织中大部分的水分，使可溶性物质的浓度提高到微生物难以利用的程度，并始终保持低水分（果品一般为 15%～25%，蔬菜在 3%～6% 以下），这样的制品称为果蔬干制品（或称菜干、脱水果蔬）。例如，香菇、金针菜、芦笋干、辣椒干、脱水刀豆等。目前，人工干燥方法主要包括热风干燥法（air dry，AD）和冷冻干燥法（freeze dry，FD）。绝大多数果蔬原料都可干制加工，但以含水量低、固形物含量高的原料最为适宜。

3. 糖制品

新鲜果蔬经过一定的预处理后加糖浸渍或煮制，使含糖量达到 65%～75% 的制品称为果蔬糖制品。有的还加入香料或辅料，含糖量在 68% 以下者与果酱类相似，如南瓜泥、胡萝卜酱、西瓜酱等；含糖量在 70% 以上者称为蜜饯类制品，如糖冬瓜、糖荸荠、糖佛手等。目前糖制品有减少用糖量的趋势，并向加料蜜饯（即凉果型）发展，即香料、甜味剂、酸味剂及食盐含量增加。果蔬糖制品的原料主要局限于根茎类果蔬和瓜果类果蔬。

4. 腌制品

新鲜果蔬经过部分脱水或未经脱水，加入食盐进行腌制后制成的一类加工品称为果蔬腌制品。果蔬腌制品种类很多，大致可分为发酵性腌制品和非发酵性腌制品，前者腌制时用盐量少，有旺盛的乳酸发酵，产品往往带有明显的酸味；后者腌制时用盐量较多，无乳酸发酵或只有轻微发酵，产品不带酸味。也可以用几种果蔬混合腌制，腌制时有的添加少量香辛料来增加腌制品的风味，如泡菜、酸菜、榨菜、咸菜等。

5. 罐制品

将新鲜的果蔬除去不可食用部分及烫漂后，装入能密封的容器内，再加入一定浓度的糖液、盐液或其他调味液，经过排气、密封、杀菌、冷却等罐藏工艺而制成的产品称为果蔬罐装制品，即果蔬罐头。果蔬罐头保藏采用商业无菌原理，由于杀菌消灭了制品中的有害微生物，所以能长期保存，又便于贮藏、运输和携带，并且可以随时取食，既卫生又方便，因此它也属于方便食品，是加工品中的主要产品之一。

6. 速冻制品

将经过预处理的新鲜果蔬置于冻结器中，在$-40\sim-25℃$条件下，通过强空气循环使其快速冻结，产品需放在$-18℃$冷库中保存直至消费。这种加工制品称为果蔬速冻制品。速冻果蔬可以更好地保持果蔬原有的色、香、味、组织结构和营养成分，是比较新颖的加工方法。果蔬的速冻制品也是当前发展较快的一种果蔬加工制品。值得注意的是，即便是速冻产品，最长也只能保存3个月左右，之后随着时间延长会导致营养物质流失。

7. 果蔬汁

果蔬汁是以新鲜或冷藏的果蔬为原料，经过清洗、挑选后，采用压榨、浸提、离心等物理方法得到的汁液制品。果蔬汁含有较多的维生素和无机盐，少数品种可作为饮料，大多数品种用于配制其他食物（如汤类）。

果蔬汁主要包括：浓缩果汁，其体积小、质量轻，可以减少包装、贮运费用；非浓缩还原汁，其营养价值高、风味好，是目前市场上最受欢迎的果蔬汁产品之一；复合果蔬汁，通过从营养、颜色和风味等方面进行综合调制，创造出更理想的果蔬汁产品；果肉饮料（如果粒橙），较好地保留了水果中的膳食纤维，原料利用率较高。

8. 发酵制品

发酵制品是以水果为原料，经过发酵、陈酿而制成的低度饮料酒或果醋。果酒具有水果特有的芳香，风味醇和，味美爽口，色泽鲜美，营养丰富。据分析测定，果酒的营养价值和果汁相近，含有水果中所有的水溶性物质。常饮果酒能增进食欲、帮助消化，对健康有益。果酒一般分为三类：一是发酵酒，为只经酒精发酵的酒，如葡萄酒、苹果酒、橘子酒等，其酒精含量不高，一般为8%～20%；二是蒸馏酒，在酒精发酵后再经蒸馏（将发酵过的果酒或果渣再蒸馏），获得酒精含量较高的蒸馏酒，一般在40%以上，如白兰地等蒸馏果酒；三是配制酒，其是用果酒或白酒加上其他物料（如鲜果汁、鲜果皮、香料、药物、鲜花、兽骨等）一起浸泡配制而成。

9. 副产品

在果蔬深加工过程中，往往会产生大量废弃物，如风落果、不合格果以及大量的下脚料，如果皮、果核、种子、叶、茎、花、根等，这些废弃物中含有较为丰富的营养成分，可以被合理应用。

例如：美国使用核果类种仁中的苦杏仁生产杏仁香精；利用姜汁的加工副料提取生姜蛋白酶，用于凝乳；从番茄皮渣中提取番茄红素，用以治疗前列腺疾病。新西兰从猕猴桃皮中提取蛋白质分解酶，用于防止啤酒冷却时的浑浊，还可作为肉嫩化剂，用于制药则可作为消化剂和酶制剂等。

目前果蔬的综合利用已成为国际果蔬加工业的新热点。

三、果蔬加工制品的市场发展趋势

目前，我国果蔬产品总量已居世界首位，但传统的果蔬加工方法如罐藏、腌制等已难以满足人们的要求。并且随着社会的进步和人们生活水平的提高，人们的饮食观念逐渐发生变化，对营养、健康和美味的要求不断提高。饮食结构也正从温饱型向营养型再向保健型转变，因此对于果蔬及其制品的需求也不断增加。

1. 果蔬功能成分的提取

果蔬中含有许多天然植物化学物质，这些物质具有重要的生理活性。例如，红葡萄中含有白藜芦醇，能够抑制胆固醇在血管壁的沉积，防止动脉中血小板聚集，从而有助于防止血栓形成，并具有抗癌作用。柑橘中含有胡萝卜素等，能抑制血栓形成，具有抑菌、抑制肿瘤细胞生长的效果。南瓜中含有环丙基结构的降糖因子，对治疗糖尿病具有明显作用。大蒜中含有硫化合物，具有降血脂、抗癌、抗氧化等作用。番茄中含有番茄红素，具有抗氧化作用，能预防前列腺癌、消化道癌以及肺癌的产生。生姜中含有姜醇和姜酚等，具有抗凝、降血脂、抗肿瘤等作用。菠菜中含有叶黄素，可以帮助减缓中老年人眼睛的自然退化。从果蔬中分离、提取、浓缩这些功能成分，制成胶囊或将这些功能成分添加到各种食品中，已成为当前果蔬加工的一个新趋势。

2. 果蔬的最少加工

果蔬的最少加工是对果蔬产品不进行热加工处理，只适当采用去皮、切割、修整等处理，使果蔬保持活体状态，能进行呼吸作用，具有新鲜、方便、可100％食用的特点。最近几年此方法在我国广泛使用，如用于苹果、梨、桃、草莓、胡萝卜、生菜、圆白菜、韭菜、芹菜、土豆、菠菜等果蔬。与速冻果蔬产品及脱水果蔬产品相比，最少加工果蔬能更有效地保持产品的新鲜质地和营养价值，食用更方便，生产成本更低。

3. 果蔬汁加工

近年来，我国的果蔬汁加工业有了较大的发展，引进了大量国外先进的果蔬加工生产线，采用一些先进的加工技术如高温短时杀菌技术、无菌包装技术、膜分离技术等。目前果蔬汁加工产品的新品种有：浓缩果汁，体积小、重量轻，可以减少贮藏、包装及运输的费用，有利于国际贸易；NFC（not from concentrate，非浓缩还原）果蔬汁，其不是用浓缩果蔬汁加水还原而来，而是果蔬原料经过取汁后直接进行杀菌，再包装成成品，免除了浓缩和浓缩汁调配后的杀菌，由此得到的果蔬汁的营养价值高、风味好，是目前市场上最受欢迎的果蔬产品之一；复合果蔬汁，是利用各种果蔬原料的特点，从营养、颜色和风味等方面进行综合调制，创造出的更为理想的果蔬汁产品；果肉饮料，它们较好地保留了水果中的膳食纤维，原料的利用率较高。

4. 果蔬粉加工

将新鲜果蔬加工成果蔬粉，其水分含量低于6%。这种加工方法不仅最大限度地利用了原料，减少了因原料腐烂造成的损失，而且干燥脱水后的产品容易贮藏，能大大降低贮藏、运输、包装等方面的费用。此加工方式对原料的大小没有要求，拓宽了果蔬原料的应用范围。果蔬粉能应用到食品加工的各个领域，用于提高产品的营养成分、改善产品的色泽和风味以及丰富产品的品种等，主要可用于面食、膨化食品、肉制品、固体饮料、乳制品、婴幼儿食品、调味品、糖果制品、焙烤制品和方便面等。

5. 果蔬脆片的加工

果蔬脆片是以新鲜、优质的纯天然果蔬为原料，以食用植物油作为热的媒介，在低温真空条件下加热脱水而成。其核心技术是真空干燥。作为一种新型果蔬风味食品，其保持了原果蔬的色、香、味，并且具有口感松脆、热量低、纤维含量高、富含维生素和多种矿物质、不含防腐剂、携带方便、保存期长等特点，在许多国家广受欢迎，其发展前景广阔。

6. 谷-菜复合食品的加工

谷-菜复合食品是以谷物和蔬菜为主要原料，采用科学方法将它们"复合"，所生产出的产品在营养、风味、品种及经济效益等方面具有互补性。它们是一种优化的复合食品，如蔬菜米粉及营养糊类、蔬菜谷物膨化食品以及蔬菜饼干、面条、面包、蛋糕类食品等。

第二节　果蔬加工安全控制概述

一、果蔬加工安全控制的对象及意义

目前，我国较为普遍的食品质量安全定义是指食品生产以及被人类食用后不会对人体健康造成影响的一种担保，也就是说食品中不能含有任何会直接危害消费者健康的有害因素，或潜在的可能诱发安全隐患的一切有害因素，一般采用是否检验出某一有害物质或该物质的剂量是否超过有关规定作为评判食品是否合格的标准。根据以上定义，果蔬及其制品的质量安全情况是指果蔬及其制品的所有指标符合各类规定或标准的程度。具体来说，果蔬及其制品的质量安全应包括其内在品质、可靠性及食用后对消费者健康产生的影响，具体体现在种植、生产、加工、包装、仓储运输和销售过程中果蔬及其制品产生、保留的营养，以及可能发生的危害因素。

因此，果蔬质量安全不仅包括对其品质、等级等方面有要求，同时还应关注其是否对环境和人体健康构成威胁。当前，我国果蔬产品面临的主要问题是如何降低果蔬及其制品中有害物质的含量，减少风险发生的概率和减轻由此带来的对健康的潜在影响。

二、我国果蔬及其制品质量安全现状及影响因素

1. 我国果蔬及其制品质量安全现状

（1）果蔬及其制品中农药残留问题依然存在

目前我国的农业生态环境仍然存在病虫害发生比较频繁且严重，生态环境对病虫害发生的调节、控制能力较弱的情况。因此，在果蔬种植过程中使用农药是不可避免的，甚至在某些地区或某些季节需要使用较高剂量以控制病虫害发生，保障果蔬的产量和外观品质，从而导致在果蔬农产品中普遍存在农药残留的安全风险。在果蔬加工过程中，采取的清洗、去皮、烫漂等加工操作可在一定程度上降低果蔬中的农药残留量，但在果蔬加工最终产品中，还是会经常发生农药残留量超过国家相关标准的情况。在出口果蔬加工产品中，因为农药残留超标则可能导致退货和罚款。因此，农药残留仍然是威胁果蔬加工产品质量安全的重要因素之一，也是影响果蔬加工产品出口的主要因素。

（2）微生物污染问题仍需重视

由于生态破坏和环境污染、食品生产模式及饮食方式改变、食品流通日益广泛、新的病原体不断出现、细菌耐药性的产生等，使得食品被病原体及其毒素污染的可能性越来越大。一方面，传统的食品污染问题仍然存在，如沙门菌污染、霉菌毒素污染、农药残留和寄生虫污染等；另一方面，发达国家出现的一系列新的食品污染问题在我国同样突出，如大肠杆菌感染曾在国内多个地区发生暴发流行等，这不仅会影响消费者的健康，也阻碍了相关产业的发展。如在出口的脱水青椒粒、红椒粒、芹菜茎、菠菜粉中，曾发现存在大肠杆菌等细菌超标的现象。同时，一些加工制品，如果蔬干制品、蜜制品也容易发生微生物超标的问题。目前蜜饯企业以中小型规模的乡镇企业为主，多数属于作坊式生产，企业的厂房、设备较简陋，加工过程欠规范，员工的卫生意识不够强等是蜜饯产品微生物超标的主要原因。微生物本身不仅影响果蔬产品的安全性，其在侵染果蔬过程中所产生的毒素，对人体也有严重危害，在一些果蔬汁和果酒中，包括进口的葡萄酒中，曾检测到含量较高的棒曲霉素、赭曲霉毒素等真菌毒素。

（3）企业违规生产、加工食品的现象不容忽视

一方面，少数不法分子违规使用食品添加剂和非食品原料生产加工食品，掺假制假，影响恶劣；另一方面，我国部分食品行业从业者的素质水平仍有待提高，卫生保证能力较弱的手工及家庭加工方式在食品加工中占有一定的比例。有的从业人员甚至未经健康体检直接上岗操作，部分小生产商无证无照生产加工食品的情况也有发生，这些都给果蔬及其加工制品的安全造成重大隐患。

（4）食品流通环节经营秩序规范性有待加强

一是有些食品经营企业规模小、管理差，溯源管理困难，分级包装水平也较低，甚至违法使用不合格包装物；二是有些企业在食品收购、贮藏和运输过程中，超限量使用防腐剂、保鲜剂；三是部分经营者违规销售不合格产品，甚至"三无"产品、假冒伪劣产品，严重危害人们的身体健康。

（5）新技术、新资源的应用也会带来新的食品安全隐患

随着食品工业的迅速发展，大量食品新资源、添加剂新品种、新型包装材料、新工艺以及现代生物技术和酶制剂等新技术不断出现，它们的广泛使用造成直接应用于食品及间接与食品接触的化学物质日益增多，这也成为亟待重视和研究的食品安全问题。

2. 影响果蔬及其制品质量安全的因素

果蔬产品从生产、加工、贮藏到销售的过程，都可能存在不同程度的质量安全问题。因此，分析影响果蔬质量与安全的因素对于防止和解决果蔬质量安全问题尤为重要。

（1）生产过程

果蔬生产过程中，产地环境、农药和化肥等投入品可能会对果蔬的质量安全产生影响，若环境受到有毒有害物质的污染或农药和化肥施用不当，都容易导致农药残留或重金属、亚硝酸盐等有害物质超标。

① 产地环境。产地环境在果蔬种植的全过程都起到举足轻重的作用，直接影响果蔬的品质和质量安全。随着我国社会和经济的快速发展，工业废弃物和城市生活垃圾对果蔬生产环境的污染越来越引起人们的关注，主要表现在土壤环境、水质和大气环境三个方面。

首先，果蔬在生长过程中所需的营养和水分主要是从土壤中获取的，因此土壤环境是影响果蔬质量与安全的重要因素。通过各种途径进入土壤中的污染物特别是重金属污染物（如汞、镉、铅、砷、铜、锌、镍、钴、钒等），由于其自身化学、物理和生物等因素的作用很难降解，在土壤中不断积累，成为潜在的土壤环境污染物质。其次，水质对果蔬质量与安全也起着至关重要的作用。工业废水和生活污水中的有害物质大量排放到河流、湖泊、海洋和地下水中，通过植物根系吸收向地上部分和果实中转移，直接或间接影响了果蔬的生长发育，给果蔬的质量与安全造成了严重影响。最后，工业大气排放是大气污染物的主要来源之一。大气中的污染物质，如烟尘、硫氧化物、氮氧化物、有机化合物、卤化物、碳化物等，特别是二氧化硫、氟化物等对果蔬的质量影响十分严重。

② 农药使用。在果蔬产品大量生产的同时，农药残留问题也日益凸显。农药残留不仅影响果蔬的质量，也会对人体健康构成严重威胁。为预防农业害虫、增加果蔬产量而施用农药，会导致果蔬表面残留大量没有被吸收利用的农药，直接影响果蔬的质量安全。而残留的农药通过被污染的果蔬进入人体，积累到一定

数量时就会引起农药急性或慢性中毒，有害元素还可能导致人体细胞癌变，甚至致人死亡。

③ 化肥使用。我国化肥的产量和消费量一直居世界前列，大量施用化肥会导致一系列负面影响。过量施用氮肥会使土壤中硝酸盐含量较高，磷肥的过量施用会导致磷肥中有害杂质和重金属在土壤中不断富集，从而污染果蔬产品。

④ 转基因技术的应用。果蔬育种是果蔬生产的起点和基础，随着生物技术的发展，育种技术已逐渐分化为传统技术育种和现代技术育种两种方式。现代技术育种主要采用转基因技术将具有某种生物性状的目的基因导入要改良的寄主细胞内并使其表达，然后培育成新品种，其应用可不受物种之间的限制。虽然至今未发现已经商品化的转基因果蔬与传统果蔬在实质等同性方面有差异的例子，但由于基因表达的复杂性与不稳定性，使转基因食品仍然存在安全隐患。

（2）加工过程

近10年来，我国果蔬加工业取得了巨大的成就，已成为世界上最大的果蔬产品加工国之一，涵盖果蔬汁、罐头、脱水和速冻果蔬制品等领域。在果蔬加工过程中所采取的各种加工技术，如分离、干燥、发酵、清洗、杀菌等，对果蔬产品的质量与安全均可能存在不同程度的潜在影响。例如，分离过程中使用的过滤介质或萃取溶剂如具有毒性，就会影响果蔬产品的质量；发酵过程中形成的甲醇和杂醇油等也可能影响果蔬产品的质量与安全；干燥过程中，若干燥不彻底会引起细菌或霉菌的大量繁殖，从而影响果蔬制品的质量。

（3）贮藏保鲜过程

近几年，我国的果蔬贮藏保鲜技术得到了快速发展，并取得了明显进步，如低温贮藏、气调贮藏、减压贮藏、辐射贮藏、化学防腐保鲜、微生物菌体及其代谢产物拮抗贮藏保鲜和基因工程保鲜技术等。这些技术在实际应用时仍存在很多不足，常常造成果蔬产品质量的下降甚至腐烂。

（4）销售过程

在此过程中如缺乏严格的检验检测和监督，可能会使得一些不合格或过期的果蔬流入市场，这些不合格或腐烂变质的果蔬产品有时也可能会以低价或赠品的方式转移到消费者手中；另外，消费者购买了正常的果蔬后，如贮藏方法不当或贮藏时间过长也会引起果蔬的腐烂变质。食用这些腐烂变质的果蔬可能会严重影响人体健康，引发急性或慢性中毒，甚至出现更严重的后果。

从上述分析可看出，果蔬及其制品加工的危害因子可能产生于食品链中的不同环节，对于处在食品链上不同环节的可能危害因子及其可能引发的饮食风险进行分析和认识，掌握其发生发展规律，是有效控制食品安全问题的基础。

三、果蔬加工安全控制的主要技术与方法

食品安全控制被定义为一种强制性的规定行为，以强化国家或地方管理部门对消费者利益的保护，并确保所有食品在其生产、加工、贮藏、运输及销售过程

中是安全、健康和宜于人类消费的，符合安全及质量的要求，同时依照法律所述诚实、准确地予以标注。食品安全控制体系一般包括法规体系、管理体系和科技体系。

食品安全法规体系包括与食品有关的法律、指令、标准和指南等。有关食品的强制性法律是现代食品法规体系的基本单元，如果立法不当，有可能使国家食品监管行动的有效性受到影响。

食品安全管理体系包括管理职能、政策制定、监管运作和风险交流。有效的食品安全控制体系需要在国家层面上有效地合作，并出台适宜的政策。其核心职能包括建立规范的管理措施，保障监督体系的运行，持续改进硬件条件，提供全面的政策指导和信息。

食品安全的科技体系是指国家进行食品安全控制时所需要的科学依据和技术支撑，主要包括基于科学的风险评估、检测监测技术、溯源预警技术和全程控制技术等支持体系。目前在果蔬加工应用的主要技术与方法体系如下：

1. 良好农业规范（good agricultural practice，GAP）

作为一种适用的方法和体系，GAP 通过经济的、环境的和社会的可持续发展措施，来保障食品安全和食品质量。GAP 主要针对未加工和最简单加工（生的）出售给消费者和加工企业的大多数果蔬的种植、采收、清洗、摆放、包装和运输过程中常见的微生物的危害控制。其关注的是新鲜果蔬的生产和包装，但不限于农场，包含了从农场到餐桌的整个食品链的所有步骤。

2. 良好操作规范（good manufacturing practice，GMP）

它是保证食品具有高度安全性的良好生产管理系统，主要运用化学、物理学、生物学、微生物学、毒理学和食品工程原理等学科的基础知识，来解决食品生产加工全过程中有关的安全问题和食品品质问题。它要求食品企业应具备合理的生产过程、良好的生产设备、正确的生产知识、完善的质量控制和严格的管理体系。因此，GMP 是食品工业实现生产工艺合理化、科学化和现代化的必备条件。

3. 卫生标准操作程序（sanitation standard operation procedure，SSOP）

SSOP 是企业为了使其所加工的食品符合卫生要求而制定的在食品加工过程中如何具体实施清洗、消毒和卫生保持的作业指导文件。它把每一种卫生操作具体化、程序化，为执行任务的人员提供足够详细的规范，并在实施过程中进行严格的检查和记录，如有实施不力要及时纠正。

4. 危害分析与关键控制点（hazard analysis and critical control point，HACCP）

其主要是在食品生产、加工过程中对威胁产品质量安全以及需要控制的关键技术点进行危害分析以及对关键点进行控制的一种系统管理方式。HACCP 具有以下几方面的特点：以预防为基础和核心，重点突出，易于推行。它是目前食品行业有效预防食品质量与安全事故的先进管理方案。

5. ISO 质量管理体系

ISO 是国际标准化组织（international organization for standardization）的

简称。ISO 9000 是一组标准的统称，指由 ISO/TC 176 制定的所有国际标准。ISO/TC 176 是国际标准化组织中的质量管理和质量保证委员会，负责制定世界通用的质量管理和质量保证标准。这套标准的发布，使不同国家、不同企业之间在经贸往来与质量管理方面有了共同的语言、统一的认识和共同遵守的规范。目前，已有 90 多个国家将其直接采用为国家标准，作为制定质量管理和质量保证方案的依据。

ISO 22000 标准是将食品安全管理范围延伸至整个食品链，将 HACCP 与 ISO 9000 进行整合。它是一种风险管理工具，能使实施者合理地识别将要发生的危害，并制定一套全面有效的计划，来防止和控制危害的发生。该标准适用于从饲料生产者、初级食物生产者、食品制造商、储运经营者、转包商到零售商和食品服务端的任何组织，以及相关的组织如设备、包装材料、清洁设备、添加剂等的生产者。

6. 风险分析

风险分析是一种确保食品产品安全的新的模式，开展食品质量安全风险分析的核心目的在于保障消费者的身体健康及促进利益相关方之间相对公平的贸易。食品质量安全风险分析一般是指针对某种食品中存在的潜在危害进行风险评估、风险管理和风险交流的过程，是制定食品安全标准和解决国际贸易争端的重要依据。

7. 食品安全溯源及预警技术

食品溯源是指在食物链的各个环节（包括生产、加工、分送以及销售等）中，食品及其相关信息能够被追踪和回溯，从而使食品的整个生产经营活动处于有效监控中。该技术本身不能提高食品的安全性，但有助于发现问题、查明原因、采取行政措施以及追究责任，是保证及时、准确、有效地实施食品召回的基础。食品召回是实现食品溯源目的的重要手段。

食品安全预警系统是为了达到降低风险、减少损失和避免发生食品安全问题的目的，应用预警理论和方法，按照预警的一般流程运行，并针对食品安全的特性而建立的一整套预警制度和预警管理系统。在食品安全控制中，它的主要功能是预防和控制的作用。

四、果蔬及其制品安全控制发展趋势

根据我国目前果蔬及其制品的安全现状，并结合世界的发展趋势，应在以下几方面作出切实的努力。

（1）加强果蔬及其制品的安全质量控制以及检测技术的研发

针对食品安全这一全球关注的热点问题，如何快速、准确地检测食品中存在的问题已成为重中之重，但是食品分析的困难很多，包括样品中基质背景复杂、前处理烦琐、耗时长、被测成分浓度低、分析仪器的定性能力受限、仪器检测灵敏度不够等。如何解决这些问题，满足目前越来越严格的法规要求，是当前食品安全检测技术的研究方向。实施食品安全控制，要积极追踪国际先进的食品安全科技发展动态，针对影响食品安全的主要因素确定关键技术领域，逐步深入开展食品安全基础研究，建立和完善"从农田到餐桌"全程监测与控制网络体系，进一步发展更加可靠、快速、便携、精确的食品安全检测技术，加快发展食品中主要污染物残留控制技术及食源性危害危险性评估技术与产品溯源制度，从而构建起包括环境和食源性疾病与危害的监测、危险性分析和评估等技术在内的食品安全控制网络系统，并适时转换这些研究成果，以产生实际效益。

（2）建立完善的追溯机制，建设多方参与的一体化平台

完善的质量安全追溯系统可以增加果蔬及其制品的安全信息的透明度，减少消费者、生产经营者与监管者之间的信息不对称，对供应链各环节进行监督和约束。对于企业而言，通过实施可追溯系统，可以在出现原料及产品安全问题时通过信息记录进行追溯，确定发生问题的环节并及时召回问题产品，将生产过程中的风险降低到最低水平；对于消费者而言，可通过手机客户端和微信公众号扫描二维码查询产品的追溯信息，增加信息的透明度，满足消费者的知情权和选择权；对于监管者而言，政府部门可掌握足够的果蔬及其制品安全信息，为实施更加有效的监管提供条件。因此，追溯体系的实现与完善可对涉及果蔬及其制品的相关企业的安全生产和服务行为进行规范管理、信息管理，切实做到产品质量信息可查询、可追溯、可监督、可控制、可管理。

（3）加强果蔬及其制品的安全预警，从事后监管转变为事前预警与处理

加强果蔬及其制品的安全预警体系建设，将企业预警理论和舆情理论结合起来，可为果蔬及其制品质量安全服务，建立果蔬及其制品质量安全内外部结合的预警理论，使预警理论覆盖性更广。同时对果蔬及其制品的生产及流通环节进行跟踪、监控，以预防恶性及意外质量安全事件发生，在危机呈萌芽状态时采取措施，不仅可以维护品牌形象，增强危机管理，还能够进一步保障消费者的身体健康，改善消费者的生活品质。

（4）进一步推动技术标准的国际化程度

当前我国果蔬及其制品生产存在的问题，如技术水平较低、出口不畅、可能影响食品安全等，在很大程度上是由于尚缺乏先进适用的、符合国际通行要求的技术标准和规范。我国现有的一些相关标准和指导性规范已不能够完全适应全球化的发展要求。因此，实现技术标准的国际化，提升与国际接轨的要求和内容是提高我国果蔬及其制品质量及安全的关键。我国的果蔬生产及其加工行业应坚持高起点、高标准的定位方式，积极引用欧盟标准和国际标准，制定或修订国内技术标准，以适应全球化发展趋势。

（5）支持相关的技术研究工作，推广质量管理体系，提高监管有效性

食品安全管理体系作为一种与传统管理体系不同的崭新的食品安全保障模式，它的实施对保障食品安全具有广泛而深远的意义。因此国家应强化对食品安全的监管，采取有效措施支持、宣传、鼓励食品安全管理体系的实施，提高食品企业实施食品安全管理体系的主动性、积极性，并建立健全食品安全管理体系咨询机构、认证机构，为食品企业实施食品安全管理体系提供便利；同时果蔬及其

制品生产经营企业应强化食品安全管理意识，增加食品安全管理投入，注重管理人员的培养，研究各相关管理体系的兼容性，以寻求更好的整合路径；作为食品消费者应当提高对产品安全的要求，尽量选择经过食品安全管理体系认证合格的相关企业的产品，以共同提高监管和管理的有效性。

参考文献

[1] 张慜，孙金才，卢利群．蔬菜食品加工品质调控与质量安全新技术．北京：科学出版社，2015.

[2] 魏拓．中国蔬菜产业国际竞争力研究．广州：华南农业大学，2012.

[3] 王丽琼．果蔬贮藏与加工．北京：中国农业出版社，2008.

[4] 张欣．果蔬制品安全生产与品质控制．北京：化学工业出版社，2005.

[5] 郭静，闫永祥，朱良勇．天水市农产品质量安全追溯体系建设现状及发展策略．甘肃农业，2019（5）：79-80.

[6] 赵静，刘诗扬，徐方旭，等．影响果蔬质量与安全的因素分析及应对策略．食品安全质量检测学报，2013，4（6）：1637-1644.

[7] 周建忠．浅谈我国加工环节食品安全监管存在的问题及对策．中外食品工业：下，2014（1）：60-61.

[8] 郑文杰．辐照食品鉴别技术现状及研究进展．检验检疫学刊，2013，23（5）：1-6.

[9] 师俊玲．食品加工过程质量与安全控制．北京：科学出版社，2012.

[10] 金征宇，彭池芳．食品加工安全控制．北京：化学工业出版社，2014.

[11] 谢明勇，陈绍军．食品安全导论．北京：中国农业大学出版社，2009.

[12] 孙秀兰，吴广枫，辛志宏．食品安全学应用与实践．北京：化学工业出版社，2021.

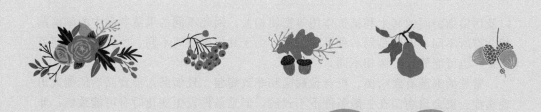

第二章　果蔬制品安全性的危害来源

食品安全是一个全球公共卫生问题，不仅关系人类的健康生存，而且还严重影响经济和社会的发展。危害果蔬及其制品安全的因素可来自从农田到餐桌过程的任何一个环节，并且差异较大。例如，原料在种植、养殖过程中可能受到环境中生物性、化学性和物理性因素的影响；产品在加工、包装、储存、运输、销售、消费等环节也可受到外界污染，甚至营养不平衡、转基因技术、辐照技术、新资源食品的开发及其他新技术的应用，都可能给果蔬及其制品带来污染。为了保障食品的安全性和消费者的身体健康，需要对造成食品污染的这些因素进行控制。根据目前先进的食品安全控制技术体系，首先应当分析了解食品生产全过程各个环节危害的来源，并据此制定相应措施，才能有效地保障食品安全。

第一节　果蔬制品中的生物性危害

微生物普遍存在于人类生活环境中，食品及其原料在种植、生产、加工、包装、储运、销售、烹饪的各个环节，都可能因外来生物性有害物质的混入、残留或产生新的有害物质，对人体健康产生危害，这被称为生物性食品安全危害。引起生物性危害的因素主要包括有害的细菌、病毒、真菌（霉菌、酵母）、寄生虫和昆虫等。到目前为止，生物性危害仍然是整个食品工业中最重要的食源性危害。

一、细菌性危害

1. 概述

细菌是食品加工、销售过程中的重要污染来源之一。有数十种细菌可通过食品引起人类发生急性或亚急性食物中毒，给人类健康甚至生命安全造成威胁。据统计，细菌性食物中毒在各种食品中毒中所占比例最大。果蔬制品中的细菌污染来源与环境情况（如温度、湿度、水分活度、pH值等）、果蔬制品的理化性质以及污染细菌间的共生和拮抗作用等密切相关。因此不同的果蔬制品中的细菌菌相会有所不同,即使是同一种果蔬制品,由于其放置时间不同、所处环境不同等因素,也可能导致其菌相不同。

常见的细菌有致病菌、机会致病菌和非致病菌。致病菌污染食品后能使人出现病症;机会致病菌在一般条件下不致病,但是条件发生变化时有可能致病;非致病菌一般不引起人类疾病,但它们可能会引起食品的腐败变质,并为致病菌的生长繁殖提供条件,而在食品腐败变质时,一些细菌的代谢产物也会对人体产生危害。因此,果蔬制品污染的细菌,尤其是致病菌,不仅会引起果蔬制品的腐败变质,而且能够引起食物中毒的发生。

2. 果蔬制品中常见细菌及其危害

在果蔬制品中常见的细菌种类有:沙门氏菌、致病性大肠杆菌、志贺氏菌、单增李斯特杆菌、金黄色葡萄球菌、蜡样芽孢杆菌、肉毒杆菌等。常见致病细菌及其对人体的危害如表 2-1 所示。

表 2-1　常见致病细菌及其对人体的危害

致病细菌	特性	污染食品	对人体危害
沙门氏菌	最适生长繁殖温度为 20～30℃,水中可生存 2～3 周,粪便中可生存 2～3 个月,耐寒、耐冷、不耐热,60℃ 15～30min 或 100℃ 数分钟即被杀灭	肉类的生前感染和宰后污染、禽蛋粪便污染、生熟食品交叉污染;在新鲜蔬菜、果汁中比较常见	肠道疾病、食物中毒
致病性大肠杆菌 O157	耐低温,-20℃仍然存活;耐酸,pH3～4 仍能繁殖;毒力强;对热敏感,75℃以上 1min 即被杀灭	来源于动物粪便及生肉交叉污染;在未经消毒的奶类、芝士、蔬菜、果汁中比较常见	腹泻(水源性腹泻)、食物中毒
志贺氏菌	一般在 56～60℃经 10min 即被杀死;在 37℃ 水中存活 20 天,在冰块中存活 96 天;对化学消毒剂敏感,1% 石炭酸溶液中 15～30min 死亡	主要经粪-口途径传播。痢疾杆菌随患者或带菌者的粪便排出,通过受污染食物、水、手等经口传播;在蔬菜、瓜果、沙拉中常见	痢疾、食物中毒
单增李斯特杆菌	耐低温、耐碱、耐盐、不耐酸、不耐热(59℃,10min 死亡)	来源于土壤、食品加工环境;在乳制品、肉制品、蔬菜沙拉等食品中较为常见	发热肠胃炎、脑膜炎、败血症、孕妇自发性流产或死胎
金黄色葡萄球菌	最适生长温度 37℃,最适 pH 值为 7.4,干燥环境下可存活数周;对热和干燥的抵抗力较一般无芽孢细菌强,加热至 80℃ 30min 可被杀死	在空气、尘埃、水、食物及粪便中均可检出,其主要来源是人和动物;人体暴露主要是通过食用被该菌污染的食物;在剩饭、凉糕、奶油糕点中常见,在蘑菇等食品中也有检出	产生肠毒素,造成食物中毒
蜡样芽孢杆菌	生长温度范围 20～45℃,10℃ 以下生长缓慢或不生长;不耐热,加热至 100℃ 20min 即可杀灭	来源于土壤、水、空气以及动物肠道;在马铃薯、凉拌菜、沙拉等食品中常见	胃肠炎

续表

致病细菌	特性	污染食品	对人体危害
肉毒杆菌	肉毒杆菌芽孢抵抗力很强，耐高温、耐寒冷、耐干燥，干热180℃ 5～15min、高压蒸汽121℃ 30min、湿热100℃ 5h才能杀死芽孢	来源于土壤、湖泊、溪流、腐烂植物等；在发酵豆制品如臭豆腐、豆豉、豆酱，面酱及蔬菜饮料、蔬菜油、沙拉等制品中常见	产生神经毒素，食物中毒

3. 细菌的污染途径

细菌的污染途径主要有以下几方面：

（1）原料的污染

果蔬制品的原料表面在采集、加工之前，常常被水中、土壤中的细菌污染，尤其在果蔬制品生产前期处理过程中，原料破损处容易聚集大量的细菌，而且在果蔬制品预处理过程中使用未达卫生标准的水，也会引起细菌污染。

（2）直接接触食品的从业人员没有严格执行卫生操作程序

食品从业人员如果不认真执行卫生操作规范，通过手、上呼吸道可能导致食品污染；直接接触食品的从业人员的工作衣帽如果不定期清洗消毒，也容易滋生大量的细菌，而且带病的食品从业人员工作时与食品接触，或者工作时谈话、咳嗽、打喷嚏也可能会直接或间接引起细菌污染。

（3）生产车间内外环境未达卫生标准也可能导致细菌污染。

（4）食品生产设备、存放食品的器具及容器导致的细菌污染

不洁净的食品加工设备、包装器具、运输工具等，都会引起不同程度的细菌污染。

（5）烹调加工过程中的污染

在果蔬制品加工过程中，未能严格贯彻烧熟煮透、生熟食分开等卫生要求，使果蔬制品中已存在或污染的细菌大量繁殖。

4. 致病性细菌的预防原则与方法

（1）致病性细菌的预防原则

对于致病性细菌的预防，一般有以下原则：用消毒过的水清洗瓜果蔬菜；食品进行低温储藏并尽可能缩短存储时间；不吃不干净的水果、凉拌蔬菜；剩余饭菜食用前要彻底加热；防止食品生熟交叉污染。

（2）致病性细菌的预防方法

对于致病性细菌的预防除了最为常用的加热方法之外，其他方法还有：

① 低温。低温是保持新鲜果蔬品质的关键因素之一。一方面，低温可以降低生鲜果蔬的代谢速率并抑制呼吸作用，从而延缓各类生理生化反应；另一方面，低温可以在一定程度上抑制微生物的生长速率，从而保证果蔬的品质和安全。

② 辐照。辐照是目前应用较广的一种冷杀菌技术。辐照运用 X 射线、γ 射线或高速电子束等电离辐射产生的高能射线对粮食、蔬菜、水果、肉类、调味品

等进行加工处理，达到杀虫、杀菌、抑制生理过程、提高食品卫生质量、保持营养品质及风味、延长货架期等目的。

③ 高压冷杀菌。在果酱和果蔬汁饮品的杀菌处理上，高压冷杀菌技术得到了较为广泛的应用。该技术通过施加高压，能够有效杀灭食品中的微生物，延长产品的货架期。与传统的热杀菌方法相比，高压冷杀菌能够更好地保留食品的风味、质感和营养成分，同时确保食品的安全性和品质稳定性。

④ 清洗剂。单一使用自来水对果蔬进行清洗并不能达到理想的减少微生物的效果，所以在清洗生鲜果蔬时往往会使用清洗剂。一般在果蔬清洗过程中使用的清洗剂包括洗涤剂和杀菌剂，但目前常用的清洗消毒方法不能完全去除果蔬表面的微生物，且可能会造成试剂残留，给果蔬产品带来新的食品安全风险。因此，使用清洗剂时应严格控制其种类和使用浓度。

二、真菌性危害

1. 概述

真菌是微生物中的高级生物，在自然界中分布广泛。虽然有些真菌被广泛应用于食品工业，如酿酒、制酱、面包制造等，但也有些真菌会通过食品给人体健康造成危害。真菌在阴暗、潮湿和温度较高的环境中更容易繁殖，因此在粮食、水果和各种食品上极易生长，引起食品不同程度的腐败变质，使食品失去原有的色、香、味、形，降低甚至完全丧失食用价值。此外，有些真菌能产生毒素，人畜会因误食这些毒素而中毒。食品加工中，虽然加热、烹调等处理可杀死真菌菌体及孢子，但真菌毒素一般不能被破坏。目前已知的真菌毒素约有 200 多种。不同真菌毒素作用不同，按其毒性作用性质分为肝脏毒、肾脏毒、神经毒、致皮肤炎物质、细胞毒及类似激素作用的物质等。大多数的真菌毒素都具有致癌作用、耐高温、无抗原性等特点。

研究表明，并不是所有的真菌都产生毒素，只有其中的产毒菌株能产生毒素，即使是产毒菌株，也是在一定条件下才能产毒。目前已知具有产毒能力的真菌主要有：曲霉菌属中的黄曲霉、赭曲霉、杂色曲霉、烟曲霉和寄生曲霉等；青霉属中的岛青霉、橘青霉、黄绿青霉、展青霉、扩展青霉、圆弧青霉、皱褶青霉和荨麻青霉等；镰刀菌属中的玉米赤霉、梨孢镰刀菌、拟枝孢镰刀菌、三线镰刀菌、血腐镰刀菌、粉红镰刀菌、禾谷镰刀菌等；以及其他一些霉菌，如粉红单端孢菌、绿色木霉属、漆斑霉菌属、黑色葡萄状穗霉等。

2. 果蔬制品中常见真菌毒素及其危害

真菌毒素不仅污染小麦、大麦、燕麦、玉米等禾谷类作物，也危害苹果、梨、马铃薯、葡萄、石榴等果蔬类经济作物及其制品。被污染的果蔬一方面可能失去经济价值，同时被人和动物食用后可能会产生广泛的毒性效应。不同果蔬类制品中积累的真菌毒素种类不同，目前果蔬中常见的真菌毒素有几十种，从新鲜果蔬及其产品中检测到的真菌毒素有黄曲霉毒素、赭曲霉毒素、展青霉毒素、杂色曲霉毒素等。在苹果及其制品中容易产生展青霉毒素等真菌毒素；在葡萄及其产品中检测出的真菌毒素种类最多，主要有单端孢霉烯族毒素、赭曲霉毒素、富马毒素、链格孢毒素等；果蔬干制品如橄榄、开心果、杏仁、杏干、板栗及其加工品、无花果等制品中主要存在黄曲霉毒素；在腌制咸菜类产品中常见有黄曲霉毒素等；此外，人们在柑橘、蓝莓、草莓、猕猴桃、辣椒、甜椒和番茄等果蔬中也发现了真菌毒素的污染。

真菌毒素中毒通常对人体的肝脏、肾脏和大脑神经系统等造成严重损害，可能引发肝硬化、肝炎、肝细胞坏死、肝癌、急慢性肾炎以及大脑中枢神经系统的严重出血和神经组织变性等疾病。一般真菌毒素中毒具有如下特点：①中毒发生主要是通过被真菌毒素污染的食品引起。中毒食品有的从外观上可以看出已经发霉，如发霉的花生、玉米等，但有些可能导致中毒的食品不一定能看得出来；②真菌毒素很耐热，蒸、煮、炒等一般的烹调方法不能破坏；③真菌毒素中毒不产生抗体；④真菌生长繁殖及产生毒素需要一定的温度和湿度，因此食物中毒的发生具有较明显的季节性和地区性；⑤不同种类真菌毒素的毒性强弱不同，毒素损害的部位不同，治疗处理方法也不同。在果蔬及其制品中常见的几类真菌毒素产毒菌种、污染食品及对人体的危害如表 2-2 所示。

表 2-2　常见真菌毒素、产毒菌种、污染食品及对人体的危害

真菌毒素	产毒菌种	污染食品	对人体危害
单端孢霉烯族毒素	由镰刀菌、木霉、单端孢、头孢霉、漆斑霉、轮枝孢和黑色葡萄状穗霉等属产生	干腐病马铃薯块茎、心腐病苹果等果蔬中	引起人（和动物）头昏、腹胀、恶心、呕吐等症状，若长期摄入，则具有致癌、致畸、遗传毒性、肝细胞毒性、中毒性肾损害、生殖紊乱、免疫抑制的作用
展青霉毒素	由曲霉属和青霉属中的棒曲霉、扩展青霉、展青霉、曲青霉等病原真菌产生	多种水果、水果制品和果酒中	对人（及动物）均具有较强的毒性作用。当人摄取了展青霉毒素，可通过影响细胞膜的透过性间接地引起生理呼吸异常。而动物如大鼠摄取了该毒素，其急性中毒症状主要表现为痉挛、肺出血水肿、皮下组织水肿、肾瘀血变性、无尿直至死亡
赭曲霉毒素	由曲霉属，如赭曲霉、硫黄色曲霉、洋葱曲霉、孔曲霉、炭黑曲霉等 7 种曲霉及青霉属真菌，如纯绿青霉、疣孢青霉、产紫青霉、圆弧青霉等 6 种青霉产生	干果、葡萄及葡萄酒、罐头食品等多种果蔬及制品中均有检出	对人类（和动物）的毒性作用主要表现为肾脏害、肝害、致畸、致癌、致突变和免疫抑制作用
交链孢毒素	由互隔链格孢病原菌产生	交链孢毒素广泛存在于霉变的果蔬中，如苹果汁、葡萄汁、橘汁等	大多数交链孢毒素的急性毒性较低，部分具有明显的遗传毒性和致突变性

3. 病原菌侵入果蔬的途径

不同病原菌侵入果蔬的途径不尽相同。对单端孢霉烯族毒素来讲，产生该类毒素的病原菌在果蔬采收之前已经通过寄主表面的伤口或自然孔口成功定植于寄主体内，在低温、高湿、pH值偏酸性条件下，病原菌生长迅速；产展青霉素的病原菌主要在果蔬采收后贮藏和运输的过程中，通过寄主表面的伤口或自然孔口侵入，病原菌产生展青霉素的温度范围较宽，一般在0～40℃范围内均可产生；产赭曲霉毒素的病原菌主要在果蔬采收后贮藏和运输的过程中，通过寄主表面的伤口或果实之间的相互接触而侵染；由于交链孢霉是一种广泛污染食品的病菌之一，这种病菌具有腐生、寄生以及植物致病性，既可以在田间通过果蔬类作物的自然孔口侵入，也可以在果蔬采后贮藏和运输过程中通过伤口或健康果蔬与腐烂果蔬的相互接触而霉变，同时交链孢霉产毒需要在一定的条件才能产生。

4. 预防真菌毒素污染的方法

为了预防真菌毒素污染果蔬制品，一般可采取下列预防措施：

（1）防止原材料在田间的污染和贮藏期内的防潮。如可使用具有抗霉特性的作物品种，利用早熟的作物品种轮作，注意灌溉，正确施肥，适时收割，避免将作物留在田间过冬，避免作物被鸟类、昆虫及机械损害等。收获后需清理和及时干燥至水分含量10%以下，有时可加防霉剂。在贮藏时保持干燥，保持仓库清洁、预防老鼠污染并确保通风良好。

（2）将霉变的产品剔除。

（3）减少原料的含菌量。想完全除去原料中的霉菌毒素是不可能的，因此，唯一的方法是人类与动物避免摄入污染的粮食及饲料，因此严格检查原料中的毒素非常关键，需开发一些灵敏有效的检测方法，制定毒素的限量，同时食品及饲料工业需自动管制，采用相应的技术手段使已含有的真菌毒素灭活。

（4）用灭菌法杀灭中间产品或成品中的霉菌。

（5）用恰当的分装和包装技术避免二次感染。

（6）通过采用冷藏、冷冻、加防腐剂、降低水分等措施抑制未灭菌食品中真菌的生长。

三、病毒性危害

早在1941年，人类就已证明病毒性疾病可通过食品进行传播。近年来，新发病毒性疾病层出不穷。

目前，病毒污染食品的途径有：原料植物所处的环境中污染了病毒；原料植物携带病毒；食品加工人员携带病毒及不良的卫生习惯；生熟不分，造成带有病毒的原料污染半成品或成品。

传染给人类的病毒主要包括甲型肝炎病毒、诺沃克病毒、轮状病毒、戊型肝炎病毒、脊髓灰质炎病毒、朊病毒［引起牛海绵状脑病（疯牛病）］、口蹄疫病毒、猪水疱病毒、猪瘟疫病毒等。粪-口途径是病毒的主要传播途径，有时也以食品或水为媒介进入人体。常见的致病性病毒及其对人体的危害如表2-3所示。

表 2-3　常见致病性病毒及其对人体的危害

病毒名称	对人体危害
甲型肝炎病毒	发热、厌食、恶心、嗜睡、黄疸
诺沃克病毒	腹泻、恶心、呕吐、腹部痉挛、头痛、体痛、低热
轮状病毒	婴幼儿腹泻
戊型肝炎病毒	与甲型肝炎类似,小儿戊肝发病率低,孕妇患戊肝病死率高
口蹄疫病毒	发热、水疱、胃肠炎、神经炎、心肌炎

对人畜共患病毒病的预防有以下几方面：对食品原料进行有效的消毒处理；严格执行卫生标准操作规程，确保加工人员健康和加工过程中各个环节的消毒效果；不同清洁度要求的区域应严格隔离。

四、寄生虫危害

1. 概述

寄生虫是指其本身不能完全独立生存，需要寄生于其他生物体内的虫类。寄生虫所寄生的生物体称为寄生虫的宿主，其中，不同阶段寄生的宿主有不同的名称，成虫和有性繁殖阶段寄生的宿主称为终宿主；幼虫和无性繁殖阶段寄生的宿主称为中间宿主。寄生虫及其卵可以直接污染食品，或通过病人、病畜的粪便污染水体或土壤后，再污染食品，人经口摄入而发生食源性寄生虫病。畜禽、水产品是许多寄生虫的中间宿主，人类食用了含有寄生虫的畜禽和水产品后，就会感染寄生虫。因此，防止和控制寄生虫对保证食品安全与卫生具有重要意义。

2. 食品中常见寄生虫及其危害

污染食品的寄生虫主要有蛔虫、绦虫、旋毛虫等，这些寄生虫一般都是通过病人、病畜的粪便污染水源、土壤，然后再使鱼类、水果、蔬菜受到污染，人食用后会引起寄生虫病。蔬菜瓜果中常见的寄生虫包括阿米巴原虫、蛔虫，以及菱角、茭白等水生植物表面的姜片虫等。其中阿米巴原虫主要有包囊、大滋养体和小滋养体三种形态，这三种形态对外界环境的要求不同：大滋养体和小滋养体排出体外极易死亡，而且无传播作用；包囊在外界环境中有较强的抵抗力，其在大便池中存活时间能达到 2 周，在水中存活时间能达到 5 周，在常用消毒剂中能存活 30min 左右，一般饮水消毒的氯浓度不能将其杀死，但是在 60℃、10min 的情况下可以将其杀死。阿米巴原虫病的主要症状为腹泻和脓血便。阿米巴原虫也会侵入溃烂的肠壁血管，通过血液进入其他器官引起肠外阿米巴病。蛔虫作为一种大型线虫，是人、畜寄生虫病中最常见的，流行广泛。姜片虫成虫主要寄生于人和猪的小肠壁，人感染姜片虫主要表现为消瘦、贫血、中性粒细胞减少、水肿以及出现腹痛等。常见污染食品的寄生虫及其危害如表 2-4 所示，在果蔬及其制品中出现较多的为蛔虫。

表 2-4　常见污染食品的寄生虫及其对人体的危害

寄生虫名称	宿主	对人体危害
囊虫	猪、牛	皮下及肌肉囊尾蚴病、脑囊尾蚴病、眼囊尾蚴病
旋毛虫	猪	初期:恶心、呕吐、腹痛; 中期:急性血管炎和肌肉炎,实质性器官如心、肝、肺、肾等功能损害; 末期:败血症或合并症导致死亡
蛔虫	蔬菜、水果、水生植物	腹部疼痛、哮喘、荨麻疹,胆管蛔虫病
姜片虫	菱角、茭白等水生植物	腹痛、呕吐、腹泻、贫血,腹水和浮肿
弓形体	猪、牛、羊、鸡、鸭等	发热、肌肉疼痛、皮疹,淋巴结肿大、心肌心包炎、肝炎、肾炎等
阿米巴原虫	猪	腹泻,肝大、肝区疼痛,肠外阿米巴病

3. 寄生虫污染食品的途径

寄生虫能通过多种途径污染食品,经口进入人体,引起食源性寄生虫病的发生和流行。

（1）经水传播

不少寄生虫是经水而进入人体的,水源如被某些寄生虫的感染期虫卵或幼虫污染,人则可因饮水或接触疫水而感染,如饮用含血吸虫尾蚴的疫水可感染血吸虫。经饮水传播的寄生虫病具有病例分布与供水范围一致,不同年龄、性别、职业者均可发病等特点。

（2）经食物传播

我国不少地区使用人粪作为肥料,粪便中的感染期虫卵污染蔬菜、水果等是常见的传播途径。因此生食蔬菜或未洗净、削皮的水果常成为某些寄生虫病传播的重要方式。

（3）经土壤传播

有些直接发育型的线虫,如蛔虫、鞭虫、钩虫等的卵需在土壤中发育为感染性卵或幼虫,因此人体感染与接触土壤有关。有的寄生虫卵对外界环境有很强的抵抗力,如蛔虫卵能在浅层土壤中生存数年。

（4）经空气传播

有些寄生虫的感染期卵可借助空气或飞沫传播,随呼吸进入人体而感染。

（5）经节肢动物传播

某些节肢动物在寄生虫病传播中起着特殊而重要的作用,如蚊子传播疟疾和丝虫病。

（6）经人体直接传播

有些寄生虫可通过人与人之间的直接接触而传播。寄生虫进入人体的常见途径有:经口感染,如蛔虫、鞭虫、蛲虫等;经皮肤感染,如钩虫、血吸虫等;经胎盘感染,如弓形虫、疟原虫等;经呼吸道感染,如蛲虫等;经输血感染,如疟原虫等。

4. 寄生虫危害的控制

寄生虫进入人体后，对人的健康会造成极大损害。对寄生虫的预防主要有以下几个方面：对于畜肉及禽肉，不吃未彻底加工熟的食品；对于菱角、茭白等水生植物，应熟食，尽量不要生吃；定期对动物进行健康检查；切断传播途径等。

第二节　果蔬制品中的化学危害

食品的化学危害是指食品本身含有的，或者在食品加工、贮藏、运输、销售、消费等过程中，通过环境、运输工具、加工器具、包装材料等对食品造成污染的化学物质。果蔬的化学危害主要包括果蔬原料中天然存在的有毒有害物质、农药残留、原料中含有的工业有害物质、不正确使用的食品添加剂、食品加工不当产生的有毒化学物质以及包装材料和容器等带来的化学物质。

一、果蔬制品中的天然有毒物质

果蔬中的天然有毒物质是指有些植物中存在的某种对人体有害的非营养性天然物质，或因储存方法不当在一定条件下产生的有毒成分。果蔬中的天然有毒物质成分比较复杂，其来源主要有两种解释：一是植物在长期的进化过程中为了防止微生物、各类昆虫和其他动物及人类的危害而建立的一种自我保护的手段；二是植物在代谢过程中产生的代谢产物或废物。按照化学结构来分，这些物质主要有生物碱、苷类、有毒蛋白和肽、酶（如脂肪氧化酶、硫胺素酶）、草酸及草酸盐、酚类及其衍生物（包括单酚类、鞣质、异黄酮、香豆素）等。与食品关系密切，且较常见的天然有毒物质主要有下列几种。

1. 苷类

苷类，又称配糖体、甙类，是由糖分子中的半缩醛羟基和非糖化合物中的羟基缩合而成的具有环状缩醛结构的化合物。大多数苷类无色、无臭、具苦味，少数苷类有色如黄酮苷、蒽苷、花色苷等，可溶于水及醇中，易被酸或酶水解，水解的最终产物为糖及苷元。由于苷元的化学结构不同，苷的种类也有多种，主要有氰苷、皂苷等。它们广泛分布于植物的根、茎、叶、花和果实中。

日常果蔬中常见到的含苷类物质主要如下：

（1）苦杏仁

苦杏仁中苦杏仁苷是有毒的化学成分。苦杏仁苷口服后易在胃肠道中分解出氢氰酸，故其毒性要比静脉注射大 40 倍左右。人静脉注射约 5g（相当于每千克体重 0.07g）即可致死。苦杏仁苷在人咀嚼时和在胃肠道中经酶水解后可产生有毒的化学成分氢氰酸，该物质可抑制细胞内氧化酶活性，使细胞发生内窒息，同时氢氰酸可反射性刺激呼吸中枢，使之麻痹，造成人的死亡。苦杏仁中毒多发生于杏子成熟收获季节，常见于儿童因不了解苦杏仁毒性，生吃苦杏仁，或不经医生处方自用苦杏仁煎汤治疗咳嗽而引发中毒。苦杏仁中毒的潜伏期一般为 1～

2h，先有口中苦涩、头晕、恶心、呕吐、脉搏加快以及四肢无力等症状，继而出现不同程度的呼吸困难、胸闷，严重者昏迷甚至死亡。

预防措施：宣传苦杏仁中毒的知识，尽量不吃苦杏仁；当食用苦杏仁时，应反复用水浸泡，充分加热，使氢氰酸挥发掉。

（2）木薯

木薯中含有一种亚麻配糖体，遇水时，经过其所含的亚麻配糖体酶作用，可析出游离的氢氰酸而致中毒。氢氰酸被吸入或内服达1mg/kg体重时，即可导致迅速死亡。但木薯内的配糖体不能在酸性的胃液中水解，其水解过程多在小肠中进行，或因亚麻配糖体在烹煮过程中受到破坏而影响水解速度，故其中毒的潜伏期比无机氰化物长。

预防措施：应加强宣传，不能生吃木薯；木薯加工首先必须去皮，然后洗涤，用水煮熟，煮木薯时一定要敞开锅盖，用水浸泡熟木薯16h，弃去煮薯的汤及浸泡木薯的水；不能空腹吃木薯，且一次不能吃得太多，儿童、老人、孕妇等均不宜吃。

（3）皂荚

皂荚的有毒成分是皂角皂苷，皂苷具有溶血作用，它不被胃肠吸收，一般不发生吸收性中毒；但对胃肠有刺激作用，大量服用时可引起中枢神经系统紊乱，也可引起急性溶血性贫血。

（4）芦荟

其全株、汁液均有毒。研究证明，芦荟全株液汁中含芦荟素约25%、树脂约12.6%，还含少量芦荟大黄素。主要有毒成分是芦荟素及芦荟大黄素，芦荟素中主要含芦荟苷及少量的异芦荟苷、β-芦荟苷，它们对肠黏膜有较强的刺激作用，可引起明显的腹痛及盆腔充血，严重时可造成肾脏损害。

（5）桔梗

桔梗中的有毒成分为皂苷，桔梗皂苷具有强烈的黏膜刺激性，具有一般皂苷所具有的溶血作用，但口服溶血现象较少发生。

2. 生物碱

生物碱是一类具有复杂环状结构的含氮有机化合物，主要存在于植物中，有类似碱的性质，可与酸结合成盐，在植物体内多以有机酸盐的形式存在。其分子中具有含氮的杂环，如吡啶、吲哚、嘌呤等。

生物碱的种类很多，已发现的有2000种以上，分布于100多个科的植物中，其生理作用差异很大，引起的中毒症状各不相同。有毒生物碱主要有烟碱、茄碱、颠茄碱等。生物碱多数为无色、味苦的固体，游离的生物碱一般不溶或难溶于水，易溶于醚、醇、氯仿等有机溶剂，但其无机酸盐或小分子有机酸易溶于水。

日常果蔬中常见的含生物碱类物质主要如下：

（1）颠茄

颠茄可用作药物，因其毒性较大，一般只作外用，不可内服，如果不慎误服将导致中毒。颠茄中含有生物碱——茄碱是有毒成分，以未成熟的果实中含量较多。

（2）发芽马铃薯

发芽马铃薯中的天然毒素是茄碱，又称为马铃薯毒素，是一种弱碱性的生物碱，难溶于水而溶于薯汁。马铃薯全株含有马铃薯毒素，但各部位含量不同，成熟的马铃薯中含量极微，一般不引起中毒，但其在芽、花、叶及块茎中含量较高，其嫩芽部分的毒素含量比肉质部分要高几十倍甚至几百倍，详情见表2-5。

表 2-5　马铃薯各部位的毒素含量

部位	含量/(mg/g)	部位	含量/(mg/g)
块茎的外皮层	30～64	嫩芽	420～730
内皮层	15	叶	55～60
块茎的肉质部分	1.2～10	茎	2.3～3.3
整块茎	7.5	花	215～415

马铃薯中毒后的潜伏期很短，一般为数十分钟至数小时。首发症状常为咽喉部瘙痒、有烧灼感，继而出现腹痛、恶心、呕吐、腹泻、头晕、耳鸣、怕光。如中毒较重，则可出现发热、抽搐、昏迷、脱水、呼吸困难、意识丧失，少数患者还可因组织细胞缺氧出现皮肤黏膜青紫和呼吸麻痹而死亡。马铃薯中毒绝大部分发生在春季及夏初季节，原因是春季潮湿温暖，对马铃薯保管不好，易引起发芽。因此，要加强对马铃薯的保管，防止发芽是预防中毒的根本保证；禁止食用发芽的、皮肉青紫的马铃薯；少许发芽未变质的马铃薯，可以将发芽的芽眼彻底挖去，将皮肉青紫的部分削去，然后在冷水中浸泡30～60min，使残余毒素溶于水中，再清洗，烹调时加食醋，充分煮熟再吃。但以上做法不适用于发芽过多及皮肉大部分变紫的马铃薯，这些马铃薯即使加工处理也不能保证无毒。

（3）鲜黄花菜

黄花菜又名金针菜，一般为干制品，用水浸泡发胀后食用可保证安全。但新鲜的黄花菜含有秋水仙碱，人食用后，秋水仙碱在体内被氧化为二秋水仙碱，这是一种剧毒物质，其在胃肠道迅速吸收，可引起恶心、呕吐、头晕、腹痛，严重者可引起血尿、尿闭、粒细胞减少症、血小板减少、抽搐，甚至可致呼吸抑制及多脏器功能衰竭等。成人一次食入0.1～0.2mg秋水仙碱（相当于50～100g鲜黄花菜）即可引起中毒，一次摄入3～20mg可导致死亡。

预防措施：不吃未经处理的鲜黄花菜，最好食用干制品，用水浸泡发胀后食用，以保证安全；食用鲜黄花菜时需做烹调前的处理，先去掉长柄，用沸水烫，再用清水浸泡2～3h（中间需换水一次），制作鲜黄花菜必须加热至熟透再食用；烹调时可与其他蔬菜或肉食搭配制作，且要控制摄入量，避免食入过多引起中毒。

3. 有毒蛋白和肽类

蛋白质是生物体内最复杂的物质之一。当异体蛋白质注入人体组织时可引起过敏反应，内服某些蛋白质也可产生各种毒性。植物中的胰蛋白酶抑制剂、红细胞凝集素、蓖麻毒素等均属有毒蛋白。

日常果蔬中常见到的有毒蛋白和肽类主要如下：

（1）外源凝集素

外源凝集素是豆类和某些植物种子中含有的一种有毒蛋白质，因其在体外有凝集红细胞的作用，故名外源凝集素，又称植物性红细胞凝集素。在各种豆类（如大豆、菜豆、蚕豆、豌豆、刀豆等）中普遍存在，不同植物中的凝集素毒性不同，有的仅能影响肠道对营养物质的吸收，有的大量摄入可致死。常见的大豆凝集素是一种分子量为110000的糖蛋白，对大白鼠有毒性，但毒性较小；菜豆属豆类凝集素毒性较大，在大白鼠饲料中添加0.5％的菜豆属凝集素时，可明显抑制其生长，剂量高时可致死亡。外源凝集素不耐热，受热很快失活，因此豆类在食用前一定要彻底加热，以去除毒性。例如：扁豆或菜豆加工时要注意翻炒均匀、煮熟焖透，使扁豆失去原有的生绿色和豆腥味；吃凉拌豆角时要先切成丝，放在开水中浸泡10min，然后再食用；豆浆应煮沸后继续加热数分钟才可食用。

（2）酶抑制剂

蛋白质性质的酶抑制剂常存在于豆类、谷类、马铃薯等食品中，比较重要的有胰蛋白酶抑制剂和淀粉酶抑制剂两类。前者在豆类和马铃薯块茎中较多，后者在小麦、菜豆、生香蕉、芒果等食物中较多，其他食物如茄子、洋葱等也含有少量酶抑制剂。胰蛋白酶抑制剂可与胰蛋白酶或胰凝乳蛋白酶结合，从而抑制了酶水解蛋白质的活性，使胃肠消化蛋白质的能力下降；同时还可以促使胰脏大量制造胰蛋白酶，造成胰脏肿大，严重影响健康。淀粉酶抑制剂可以使淀粉酶的活性钝化，影响人体对糖类的消化作用，从而引起消化不良等症状。蛋白质性质的酶抑制剂是一种有毒蛋白质，可通过加热处理去毒，采用100℃处理20min或120℃处理3min的方法，可使胰蛋白酶抑制剂丧失90％的活性。例如，大豆食品加工可利用加热和保温处理，达到使大豆胰蛋白酶抑制剂失活的目的。

4. 酶类

某些植物中含有对人体健康有害的酶类，它们能够分解维生素等人体必需成分或释放出有毒化合物。如蕨类中的硫胺素酶，可破坏动植物体内的硫胺素，引起硫胺素缺乏症；豆类中的脂肪氧化酶可氧化降解豆类中的亚油酸、亚麻酸，产生众多的降解产物。现已鉴定出近百种降解产物，其中许多成分可能与大豆的腥味有关，这些酶类的作用不仅产生有害物质，还降低了大豆的营养价值。

5. 其他植物中的有毒物质

（1）柿子

柿子含有丰富的维生素C，有润肺、清肠、止咳等作用。但是一次食用量不能过大，尤其是未成熟的柿子，否则容易形成"胃柿石症"，中毒患者会出现恶心、呕吐、心口痛等症状。为避免胃柿石的形成，不要空腹、大量或与酸性食物同时食用柿子。

（2）荔枝

荔枝甘甜味美，营养丰富，但荔枝不宜吃得过多。荔枝中含有丰富的果糖，需要在肝脏中经过酶的作用转化成为葡萄糖才能被人体所利用。过多食用荔枝会影响食欲，使其他食物的摄入量减少。

（3）菠萝

菠萝中含有一种致敏物质——蛋白酶，过敏体质的人吃后会引发过敏症，俗称"菠萝病"。此外，菠萝中含糖量较高，不适合糖尿病患者食用，否则会加重症状。

（4）灰菜

灰菜中的有毒成分不十分明确，中毒的原因可能是由于灰菜中的卟啉类感光物质进入人体内，在日光照射后，产生光毒性反应，引起水肿、潮红、皮下出血等，其发生可能与卟啉代谢异常有关。食用或接触灰菜都有中毒的可能。

（5）瓜蒂

瓜蒂为葫芦科植物甜瓜的果蒂，全国各地均有栽培，其种子可作药用，其主要化学成分为甜瓜素、葫芦素 B、葫芦素 E 等，其中以葫芦素 B 的含量最高（1.4%）。有毒成分为甜瓜蒂毒素，内服能刺激胃黏膜，反射性引起呕吐中枢兴奋，导致剧烈呕吐，最后可使呼吸中枢完全麻痹而致死，中毒潜伏期多为 0.5～1.5h。

二、原料中的农药残留

1. 概述

农药是指用于预防、消灭或控制危害农业、林业的病虫草害和其他有害生物，以及有目的地调节植物、昆虫生长的药物的总称。农药残留是指原料生产过程中使用农药后残存于生物体、食品农副产品和环境中微量的农药、有毒的代谢产物、降解物和其他杂质的总称，残留的数量称为残留量。果蔬制品在生长期间、加工过程中和流通过程中都可能受到农药的污染，导致农药残留。农药的快速发展对农业的增产起到了不可替代的作用，瓜、果、烟、茶等经济作物因为使用农药可以获得更多的经济效益，因此农药已经处于不得不使用的阶段。但不适当或者过量使用农药造成的农药残留容易引起人体过敏反应、肠道内菌群失调，使细菌产生耐药性，并可能具有致癌、致畸、致突变的作用。

农药的分类有几种方式，按性质可分为化学性农药和生物性农药；按用途可分为杀虫剂、杀菌剂、除草剂、杀螨剂、灭鼠剂、落叶剂和植物生长调节剂等；按照化学组成及结构可分为有机氯、有机磷、有机氟、有机氮、有机硫、有机砷、有机汞、氨基甲酸酯类等。在果蔬的种植、果蔬制品的生产和运输过程中使用农药可造成食品的农药残留，在食品生产加工、储运等环节也可能会受到农药的污染。

2. 农药进入食品的途径及危害

农药在生产和使用过程中除了经呼吸道、皮肤等进入人体外，其进入人体总量的 90% 左右都是通过食物进入的。食品中农药残留污染的主要途径有以下几种：

（1）表面污染和内部吸收

直接污染是指农作物在种植过程中由于施用农药而出现的农药残留问题。这种直接污染是食品中农药残留的主要来源，其中蔬菜、水果表现较为明显。为了防治食用作物病虫害，将农药用于拌种、灌根或者直接喷洒，会直接污染食用作物，附着于食用作物表面。农药在食用作物上的残留受农药的品种、浓度、剂型、施用次数以及施药方法、施药时间、气象条件、食用作物的品种及其生长发育阶段等多种因素的影响。研究表明，农药喷洒过程中会有 40%～60% 降落在土壤中，土壤中的农药会通过植物的根系被吸收，并通过植物的生理作用转移至根、茎、叶和果实等组织内部，并且会在植物体内蓄积，部分分解、部分则残留在食用作物中。在土壤中农药污染量越高，食物中的农药残留量也会相应升高，但同时受植物的品种、根系分布等多种因素的影响。

（2）施药方法不当及未执行安全间隔期

农药使用的安全间隔期是指允许使用的农药在最后一次使用后，距离收获时的最短期限。经过这个期限，药物残留量可以降解到相关的允许限量标准之下。农药的降解主要是通过植物体内酶及土壤微生物的作用，而且降解与农药的种类、浓度和施用量有关，受气候的影响也很大。对于一种农药而言，时间越短，残留量越高；性质稳定、生物半衰期长、与机体组织亲和力高及脂溶性的农药，比较容易在食物链中富集，使食品中农药残留更高，例如一些有机氯农药和有机汞农药等，可能导致食物的严重污染；空中残留的农药会随雨雪降落，也能造成食品的污染。此外，施药的频率大、浓度高、间隔时间短都会使食品中的农药残留维持在较高的水平。另外在农产品收获后的加工处理和贮藏过程中，为了达到防治病虫害和果蔬等保鲜的目的也会使用农药，这样很可能造成农产品的二次污染。同时运输和贮存中的混放也会造成污染，例如食品在运输中由于运输工具等装运过农药未予清洗、食品与农药混运、粮仓中使用的熏蒸剂没有按规定存放等都可导致污染。果蔬食品中主要残留农药对果蔬安全性的影响见表 2-6。

表 2-6　主要残留农药对果蔬安全性的影响

类型	代表性农药	稳定性	毒性	食品中残留
有机氯杀虫剂	DDT、六六六、林丹、毒杀酚、氯丹、七氯	具有高度的物理、化学、生物稳定性，自然界中不易分解	人经口 DDT 致死量 150mg/kg 体重；慢性毒理作用是侵害肝脏和神经系统，具有致癌性	水果、蔬菜中有一定残留
有机磷杀虫剂	乐果、敌百虫、内吸磷、辛硫磷、双硫磷等	化学性质不稳定，易分解	神经毒，抑制胆碱酯酶，引起乙酰胆碱中毒	水果、蔬菜广泛残留
氨基甲酸酯类杀虫剂	西维因、异索威、残杀威、涕灭威	白色晶体，在水中有一定溶解度，在常温、水、光、空气中受到氧气作用比较稳定，在碱性条件下易降解	神经毒作用与有机磷相似，抑制胆碱酯酶，引起乙酰胆碱中毒	水果、蔬菜广泛残留

续表

类型	代表性农药	稳定性	毒性	食品中残留
拟除虫菊酯类农药	溴氰菊酯、氯氰菊酯、速灭杀丁	降解快、残留低	中枢神经毒剂,可以使神经传导受阻,出现痉挛等	多次采收的蔬菜
有机砷杀菌剂	稻角青、稻宁、田安、甲基硫砷等	在土壤中残留时间长,不易降解	肝、肾为其靶器官,可致癌	蔬菜、水果
除草剂	苯氧乙酸类、均三氯苯类、取代脲类、醚类（除草醚、氧乐果）	稳定性高,可积累在植物体内	可以致畸、致癌、致突变,影响动物繁殖	蔬菜、水果

显而易见,农药残留对果蔬食品的安全性有很大的影响,虽然一些农药已经停止生产和禁用,但由于其稳定的化学性质,不易降解,会在食品、环境乃至人体中长期残留。为了控制这些农药在食物链中的残留,保障人类的身体健康,世界各国制定了严格的农药残留标准,我国现行有关农药残留的标准为《食品安全国家标准 食品中农药最大残留限量》（GB 2763—2021）。

3. 控制农药危害的措施

果蔬制品本应是一种绿色无公害的产品,但事实上果蔬制品的农药残留严重影响其安全性,应有效治理、解决果蔬及其制品的农药残留问题。防控措施一般如下:

（1）国家加强监督检测,加大宣传力度

国家相关部门应当在各自职责范围内加强对果蔬农药残留量的监督检测,设立相应的检测机构,不断提高检测技术以及充实检测人员。同时,从最基层入手,相关机构做好普法宣传教育,充分认识到问题的严重性,坚决杜绝农药残留超标的蔬菜进入市场。

（2）提倡应季蔬菜的生产和种植

为了满足消费者日益提高的需求,超市和菜市场提供的水果和蔬菜种类丰富、应有尽有,但是反季果蔬会增加农药使用量,会有更多的农药残留,因此应尽量购买和食用应季蔬菜。

（3）大力推广生物防治

目前,世界各国都在加紧研制生物防治对应的新生物农药。生物农药可分为微生物源农药、植物源农药、动物源农药和转基因生物农药四类。

（4）掌握用药关键时期

应该在关键时期对果蔬进行施药;病害防治应在发病的初期根据病害的发病规律及时用药;防治害虫应在虫体较小时防治,此时幼虫集中、体小、抗药力弱,施药防治最为适宜。

（5）掌握安全间隔期

在安全间隔期间,大多数农药的有毒物质会因光合作用等因素逐渐降解,使农药残留达到安全标准,不会对人体健康造成危害。但是由于不同农药其稳定性和使用量等的不同，有不同的间隔要求，若间隔时期短，会造成农药残留的情况发生，危害健康。

（6）选用高效、低毒、低残留农药

农药的选择也会对果蔬及其制品的农药残留产生影响，在生产中尽量选择对人安全的低毒的农药，禁止使用剧毒和高残留农药。

（7）交替轮换用药

对病虫害的防治必须要交替轮换用药，多次施用相同的农药会导致病虫害产生耐药性，故需多次使用不同的农药，以有效防止农药残留。

（8）对现有的果蔬进行适当处理

对果蔬进行适当的处理，会使残留的农药适量减少。例如，对于叶菜类蔬菜，可以先用清水冲洗除去表面污垢，再浸泡 $10\sim15\text{min}$，如此重复 $2\sim3$ 次，可除去大部分的农药残留，同时也可采用碱水浸泡清洗法；对于芹菜、圆白菜、青椒、豆角等蔬菜可以洗净后放入沸水中煮 $2\sim5\text{min}$ 捞出，再用清水冲洗 $1\sim2$ 次，这样有助于除去部分残留农药；对于带皮的蔬菜，可以用锐器削去含有残留农药的外皮，食用肉质部分。

果蔬及其制品的农药残留问题，应由生产者、消费者及相关法律部门共同控制，只有相互协调才能获得更好的效果，有效保障人类健康。

三、重金属污染

1. 概述

造成果蔬污染的化学因素很多，包括农药污染、硝酸盐污染、增塑剂污染和重金属污染等。相比而言，重金属性质更加稳定，进入土壤后难以排除，通过食物链在人体内不断积累，危害人类健康，因此重金属污染危害更大。重金属对果蔬制品的污染，主要包括汞、铅、砷、铬等的污染。由于重金属可在果蔬中累积，在食物链中富集，最终进入人体。当人体摄入过量的重金属或者当重金属在人体中不断累积时，可能引起人体各器官发生病变，直接威胁人类健康。例如食入汞后，汞直接进入肝脏，对视力、神经、大脑的破坏极大；"血铅症"是由于毒性较大的铅进入人体后很难被排出，而沉积在内脏、骨骼和神经系统中的铅化合物会损害脑细胞以及肝脏、肾脏等器官，导致神经系统、血液系统等多系统出现损伤；如果长期食用含铬的食物，皮肤和呼吸道系统容易发生病变，铬超标将导致高血压、心脑血管疾病以及破坏肝肾和骨骼、引起肾衰竭和"骨痛症"等。

2. 重金属污染来源

要控制果蔬原料中重金属对果蔬制品的污染，需了解其污染来源，做到有针对性的预防。果蔬制品的重金属污染来源主要包括：①工业废水污染。工业废水未经过处理或者处理不彻底排放到江、河、湖、海，水生生物通过食物链使得有害物质在体内逐级浓缩，由于生物具有富集作用，因此即使废水中含有极其微量的物质，也会经过逐级浓缩，从而造成对果蔬制品的污染。②大气沉降。③农业投入品携带（如化肥、畜禽粪便及农药等）。④违法添加非食用物质和滥用食品添加剂的污染。

3. 不同果蔬植物对重金属累积能力不同

不同果蔬累积重金属的能力不同，重金属元素在土壤-果蔬作物系统中的迁移转化规律不仅受土壤理化性质等因素影响，还与果蔬的种类、部位、生长期、基因型等有关。不同果蔬作物对重金属的积累效应差异较大，富集能力表现为叶菜类＞花菜类＞根茎类＞茄果类＞禾谷类，叶菜类如菠菜、芹菜等对重金属有较强的富集能力，且对不同重金属的富集有明显的选择性，其中对 Cr 的富集能力最强，其次为 Zn、Cu、Ni，Pb 最弱；果蔬作物的不同器官对同一重金属的富集能力也有差异，表现为根＞叶、茎＞果实。

4. 重金属污染的控制

重金属污染的特殊威胁在于其不能被微生物分解，相反，生物体可以富集重金属，并将某些重金属转化为毒性更强的金属化合物。重金属经过食物链富集后通过食物进入人体，再经过一段时间的积累才能显出毒性，往往不易为人们所察觉。因此，重金属是食品安全的重要指标，要做好重金属的控制必须从以下几方面着手。

（1）实行"从农田到餐桌"全程质量控制

对食品产地环境质量进行监测和评价（包括生产、加工区域的大气、土壤、灌溉水和食品加工用水），以保证食品的安全符合产地环境技术要求；加大技术投入，对整个食品生产过程中的原料、生产设备、生产加工过程及包装、运输过程中的重金属污染问题实施全程质量监控。

（2）加强肥料控制，严格执行产品标准

肥料的使用是果蔬制品重金属污染的一大来源，对于肥料中重金属的含量我国已有相应标准，在使用过程中执法部门需对肥料进行严格监督管理，生产企业和肥料质检部门需定期对产品进行检测，以确保符合标准。

（3）改善环境质量

由于工业污染、农业污染、农村生活污染等问题日益严重，导致大气、土壤、水体的重金属污染加剧。环境质量下降，会直接影响到在该环境下生长的植物，进而造成食物的重金属污染。因此，要保证产地环境符合标准要求，加大综合治理力度，确保流域内工业污染源达标排放，同时要加强环保宣传教育和执法工作。

（4）加强食品中重金属的控制

应建立严格统一的质量控制标准和检测方法，尽可能与国际标准接轨。生产环节中尽可能采用在线监测，销售环节中加强市场监督，实施有效质量监控。

四、食品添加剂的影响

食品添加剂是现代食品工业的重要组成部分，可以说没有食品添加剂就没有现代食品工业，而食品工业的飞速发展，也推动了食品添加剂工业的蓬勃发展。

食品添加剂本身不能作为食品消费，也不是食品的特有成分，《中华人民共和国食品安全法》中将食品添加剂定义为"指为改善食品品质和色、香、味以及为防腐、保鲜和加工工艺的需要而加入食品中的人工合成或者天然物质，包括营养强化剂"。食品添加剂主要具有以下多种功能：延长食品的保存时间，防止食品腐败变质；改善食品的色、香、味等感官性状；利于食品在加工过程中的操作；保持食品原有的营养价值或提高食品的营养价值；满足不同人群的特殊需求等。食品添加剂在食品加工生产中起着至关重要的作用，少量使用就可以明显改变食品性状。

我国现行的《食品安全国家标准 食品添加剂使用标准》（GB 2760—2024）根据主要功能的不同将食品添加剂分为酸度调节剂、抗结剂、消泡剂、抗氧化剂、漂白剂、膨松剂、胶基糖果中基础剂物质、着色剂、护色剂、乳化剂、酶制剂、增味剂、面粉处理剂、被膜剂、水分保持剂、营养强化剂、防腐剂、稳定剂和凝固剂、甜味剂、增稠剂、食品用香料、食品工业用加工助剂和其他共 23 类。在果蔬加工过程中添加的添加剂主要有防腐剂、漂白剂、抗氧化剂、增味剂、着色剂、食品用香料等。

1. 防腐剂

目前，GB 2760—2024 中允许使用的食品防腐剂从种类上可以大体分为天然源食品防腐剂和合成食品防腐剂两大类。目前国内使用最为普遍的化学合成类食品防腐剂有苯甲酸及其钠盐类、山梨酸及其钾盐类。

（1）苯甲酸及其钠盐类

苯甲酸及其钠盐作为食品防腐剂用于一些食品中，对酵母和部分细菌抑菌效果很好，对霉菌的效果差一些。研究发现，苯甲酸钠干扰细菌体内代谢过程，抑制微生物细胞脱氢酶与呼吸酶活性，阻碍霉菌对氨基酸的吸收。苯甲酸钠在人类消化系统中的胃肠道酸性环境下可能会转化为苯甲酸，其积累冗余对人体代谢产生危害，增加肝脏负担。

（2）山梨酸及其钾盐类

山梨酸及其钾盐类是目前国际上公认的毒性最低的合成类食品防腐剂之一，属于广谱类抑菌剂，为酸性防腐剂，目前使用最多。它对霉菌、酵母菌和好氧细菌的生长发育具抑制作用，参与正常的脂肪酸代谢过程，不对人体产生毒害，对食物色、香、味影响较小。

2. 漂白剂

漂白剂是指能够破坏或者抑制食品色泽形成的因素，使其色泽褪去或者避免食品褐变的一类添加剂。漂白剂的种类很多，但适用于食品的漂白剂品种较少，按其作用机制分为还原型漂白剂和氧化型漂白剂。还原型漂白剂在果蔬加工中应用较多，主要有亚硫酸类化合物（如亚硫酸氢钠、亚硫酸钠、焦亚硫酸钾等）和二氧化硫，它们的作用是抑制或破坏食品中的发色因素，使色素褪色或使有色物质分解成无色物质，或使食品免于褐变，以提高食品品质。研究表明，亚硫酸盐敏感人群，如一些依赖类固醇的哮喘患者，在食用含有亚硫酸盐的食品后，可能会引发严重的反应，甚至于危及生命；二氧化硫是一种还原气体，在空气中浓度高时，会对眼睛和呼吸道黏膜有强刺激性。

3. 抗氧化剂

抗氧化剂是一类能与自由基反应从而终止自动氧化过程的物质。目前常用的抗氧化剂主要有丁基羟基茴香醚（BHA）、二丁基羟基甲苯（BHT）、没食子酸丙酯（PG）、叔丁基对苯二酚（TBHQ）和茶多酚。其中 BHA 慢性试验量（0.06%）显示无病变，剂量增至 0.12% 出现食欲不振；FAO/WHO 的食品添加剂联合委员会肯定了 BHT 无致癌性。

4. 增味剂

常见的增味剂有酸味剂、鲜味剂和甜味剂。酸味剂是能够赋予食品酸味并控制微生物生长的食品添加剂，常用的有柠檬酸、乳酸、酒石酸、苹果酸等，一般安全无毒。鲜味剂是指能增强食品风味的添加剂，包括氨基酸类和核苷酸类。

甜味剂是指能够赋予食品甜味的添加剂，是食品添加剂中应用最广泛也是最有争议的一类。按其来源可分为天然甜味剂和人工合成甜味剂，其中像蔗糖、果糖、葡萄糖这种天然甜味剂通常被认为是安全的，且具有较高的营养价值。而人工合成甜味剂主要是指一些具有甜味的化学物质，其甜度一般比蔗糖高数倍甚至百倍，但是没有任何营养价值，常见的有糖精、糖精钠、环己基氨基磺酸钠（甜蜜素）和天冬酰苯丙氨酸甲酯（甜味素），它们的急性毒性试验和最大无作用量（MNL）有待研究。糖精本身不致癌，但其合成中间体在动物试验中表现出致癌作用。甜蜜素自 1950 年开始应用，在 1969 年曾被怀疑为致癌物而被禁止使用，1980 年报告证明其无致癌性和致畸作用，目前我国对甜蜜素的使用有严格的限量规定。

5. 着色剂

着色剂是为食品着色的物质，可增加对食品的嗜好及刺激食欲，按来源分为化学合成色素和天然色素两类，常用的有苋菜红、亮蓝和柠檬黄。天然色素色泽自然、种类繁多，有一定的营养价值和药用价值，具有一定的安全性。而人工合成色素安全性相对较低，合成色素本身及其代谢物对人体的毒害可能表现在一般毒性、致泻作用和致癌作用三方面。

6. 食品用香料

根据香料来源，食品用香料可分为天然香料和合成香料。用于食品中的天然香料大多是从植物中提取，安全性高，具有特殊增香作用，而合成香料的安全性较天然香料低且绝大多数在国际上还未进行卫生学评价。

一般来说，如果食品企业严格按照标准使用食品添加剂，则食品安全问题应该不会出现。然而，在食品生产、加工过程中，仍存在使用未经国家批准使用或禁用的添加剂、超出规定用量使用添加剂、超出规定范围使用添加剂、使用工业级化学物质替代食品添加剂等现象，这会给消费者的健康造成极大的损害。食品添加剂的不正确使用可能导致的安全问题主要有：急性和慢性中毒、变态反应、在人体内蓄积、转化的产物引发食品安全问题和致畸、致癌作用等。果蔬制品中非法使用的常见化学物质名单如表2-7所示。

表2-7　果蔬制品中非法使用的常见化学物质名单

序号	名称	主要危害	可能违法添加的主要果蔬及果蔬制品类别	可能的主要作用
1	硫酸	具有强烈腐蚀性,可以灼伤人体的消化道,使消费者的黏膜受损,容易引起腹泻及强烈咳嗽等	喷淋、浸泡荔枝等水果	保鲜、着色
2	无根水	主要成分是赤霉素、6-苄基腺嘌呤,有致癌、致畸的作用;可造成儿童发育早熟、女性生理发生改变、老年人骨质疏松等	加工豆芽	缩短豆芽生长周期,增加产量,使其外观粗大、无根或少根,有卖相
3	硫酸铜	具有消化道毒性、肝肾毒性、神经毒性等毒害作用	木耳、蕨菜、杏仁	染色、还原原色和防虫、杀虫、保鲜
4	荧光增白剂	食用荧光增白剂后,可使细胞产生变异,毒性积累在肝脏或者其他重要器官从而致癌	通过浸泡或者添加的方式加工双孢蘑菇、百灵菇、鸡腿菇、海鲜菇、杏鲍菇等食用菌	使食用菌增白、色泽鲜亮,延长保质期
5	工业盐酸	含有铅、砷等重金属杂质	莲藕	漂白
6	硝酸铵	化肥的一种,有硝酸盐所具有的毒性	李子、杨梅等蜜饯及其他凉果加工	防腐、添味

五、食品容器、包装材料的不正确使用造成的污染

食品包装是采用适当的包装材料、容器和包装技术,把食品包裹起来,以保证食品在运输和贮藏过程中保持其价值和原有的状态。食品包装材料和容器是指包装、盛放食品用的纸、竹、木、金属、搪瓷、陶瓷、塑料、橡胶、天然纤维、玻璃等制品和接触食品的涂料。

食品包装的主要目的是保护食品质量和卫生,其功能主要有:保护食品免受污染和损害;延长食品的保质期或货架期;方便储存和运输;提高商品价值;促进销售。

然而,由于技术的欠缺和管理上的漏洞,同时还有一些追求美观的"过度包装"和为了掩盖产品缺陷而实施的"造假式包装"等情况,导致一些不符合卫生标准的材料用于包装,致使被包装食品的卫生与安全受到威胁,并造成严重的后果。同时随着化学工业与食品工业的发展,新的包装材料越来越多,包装材料直接和食物接触,很多材料成分可迁移至食品中,造成食品污染。

目前我国允许使用的食品容器、包装材料以及用于制造食品用的工具、设备的主要材料有:塑料制品;橡胶制品;食品容器内壁涂料;陶瓷器、搪瓷制品;

铝制品、不锈钢食具容器、铁质食具容器、玻璃食具容器；食品包装用纸等系列产品；复合包装袋、复合薄膜、复合薄膜袋等系列产品等。其中最容易出问题的是塑料和橡胶两种，塑料制品中的有害物质主要包括：聚乙烯、聚丙烯、聚苯乙烯、聚氯乙烯、双酚 A、邻苯二甲酸酯增塑剂等；橡胶制品中的毒性物质主要来源于单体和添加剂两方面，橡胶单体因橡胶种类不同而异，大多数由二烯类单体聚合而成，橡胶主要的添加剂有硫化促进剂、防老剂和填充剂。

第三节　果蔬制品中的物理危害

食品中的物理危害通常指食品生产加工过程中混入食品的不正常的有潜在危害的外来物，或超过规定的含量引起的食品质量安全问题。果蔬在收获或生产、储存、运输、销售过程中，由于存在管理漏洞，使果蔬及其制品受到杂物污染，可能存在的途径包括：

① 原料的污染。果蔬原料在收获过程中混入的异物有：铁钉、塑料、铁丝、橡胶、钢丝、石头、玻璃等。

② 生产时的污染。生产车间密闭性差，容易在大风天气受到灰尘和烟尘的污染。加工过程中陈旧的设备或故障会引起加工管道中金属或碎屑对食品的污染，特别是机器在进行切割、搅拌等操作时，螺母、螺栓、螺钉、照明灯具等设备部件可能会破裂或脱落，导致金属碎片、不锈钢丝、玻璃碎片、陶瓷碎片等碎屑进入食品，对消费者构成潜在的安全威胁。

③ 食品存储过程中，会受到苍蝇、鼠类、鸟的毛发及粪便对食品的污染。

④ 食品运输过程中会遭到运输车辆、装运工具、不清洁的铺垫物和遮盖物的污染。此外，食品的物理污染还包括食品的掺杂、掺假。食品的掺杂、掺假是一种人为的故意向食品中加入杂物的过程，其掺杂的主要目的是非法获取更大的利润。

物理危害是最常见的消费者投诉问题，因为伤害会立即发生或者食用后不久发生，并且大多数情况下容易确认伤害的来源。表 2-8 列出了有关的物理危害及其来源以及可能导致的危害。

表 2-8　食品中引起物理危害的材料及来源

物理危害	来源	潜在危害
玻璃	瓶子、罐、灯罩、温度计、仪表表盘	割伤、流血,需要外科手术查找并去除危害物
金属	机器、农田、大号铅弹、鸟枪子弹、电线、订书钉、建筑物、雇员	割伤、窒息,需要外科手术查找并去除危害物
木屑	原料、货盘、盒子、建筑材料	割伤、窒息、感染,或需要外科手术查找并去除危害物
石头	原料、建筑材料	窒息,损伤牙齿

续表

物理危害	来源	潜在危害
绝缘体	建筑材料	窒息，若异物是石棉则会长期不适
昆虫	原料、工厂内	疾病、外伤、窒息
塑料	原料、包装材料、货盘、加工	割伤、流血，需要外科手术查找并去除危害物
骨头	原料、不良加工过程	窒息、外伤

第四节　食品新技术对果蔬制品安全性的影响

一、食品辐照技术

1. 概述

食品辐照加工是利用 γ 射线或电子加速器产生的低于 10MeV 的电子束辐照食品（包括原材料），延迟新鲜食物某些生理过程（如发芽和成熟）的发展，或对食品进行杀虫、消毒、杀菌、防霉等处理，达到延长保藏时间，稳定、提高食品质量目的的操作过程。据统计，全球已有 70 多个国家和地区批准了 540 余种食品和调味品可用辐照处理，中国相关食品产量已占全球总量的三分之一，具体食品类别可参见表 2-9。

表 2-9　中国批准允许进行辐照的食品类别及剂量

类别	品种	目的	吸收剂量/kGy
豆类及谷类制品	绿豆、红豆、大米、面粉、玉米渣、小米	控制生虫	0.2（豆类） 0.4～0.6（谷类）
果脯	空心莲、桂圆、核桃、山楂、大枣、小枣	控制成虫	0.4～1.0
香辛料	五香粉、八角、花椒	杀菌、防霉	10.0
方便面固体汤料	方便面固体汤料	杀菌、防霉	8.0
新鲜果蔬	土豆、洋葱、大蒜、生姜、番茄、荔枝、苹果	抑制发芽、延缓后熟	0.1～0.2 或 0.5～1.5

2. 辐照处理技术的作用

辐照处理技术用于食品防腐保鲜的原理主要是利用辐照的生物学效应，即辐照作用于生物分子，引起生物分子的电离和激发，破坏蛋白质、酶、核酸等生物大分子的结构和功能，进一步影响机体的生理生化过程，获得灭菌、杀虫、控制或者改变蛋白质生物活性等效应。食品辐照是 WTO 认可的一项技术，用于加工保藏具有以下优点：①食品辐照可以在常温甚至低温的情况下进行，可保持食品原有的色、香、味；②不会对食品或者环境造成污染；③过程简单，操作方便，能实现机械化、自动化、连续化的大规模生产；④可以使用不同剂量对不同的食品进行辐照处理，适用面广，且生产成本低，节约能源。由于各种微生物的污染以及食品工业发展的需要，对食品加工与保藏技术提出了更高的要求，进而促进了辐照技术的发展。但是，目前我国辐照食品的发展速度比较缓慢，商业化程度不高，其主要原因是公众缺乏对辐照食品安全性的了解，担心食用辐照食品会有害身体、危及遗传，从而制约了辐照食品市场化的进程。

3. 辐照食品的安全性

（1）营养学分析

① 辐照对水分的影响。辐照对食品营养物质的影响，很大程度上要归因于水辐照后所产生的离子和自由基的化学作用。食品中的水分是影响辐照品质的重要因素之一。

② 辐照对蛋白质的影响。辐照对食品蛋白质的影响主要表现在直接作用和间接作用两个方面。一方面，射线直接作用于蛋白质大分子，使蛋白质的空间结构发生改变，导致蛋白质之间发生交联，使蛋白质失去生物学功能或发生改变等；另一方面，辐照过程中水易产生自由基和水合离子，使蛋白质的氢键和二硫键容易断裂，导致肽链断裂。辐照处理一般不会改变蛋白质的含量，但可能使蛋白质结构发生巯基氧化、脱氨脱羧和交联降解等作用，破坏蛋白质的 α-螺旋结构，产生较小的肽链。大量实验表明，在商业允许的剂量下辐照食品，其蛋白质、氨基酸含量无明显变化，而食品的有些加工方式如加热导致蛋白质的损失远大于辐照所造成的损失。

③ 辐照对糖的影响。食品中的糖类被辐照后，通过直接作用和间接作用，可以产生一定量的醛（如甲醛、丙醛）、酸和脱氧糖类，这些产物中，有的对人体存在潜在的危害，特别是醛类物质。但大量的辐照实验表明：在商业允许的剂量下辐照食品，糖类表现非常稳定，辐照对糖的消化率和营养价值几乎没有影响。

④ 辐照对脂肪的影响。脂肪分子经辐照后易发生氧化反应，出现令人不愉快的异味，但氧化程度与照射剂量有关，在辐照脂肪过程中，应严格控制辐照剂量。

⑤ 辐照对维生素的影响。维生素分子对辐照较为敏感，其影响程度取决于辐照的剂量、温度、氧气和食物类型。每种水溶性维生素接受辐照后，均有不同程度的损失，辐照所造成的维生素损失，比其他食品加工方式如加热所造成的损失要轻微。

（2）生物学分析

在辐照的具体实施过程中，不同的辐照剂量可达到不同的目的。在不严重影响食品营养元素损失的前提下，选择合适的辐射剂量可有效控制食品的生物性危害，但是存在辐照诱发微生物遗传变化的可能性，可能出现耐辐射性高的菌株，从而大大降低辐照的效果。此外，辐照可能加速致病性微生物的变异，使原有的致病力增强或产生新的毒素，从而对人类的身体健康造成威胁。但至今对可能出现的生物安全性问题还没有得到证实，也没有相关文献进行报道，因此应引起足够的重视。

（3）毒理学分析

接受辐照的食品可以产生辐解产物，其中包括一些有毒物质如醛类。为了更好地评价辐照食品的安全性，应做毒理学评价。大量毒理学实验表明，辐照食品对人体生理、生化、致突变等指标无明显的改变，对人体无毒理学损伤。

（4）放射性问题

放射性是人们对辐照食品最大的担忧，特别关注辐照食品是否被放射性元素污染和是否诱发了感生放射性。研究表明，目前辐照食品常用的辐射源能量都在10kGy以下，辐照食品不会诱发感生放射性，或者诱发的感生放射性可以忽略不计。

综上所述，目前的研究表明，在商业允许的剂量下处理的辐照食品对食品安全性的影响甚微，对人类健康无任何实际危害，相反，辐照可以更好地保障食品安全和改善食品质量。

二、转基因技术

1. 概述

转基因食品是现代生物技术——转基因技术的产物。我国是最早开展转基因作物研究的国家之一，目前转基因食品的研究和开发都处于世界中等水平。由于转基因食品的飞速发展，它在人类的食物构成中占据了越来越重要的地位，因此对其安全性有了更多的关注。安全性是指转基因食品可能会产生目前科技知识水平不能预见的后果，给人类健康和生态环境带来危害。

2. 转基因食品安全性

自转基因生物及食品问世以来，认为其有风险的声音从未间断。应用转基因技术带来的潜在风险涉及生态环境安全、人畜安全等多方面的问题，因此，转基因安全性评价包括食用安全性评价和环境安全评价，其中食用安全性评价主要包括营养学、致敏性和毒理学评价等内容。转基因技术可能产生的影响如下：

（1）转基因食品对人体健康可能产生的影响

① 食品携带的抗生素基因有可能使动物与人的肠道病原微生物产生耐药性，这是人们最关心的问题。

② 抗昆虫农作物体内的蛋白酶活性抑制剂和昆虫内毒素，可能危害人体健康。

③ 引入病毒外壳蛋白基因的抗病毒农作物可能对人体健康产生危害。

④ 随着基因改造的抗除草剂农作物的推广，可能导致除草剂的用量增加，从而导致除草剂在食品中的残留量加大。

（2）转基因食品对环境生态可能产生的影响

① 如果转基因不育品种的不育基因在种植地上大肆传播，将导致当地农业崩溃。

② 如果转基因高产作物一旦通过花粉导入方式将高产基因传给周围杂草，

会引起超级杂草出现，对天然森林造成基因污染，并给这些地区的其他物种带来不可预见的后果。

③ 如果用于食品的植物通过基因改良成为药用植物，那么通过异花授粉会使食用植物产生药性，从而污染人类的食品供应。

目前来看，基因转化是改良农作物产量和品质的有效途径，很多重要的植物遗传转化的成功也已经在工业上展现了诱人的前景。但由于在稳定性及安全性方面尚未得到证实，在长期安全性问题没有得到明确结论之前，加强对转基因食品的管理是非常重要和合理的。

3. 我国农业转基因有关法规及举措

（1）安全评价

在各类生物育种技术中，迄今只针对转基因技术建立了系统的安全体系，以克服和避免应用转基因技术带来的潜在风险。在转基因安全管理方面，我国借鉴了国际通用的技术准则，并相继颁布了以下政策法规。

1993 年 12 月国家科委制定基因生物安全管理的指导性文件《基因工程安全管理办法》，1996 年 7 月农业部正式实施《农业生物基因工程安全管理实施办法》，2001 年 5 月国务院颁布了《农业转基因生物安全管理条例》并于 2017 年10 月进行了修订，2002 年 1 月农业部发布《农业转基因生物安全评价管理办法》和《农业转基因生物进口安全管理办法》并分别于 2016 年 7 月和 2017 年 11 月进行了修订。

这些条例和办法的制定和实施标志着我国将农业转基因生物安全管理从研究试验延伸到生产、加工、经营和进出口各个环节。

迄今为止，我国批准发放农业转基因生物安全证书的作物包括耐储存番茄、抗虫棉花（1997 年）、改变花色矮牵牛、抗病辣椒（1999 年）、抗病番木瓜（2006 年）、抗虫水稻、转植酸酶玉米（2009 年）、基因编辑产量性状改良玉米、基因编辑抗病小麦、抗虫耐除草剂玉米（2024 年）等，而最终真正进入商品化生产的作物只有转基因棉花和番木瓜。

（2）技术保障

严格转基因管理程序的同时，不断提升的科技水平成为转基因生物安全的又一道保障。转基因安全评价技术根据原理主要分为两大类：基于外源核酸的检测技术和基于外源蛋白的检测技术。另外，电化学发光分析、色谱、近红外光谱、生物传感器、生物分子互作、内标基因种属特异性检测等技术也被应用。功能完善、管理规范的农业转基因生物安全检测体系，保障了转基因生物安全评价和检测监测的高精度、高效率和全覆盖，并已应用到农林、质检等行业国家转基因产品监管中，大幅度提高了我国生物安全保障能力。

（3）标识制度

世界转基因产品标识制度分为"自愿标识"和"强制性标识"两种。2016年美国颁布《国家生物工程食品披露标准》法案，要求在包装上进行转基因成分标注，准许自愿标注不含转基因成分的做法。韩国要求转基因含量高于 3% 的农产品必须标识。在欧盟国家相关产品中转基因成分的含量高于 0.9% 这一阈值时才需标识，而在日本这一阈值被定为 5%。

我国在转基因作物方面采用了强制性标识方法，是世界上唯一进行定性标识的最严格国家，即只要产品中含有转基因成分就必须标识，未标识和不按规定标识的，不得进口或销售。农业部在 2002 年制定了《农业转基因生物标识管理办法》并于 2017 年 11 月 30 日进行修订，公布了农业转基因生物的目录，包括大豆、玉米、油菜、棉花、番茄种子及加工品。凡列入农业转基因生物标识目录并用于销售的农业转基因生物必须进行标识，从而规范了农业转基因生物的销售行为，保护了消费者的知情权和选择权，也可有效解决纷争。

参考文献

[1] 曲径 . 食品安全控制学 . 北京：化学工业出版社，2011.

[2] 郑火国 . 食品安全可追溯系统研究 . 北京：中国农业科学院，2012.

[3] 谭锋，徐扬 . 生鲜果蔬供应链中的食品安全管理与微生物危害控制 . 北京：科学技术文献出版社，2016.

[4] 薛华丽，毕阳，宗元元，等 . 果蔬及其制品中真菌毒素的污染与检测研究进展 . 食品科学，2016，37（23）：285-290.

[5] 张亚健 . 贮藏期苹果表面微生物的变化趋势及棒曲霉拮抗菌的筛选 [D]. 保定：河北农业大学，2009.

[6] 钟耀广，刘长江 . 含天然有毒物质的植物研究进展 . 现代农业科技，2008（22）：262-264.

[7] 贺帅 . 食品中常见天然毒素对人体健康的危害 . 食品安全导刊，2016（33）：14-16.

[8] 尤玉如 . 食品安全与质量控制 . 北京：中国轻工业出版社，2015.

[9] 金征宇，彭池方 . 食品加工安全控制 . 北京：化学工业出版社，2014.

[10] 王丽琼 . 果蔬贮藏与加工 . 北京：中国农业出版社，2008.

[11] 张志健 . 食品安全导论 . 北京：化学工业出版社，2009.

[12] 李大鹏 . 食品包装学 . 北京：中国纺织出版社，2014.

[13] 张欣 . 果蔬制品安全生产与品质控制 . 北京：化学工业出版社，2005.

[14] 夏延斌，钱和 . 食品加工中的安全控制 . 北京：中国轻工业出版社，2014.

[15] 常超，伍金娥 . 转基因食品安全性问题 . 中国食物与营养，2007（6）：10-12.

[16] 吴爽，吴健，唐春华，等 . 转基因技术与食品安全性 . 安徽农业科学，2018，46（13）：11-14，35.

[17] 王子骞，陈彦宇，齐俊生 . 转基因食品安全性分析 . 农业与技术，2020，40（12）：167-169.

第三章 果蔬质量安全控制技术体系

食源性疾病的暴发流行以及食品安全事件的频发，再加上人们的健康意识增强，使得食品安全成为全社会的关注焦点。确保食品质量与安全，预防与控制从食品原料生产、加工过程到储运、销售等各个环节可能存在的潜在危害，最大限度地降低风险，已成为现代食品行业追求的核心管理目标，同时也是各国政府不断强化食品安全行政监管的重要方向。

食品的安全风险和品质的丧失可能发生在食品链的不同阶段。对于食物链上一切潜在的风险可以通过应用一些良好的操作规范及先进的技术加以控制。食品安全控制技术体系是指为确保整个生产、加工、贮藏直至食用环节中的食品安全而采取的一系列控制技术的总和。目前国际上公认的食品安全控制技术体系的最佳模式是"从农田到餐桌"的全过程控制，在良好农业规范（good agricultural practice，GAP）、良好操作规范（good manufacturing practice，GMP）等的基础上，推行危害分析与关键控制点（hazard analysis and critical control point，HACCP）。在这些控制技术实施的基础上又产生了 ISO 22000 食品控制体系标准，该标准整合了 HACCP 体系和实施步骤，将 HACCP 计划与前提方案（prerequisite program，PRP）相结合。同时，随着国际食品安全控制体系的不断完善和技术的不断发展，出现了一些新的技术，用于对风险进行识别、分析和管理，如风险分析、溯源与预警技术等。上述技术体系首要和共同的目标是确保食品供应链的整个过程受到充分的管理与控制，从而全面保障消费者的食品安全权益。

第一节 良好农业规范

一、GAP 概述

良好农业规范（GAP）是在人们对食品安全与健康关注程度日益加深的背景下，由欧美国家首先提倡的。它代表了一般公认的、基础广泛的农业指南，是由美国食品及药物管理局（FDA）、美国农业部（USDA）以及其他机构基于当前食品安全的最新知识发展而成，并且是在与多个联邦和州政府以及新鲜果蔬行业专家的共同合作中产生的。推行 GAP 是国际通行的从生产源头加强农产品和食品质量安全控制的有效措施，是确保农产品和食品质量安全工作的前提保障。

自 20 世纪末提出以来，GAP 已被各国政府、农产品生产者、初加工者、零售商和消费者所接受，并以政府和行业规范的形式得到建立和发展。自 21 世纪初，GAP 在中国得到迅速发展，已在中草药和茶叶种植与加工、大田作物生产和牲畜饲养上广泛应用，并颁布了相应的良好农业规范标准。

二、GAP 的基本原理

GAP 的建立是基于某些基本原理和实践的基础上，贯穿于减少新鲜果蔬从田地到销售全过程的生物危害，八个原理如下所述。

原理 1：对新鲜农产品的微生物污染，其预防措施优于污染发生后采取的纠偏措施（即防范优于纠偏）；

原理 2：为降低新鲜农产品的微生物危害，种植者、包装者或运输者应在他们各自的控制范围内采用良好农业操作规范；

原理 3：新鲜农产品在沿着农场到餐桌食品链中的任何一点，都有可能受到生物污染，主要的生物污染源是人类活动或动物粪便；

原理 4：无论任何时候与农产品接触的水，其来源和质量决定了潜在的污染，应减少来自水的微生物污染；

原理 5：生产中使用的农家肥应认真处理以降低对新鲜农产品的潜在污染；

原理 6：在生产、采收、包装和运输中，工人的个人卫生和操作卫生在降低微生物潜在污染方面起着极为重要的作用；

原理 7：良好农业操作规范的建立应遵守所有法律法规，或相应的操作标准；

原理 8：各层农业（农场、包装设备、配送中心和运输操作）的责任，对于一个成功的食品安全计划是很重要的，必须配备有资格的人员和有效的监控，以确保计划的所有要素运转正常，并有助于通过销售渠道溯源到前面的生产者。

三、GAP 在我国果蔬业的发展现状及影响

1. 发展现状

我国是世界水果和蔬菜生产第一大国，果蔬产品出口稳步增长，成为我国农产品出口的重要组成部分。但我国果蔬产品在国际市场竞争中存在的质量与安全隐患也随着国外 GAP 的制定与实施逐渐显现，如农药残留、重金属含量超标等问题，质量与安全水平难以达到国外 GAP 的要求，导致出口受阻，严重制约了我国果蔬业的发展。为了应对国际农产品市场上不断出现的贸易障碍，提高我国农产品质量安全，增强国际竞争力，国家标准委员会于 2005 年 11 月召开了良好农业规范系列国家标准审定会议，并于同年 12 月 31 日正式发布中国 GAP，规

定于 2006 年 5 月 1 日起正式实施。该系列标准共包括 11 个部分，其中第 5 部分为《果蔬控制点与符合性规范》。果蔬业规范的制定、发布与实施，进一步规范了我国水果与蔬菜的生产经营活动，对提高果蔬产品质量安全、提升生产力水平、促进我国果蔬产业持续健康发展、增强国际市场竞争力具有积极的意义。

实施 GAP，是一个从生产到消费各环节整体协调运作的系统工程，每个环节作为一个子系统，其系统内部都有影响果蔬产品质量与安全的不同因素。要保证果蔬产品质量与安全，不仅要制定系统全面的安全实施方案，而且还要注意果蔬产品本身具有不可逆的生物特性，等到产品生产出来才发现不合格或存在问题就已经造成了事实上的资源浪费，增加了社会成本。

2. 对生产的影响

果蔬产品在生产环节上的质量与安全主要受种质、投入品（如化肥、农药等）、产地环境（大气、土壤、水质等）和栽培采收过程控制四个方面的影响。

（1）优良种质资源是果蔬质量与安全的源头保证

种质选育须符合 GAP 的要求，优良种质不仅有效成分含量高且稳定，而且外形、色泽也需符合设定标准，这就要求建立严格的 GAP 种苗繁育基地。

（2）投入品

① 肥料、农药使用水平等都会对果蔬产品质量与安全产生直接的影响。GAP 严禁高毒、剧毒等对人畜有害的易残留农药的使用。在肥料使用方面，也要求生产者根据果蔬产品生产特点制定适合操作的处理、保管、运输以及农家肥使用规范。

② 产地环境。对果蔬生产系统而言，内外界能量的互动决定了外部生产环境中的大气、水、土壤等因素对产品质量有很大影响。GAP 要求根据土地的历史、肥料的使用状况等选择适合果蔬种植的田地；对生产过程中的灌溉用水，需根据不同的用途采取相应的处理方式，以确保水质安全。

③ 良好的栽培技术和科学的采收过程是稳定果蔬产品有效成分、内在质量和外形表征的关键，而规范化、标准化的操作过程，有利于产品质量和表征的稳定。GAP 要求结合果蔬的最佳栽培、采收季节及时间，以保证产品的质量。

3. 对流通的影响

我国果蔬产品在流通环节中的损失较大：水果损失率一般为 20%～25%，蔬菜为 25%～30%。另外，由于包装、贮藏技术水平较低，再加上使用不合格包装物或过量使用保鲜剂等原因，部分果蔬产品也只能是增值不保质。据 FAO 统计，中国果蔬产品出口单位价格低于世界上的一些发达国家及一些发展中国家的平均水平。

在我国，果蔬产品的销售一般是采摘后直接上市销售，然后由消费者处理干净后食用，剩余的不可食用部分再集中运输处理，这种消费方式不仅费时、费力，增加重复运输处理环节，还会污染环境，且不符合食品卫生要求。对果蔬产品进行包装处理不但可以减少贮运过程中的损失，还有利于保质、保鲜，避免受到外部环境污染。GAP 在包装设备卫生以及运输的操作规范上做了详尽的规范。

例如包装区域的厂房、设备和其他设施以及地面需要处于良好状态，以减少微生物污染；运输果蔬产品的工（器）具必须保持清洁，并分级摆列果蔬产品，防止发生交叉污染；制定和设立害虫控制系统，封锁害虫进入封闭设施的通道，使用害虫控制记录等。

第二节　良好操作规范

一、概述

良好操作规范（GMP）是为保证食品安全、食品质量而制定的包括食品生产、加工、包装、贮存、运输和销售等全过程的一系列方法、监控措施和技术的规范性要求。其主要内容包括要求生产企业具备合理的生产过程、良好的生产设备、正确的生产知识、严格的操作规范以及完善的质量控制与管理体系，要求从原料接收到成品出厂的整个过程中，进行完善的质量控制管理。主要目标是确保食品企业能生产加工出安全卫生的食品，一般情况下，以法规、推荐性法案、条例和准则等形式发布。

我国的食品 GMP 的制定始于 20 世纪 80 年代中期。从 1988 年开始，17 个食品企业卫生规范在我国先后颁布，并且积极推荐企业采用，尤其对厂房、设备、设施和企业自身卫生管理等方面提出了卫生要求，以达到在食品卫生方面做到更好的改善和防控。我国于 1998 年颁布了首批食品 GMP 强制性规范《保健食品良好生产规范》（GB 17405—1998）和《膨化食品良好生产规范》（GB 17404—1998）。2002 年，国家认证认可监督管理委员会发布了《出口食品生产企业卫生要求》，该要求是对出口食品生产企业在食品安全卫生方面是否符合的卫生证书标准之一，由此构成了中国食品 GMP 整体框架。并依据以上框架制定了各类企业的 GMP。

推行食品 GMP 的主要目的是为了提高食品的品质与卫生安全，保障消费者与生产者的权益，强化食品生产者的自主管理体制，促进食品工业的健康发展。GMP 在许多国家和地区的推广实践证明，它是一种行之有效的科学而严密的生产管理系统。推行食品 GMP 的意义可体现在以下几方面：

1. 确保食品质量

GMP 对从原料进厂直至成品的储运及销售整个生产销售链的各个环节，均提出了具体的控制措施、技术要求以及相应的检测方法和程序。实施 GMP 管理系统是确保每件终产品合格的有效途径。

2. 促进食品企业质量管理的科学化和规范化

食品企业实施 GMP 是以标准形式颁布的，具有强制性和可执行性。贯彻实施 GMP 可使广大企业特别是技术力量较弱的企业，依据 GMP 建立和完善自身的科学化质量管理系统，规范生产行为，为 ISO 9000 和 HACCP 的实施打下良好的基础，推动食品工业质量管理体系向更高层次发展。

3. 有利于食品进入国际市场

GMP 的原则已被世界上许多国家，特别是发达国家认可并采纳。GMP 是衡量一个企业质量管理优劣的重要依据。在食品企业实施 GMP，将会提高其在国际贸易中的竞争力。

4. 提高卫生行政部门对食品企业进行监督检查的水平

对食品企业进行 GMP 监督检查，可使食品卫生监督工作更具科学性和针对性，提高对食品企业的监督管理水平。

5. 促进食品企业的公平竞争

企业实施 GMP，势必会大大提高产品的质量，从而带来良好的市场信誉和经济效益。通过加强 GMP 的监督检查，可以淘汰一些不具备生产条件的企业，起到扶优劣汰的作用。

二、食品 GMP 的基本内容和要素

1. GMP 的基本内容

GMP 是对食品生产过程中的各个环节、各个方面实行全面严格的质量控制，提出具体的要求并采取必要的质量监控措施，从而不断形成和完善的质量保证体系。GMP 是从整个过程入手，对食品出厂前的各个阶段进行质量保证而不是单单注重最终的产品，可以说 GMP 是从根本上保证食品质量。其主要内容可以分为两方面：一方面主要是指对食品生产及加工企业的生产厂房、机器设备、卫生设施等硬件方面的要求；另一方面是着重于可靠的生产技术和生产工艺以及完善的管理组织和管理制度等软件的要求。基本内容大致分为以下几方面：

（1）食品原料采购、运输和贮藏的 GMP

采购包括对采购人员、采购的原辅材料、采购的包装物及容器的要求；运输包括对运输工具、运输方式、运输条件提出了良好操作规范；贮藏则对贮藏设施、设备和贮藏的管理办法进行了严格规定。

（2）食品生产加工工厂设计和设施的 GMP

科学合理的厂房设计对减少食品生产环境中微生物的进入、繁殖、传播，防止或降低产品和原料之间的交叉污染至关重要。对食品生产加工工厂的厂址选择、厂区环境、建筑设施的规范要求应根据相关国家标准的要求执行。

（3）食品生产用水的 GMP

包括食品生产加工工厂水源的选择和生活饮用水标准的规定要求。

（4）食品生产企业的组织和制度的 GMP

包括需要建立健全相应的食品卫生质量管理机构；具备食品生产设备、设施的卫生管理制度；对食品有害物的卫生管理制度；对食品生产过程中的产物、废弃物的卫生管理制度。

（5）食品生产过程的 GMP

包括对食品生产原料的验收和检验规范要求，确保其符合相关食品原料卫生质量的规范要求；对工艺流程和工艺配方的规范管理，严格控制工艺配方中各个

物质及其用量的使用，并对整个工艺流程进行严格监控，避免交叉污染的发生；对食品生产工具、容器的卫生管理，避免加工过程使用的工具与地面直接接触，不同工序的用具要加以区分，严格监控对日常用具的清洗消毒等；对食品生产工作人员的卫生管理，生产人员要保持衣帽整洁、重视操作卫生并培养良好的卫生习惯等，同时对其进行定期或不定期的抽检或考核。

(6) 食品检验的 GMP

包括要求企业建立与实际生产能力相适应的检验机构、合理的检验内容和方法，以及食品检验机构的职责等方面的规定。

(7) 人员的 GMP

包括对食品生产操作人员的健康卫生管理要求以及全体员工的培训制度等。

2. GMP 要素

根据美国 FDA 的法规，将食品 GMP 分为以下四个部分：

(1) 总则

总则定义了现行的良好操作规范的相关名词，包括酸性食品、质量控制操作、安全水分含量、水分活度、批次等。

(2) 建筑物和设施

食品生产加工企业必须保证地面的清洁，避免食品污染；厂房建筑物大小、结构与设计都必须便于食品生产的卫生操作和维护。卫生操作，主要包括清洁和消毒设施、器具和设备，病虫害防治，清洁和消毒物品的贮存等。有关卫生设施和控制，每个食品生产加工企业都必须配备足够的卫生设施及用具。

(3) 设备

包括设计、施工、设备和器具的维护要求。

(4) 生产和加工控制

加工和管理部分描述了原材料和其他成分的加工和管理要求；生产操作的过程和管理要求；仓库和销售部分讲述了食品的贮藏和运输必须防止食品及容器的污染和变质。

因此，GMP 实际上是一种包括 4M 管理要素的质量保证制度，即选用规定要求的原料 (material)，以合乎标准的厂房设备 (machines)，由胜任的人员 (man)，按照既定的方法 (methods)，制造出品质稳定且安全卫生的产品。

实施 GMP 的目标在于将人为的差错控制到最低水平、防止对食品的污染、保证具有高效的食品质量管理体系。具体为：

(1) 降低食品制造过程中人为的错误

① 管理方面。质量管理部门应单独成立，与生产管理部门形成相互监督的检查机制；制定并规范生产细则和作业程序；对各生产工序进行严格复核等。

② 装备方面。确保生产车间足够宽敞，消除影响生产的障碍，避免不同操作间的干扰。

(2) 防止食品在制造过程中遭受污染或品质劣变

① 管理方面。对实验室及设备的清洗制定标准并严格实施；对工作人员进

行定期健康检查；不允许外来人员进入工作间等。

② 装备方面。操作室专用化；对与食品直接接触的设备、工具、容器，要选择不会使食品腐败变质的材料等。

（3）要求建立完善的质量管理体系

① 管理方面。质量管理部门独立行使质量管理职责；定期对设备、工具进行安全检查，对原材料、半成品、成品及其生产的各个环节的质量安全进行监督检查。

② 装备方面。合理配备操作室和机械设备，采用合适的工艺和设备等。

三、GMP 的基本原则

GMP 制度旨在确保食品的质量安全和有效性，它体现如下基本原则：

（1）食品生产企业必须有足够资历、合格的生产食品相适应的技术人员承担食品生产和质量管理，并清楚地了解自己的职责。

（2）操作者应进行培训，以便正确地按照规程操作。

（3）按照规范化工艺规程进行生产。

（4）确保生产厂房、环境、生产设备符合卫生要求，并保持良好的生产状态。

（5）使用符合规定的物料、包装容器和标签。

（6）具备合适的储存、运输等设备条件。

（7）全生产过程严密并有有效的质检和管理。

（8）配备合格的质量检验人员、设备和实验室。

（9）应对生产加工的关键步骤和加工发生的重要变化进行验证。

（10）生产中使用手工或记录仪进行生产记录，以证明所有生产步骤是按确定的规程和指令要求进行的，产品达到预期的数量和质量要求，出现的任何偏差都应记录并做好检查。

（11）保存生产记录及销售记录，以便根据这些记录追溯各批产品的全部历史。

（12）将产品储存和销售中影响质量的危险性降至最低限度。

（13）建立由销售和供应渠道收回任何一批产品的有效系统。

（14）了解市售产品的用户意见，调查出现质量问题的原因，提出处理意见。

第三节　卫生标准操作程序

一、SSOP 概述

SSOP（sanitation standard operating procedure），即"卫生标准操作程序"，是食品加工企业必须遵守的基本卫生条件，也是在食品生产中保证达到 GMP 所规定目标的卫生操作规范。SSOP 是为了确保消除加工过程中不良的人为因素，确保加工的食品符合卫生要求而制定的，用于指导食品加工过程中如何实施清洗、消毒和保持卫生状态。SSOP 是在食品加工过程中进行规范操作行为的卫生性控制作业指导文件，也是食品生产加工企业建立和实施 HACCP 计划的重要前提条件。

SSOP 是在对历史经验进行总结分析和卫生原理推导的基础上确立的，必须要对 SSOP 各项内容的科学性即卫生原理进行正确的理解，才能更好地实施执行。SSOP 的一般要求主要有以下六个方面：

（1）加工企业必须建立和实施 SSOP，以强调加工前、加工中和加工后的卫生状况和卫生行为。

（2）SSOP 应描述加工者如何保证某个关键工序的卫生条件和操作要求得到满足。

（3）SSOP 应描述加工企业的操作如何受到监控来保证达到 GMP 规定的条件和要求。

（4）每个加工企业必须保持 SSOP 记录，至少应该记录与加工企业相关的关键卫生条件和操作受到监控和纠偏的结果。

（5）为雇员提供一种持续培训工具，确保工厂从管理者到生产员工在内的每一个人都能理解卫生要求。

（6）官方执法部门或第三方认证机构应鼓励和督促企业建立书面的 SSOP 计划。

二、SSOP 的主要内容

为确保食品在卫生状态下加工，充分达到 GMP 的要求，加工厂应对产品或生产场所制定并实施一个书面的 SSOP 或类似的文件。根据美国 FDA 的推荐，SSOP 计划应至少划分为 8 个方面（但不局限于这 8 个方面）的内容，加工者根据这 8 个主要卫生控制方面加以实施，以消除与卫生有关的危害。实施过程中还必须有检查、监控，如果实施不力需进行纠正和记录。这些卫生方面适用于所有种类的食品零售商、批发商、仓库和生产操作。

1. 用于接触食品或食品接触面的水，或用于制冰的水的安全

加工用水，包括用于清洁的水，必须是安全的以及有良好的卫生质量，符合饮用水及海水国家标准的要求，出口食品应符合进口国相关标准的要求；无交叉连接，有防虹吸装置，污水、废水和加工水之间不存在交叉回流；用于制冰的水是安全的，完全符合卫生标准；水井的井沿高出地面 50～90cm；水源要有防污染、防投毒的安全措施，井口和蓄水池要上盖加锁；对生产用水每年两次按标准进行全面检查，企业实验室应每月进行一次微生物指标检测，每天对余氯进行监测。

2. 与食品接触的表面的卫生状况和清洁程度

保持食品接触表面的清洁是为了防止污染食品，食品接触面一般包括工器具、设备、手套和工作服等。工作服应保持清洁、完好，防止实物污染，应统一清洗、消毒和发放、管理；清洁和消毒的手套，需保持完整无损的状态，使用前、使用中断后和必要时清洁和消毒食品接触面，以防止食品污染；设备、工器具和食品接触面的设计和制造应便于清洁、恰当地使用和定期维护，食品接触面采用抗辐射和无毒的材料，表面间连接应光滑以便于清洗；设备、工器具和盛装食品的容器应定期清洁和消毒，使其保持卫生状况；食品加工操作要确保防止污染，可以对一切食品接触面进行彻底的清洗消毒；食品接触面的卫生检查可采用视觉检查，并结合表面微生物平板计数，同时可采用试纸法检查消毒液的浓度，以确保卫生标准的达成。

3. 防止发生交叉污染

应防止发生食品与不洁物、食品与包装材料、人流与物流、高清洁度区域与低清洁度区域的食品、生食与熟食之间的交叉污染。食品操作者应具有良好的个人卫生习惯和良好的个人清洁；保证彻底地清洁和消毒手部，在必要的地方设置洗手设施；不戴不安全的、可能脱落的首饰，外衣和其他个人物品应限制在规定的区域；不能在加工区域内饮食、抽烟；采取措施防止汗水、头发、化妆品等掉入食品；保证卫生操作所需的充足空间；通过适当的食品安全控制、正确操作和有效设计，减少引入交叉污染的可能性；使用易清洁的地板、墙壁和天花板并保持良好的修缮；要防止加工过程中的产品和已完成的产品被生原料或废料污染；通过排污系统进行适当和充足的排污，以防止食品和厂区环境的污染；卫生操作程序应用于所有食品加工过程。

4. 手的清洗消毒设施以及卫生间设施的维护

手清洗和消毒的目的是防止交叉污染。应为员工提供适量、方便、具有适宜温度的流水的洗手设施，所提供的洗手设施应能防止干净卫生的手再次污染；应配备有效的洗手清洁剂、消毒剂，卫生毛巾或干手器，以及装垃圾的容器；同时应为员工提供充足、方便进出、卫生的厕所设施，门应能自动关闭，且不能朝着加工区开放。

5. 防止外来污染物的污染

应保护食品、食品包装材料和食品接触面免受润滑剂、燃油、杀虫剂、清洁剂、冷凝水、涂料、铁锈以及其他化学、物理和生物性外来污染物的污染。必须以适当的方式进行作业，防止食品受污染；防止水滴和冷凝液接触食品；设备、器具的设计、结构和使用，必须能防止润滑油、燃料、金属碎片、污水等的污染；如果已消除污染则可允许使用返工品，但应适当存放并有明确的标记；选择适当的贮存条件以防止食品污染；在食品生产和加工过程中防止被污染；防止设备、用具和容器被污染；易使不良微生物和病原体快速增长的食品应经过适当的处理，以防止食品腐败变质；定期清除面糊，防止微生物生长繁殖；成品的贮存和运输应在一定的条件下进行，防止食品或容器受到物理、化学和微生物因素的污染。

6. 有毒化学物质的正确标识、保存和使用

食品加工企业需要使用特定的有毒物质，这些有毒有害化合物主要包括洗涤剂、消毒剂、杀虫剂、润滑剂以及一些食品添加剂等，没有这些物质工厂设施无法正常运转，但使用时必须小心谨慎。必须对有毒化学物质进行适当标识，安全存储和安全使用；盛装产品的容器不要与有毒化学物质直接邻近；只有在确保食品、食品接触面和包装材料不会被污染时才可使用杀虫剂、灭鼠剂和其他的化学药剂，它们的使用应遵循相关的法律规定。

7. 直接或间接接触食品的员工健康的控制

食品加工者是直接接触食品的人，其健康及卫生状况直接影响食品卫生质量。对员工健康的控制一般包括：有疾病或外伤的员工不得从事直接接触食品或食品接触的包装材料和设施的作业；必须配备工作服、帽、口罩、鞋等，并及时洗手消毒；工厂要检查员工的健康状况，制订体检计划并设有体检档案，员工应及时报告自己的异常健康状况并持有效的健康证；食品生产企业应制订卫生培训计划，定期对加工人员进行培训，并记录存档。

8. 害虫的控制及去除

害虫主要包括啮齿类动物、鸟和昆虫等携带某种人类病原菌的动物。通过害虫传播的食源性疾病数量巨大，因此虫害的防治对食品加工厂是至关重要的。害虫的灭除和控制包括加工厂（主要是生产区）全范围，甚至包括加工厂周围，重点是厕所、下脚料出口、垃圾箱周围、食堂、贮藏室等。一般害虫的控制主要包括防虫、灭虫、防鼠、灭鼠等，食品厂任何区域都应禁止蚊、蝇、鼠、蟑螂等生活害虫的存在，并及时清除。

三、SSOP 执行过程中存在的问题

1. SSOP 计划制订流于形式

在食品生产企业中，许多 SSOP 计划的制订没有针对本企业的实际生产条件、食品工艺特点、生产方式及管理特色，同类食品，不同企业间的体系文件雷同较多，针对企业具体质量管理体系的较少。许多企业的 SSOP 计划没有具体考虑某种产品的加工特性和加工环境，遗漏了许多重要的细节和操作规范，降低了 SSOP 计划的可操作性。

2. 企业对于 SSOP 的执行力度不够，体系缺乏有效的落实

SSOP 的 8 项内容需要企业管理人员整合形成作业指导书，详细分解任务，落实到人。在日常执行过程中，执行的真实性和及时性存在问题，体系运行的各类记录的可行性、规范性、符合性不足。企业要设立专职的卫生监督人员，避免兼职人员精力分散、顾此失彼的不足，以保证 SSOP 各个项目都是在受控状态下进行有效的监督和管理。

3. 企业对于 SSOP 的重要性认识不足

企业管理者的重视，是企业质量保证体系创建、保持并规范运行的前提和基础，同时 SSOP 执行工作必须依靠全体员工的参与和支持。如何提高全体员工的主动性、积极性、创造性和合作性是 SSOP 体系能否有效运行的关键。在企业管理者全面负责、正确引导的前提下，企业各部门和全体员工应一丝不苟、团结一致，努力做好各项工作，才能保证 SSOP 的有效实施。

第四节　危害分析与关键控制点体系

一、HACCP 概述

危害分析与关键控制点（HACCP）系统是由危害分析和关键控制点两部分组成的一种控制食品安全的预防性管理体系，其目的在于使食品安全危害的风险降到最低或可接受的水平。HACCP 主要运用化学和物理学、微生物学、食品工艺学、质量控制和危害性评价等原理和方法，对整个食物链中存在的和潜在的危害进行危险性评价，包括食品原料的种植、饲养到收获、加工再到最终的流通、消费整个过程，找出对最终产品的卫生质量可能产生影响的关键控制点（CCP），建立相应的控制程序并有效地监督这些控制措施，确保提供给消费者更加安全的食品，同时提高消费者对食品加工企业的信心。

作为科学的、预防性的食品安全体系，HACCP 具有以下特点：

（1）针对性

HACCP 针对性强，主要是针对食品的安全卫生，保证食品生产整个过程中可能出现的危害得到有效控制。食品安全问题可能会引发严重的后果，常见于以下几种：对人体造成直接或间接的伤害；生产的产品失去消费者、消费市场和信誉，对品牌持有者造成难以估量的损失；可能带来巨大的经济损失，或者可能引发诉讼和巨额赔偿。

（2）预防性

HACCP 是一种用于保护食品，防止物理、化学和生物危害的管理工具。HACCP 是建立在 GMP、SSOP 的基础之上，能对食品生产全过程涉及的食品安全特别是关键工序中的危害进行监管和控制的预防性体系。它强调企业自身在生产全过程的控制作用，而不是最终的产品检测或者是政府部门的监管作用。

（3）全过程控制

涉及"从农田到餐桌、从养殖到餐桌、从水中到餐桌"的生产全过程的卫生安全管理和控制。对原料中化学危害的控制取决于整个生产链的药物残留监控体系。

（4）非零风险

HACCP 不是零风险体系，不能完全消除所有的危害，而是重点控制食品安全危害或者发生对消费者造成不可接受的健康危害上，旨在尽可能地降低和预防危害存在的风险。

（5）高度的灵活性和先进的技术性

HACCP 的灵活性体现在关键控制点随产品、生产条件等因素的改变而改变，对具体产品进行具体分析，没有统一版本。企业如果出现设备、检测仪器、人员等的变化，都可能导致 HACCP 计划的改变。而且危害的分析、关键限值的制定、监控方法的采用等，都需要科学的检测、分析、验证，体现了技术性。

（6）克服了传统的食品安全控制方法的缺陷

传统的方法一般是对产品逐批进行检测，而 HACCP 强调加工控制，集中在影响产品安全的关键控制点上，强调执法人员与企业之间的交流。HACCP 克服了传统食品以现场检查和对终产品检测的缺陷，它可以对食品在生产全过程中容易发生危害的步骤进行检测。

（7）强制性

HACCP 体系所控制的是食品加工过程中可能产生的影响人体健康安全的危害，这就决定了 HACCP 体系被世界各国的官方所接受，并被强制执行。中国对出口食品生产企业中的产品规定必须实施 HACCP 体系方能获得出口资格，其他食品生产企业和餐饮业推荐实施 HACCP 体系。

（8）动态性

动态性主要体现在 HACCP 中的关键控制点（CCP）是可以改变的。CCP 是随着工厂位置、产品配方、加工过程、仪器设备、原料供应、卫生控制和其他支持性计划发生改变而改变。

二、HACCP 体系的基本原理和基本步骤

1. HACCP 体系的基本原理

HACCP 体系是一个确认、分析、控制生产过程中可能发生的生物、化学、物理危害的系统方法，是一种新的质量保证系统。不同于传统的质量检查（即终产品检查），它是一种鉴别特定的危害并规定控制危害措施的体系，其基本原理主要有以下 7 个方面。

（1）原理 1：进行危害分析，确定预防措施

危害是指一切可以引起食物不安全消费的生物、化学或物理性因素。危害分析就是分析从原料生产经过加工到分配最终到达消费者手中整个过程中有可能发生的所有危害及危害的严重性。在制订 HACCP 计划的过程中，能否确定所有涉及食品安全性的显著危害是 HACCP 计划实施是否有效的关键。危害确定后，针对不同的危害采取不同的措施以控制危害的发生。实际操作中可利用危害分析表，分析并确定潜在危害。

（2）原理 2：确定关键控制点（CCP）

关键控制点是指能够实施控制的一个点、步骤或程序，且通过正确的措施可以达到对危害的预防、对危害的消除或者将危害降低到可接受的最低水平。但每个引入或产生显著危害的点、步骤或工序未必都是关键控制点。因此，HACCP 研究中的核心问题之一，就是如何区分"关键"控制点（CCP）和"一般"控制点（CP）。一般而言，每个控制点都是对食品的质量安全有益的，但是只有对食品安全非常重要、需要全面实施控制的点才能称为关键控制点。CCP 的确定可

借助于 CCP 决策树。

（3）原理 3：确定 CCP 的关键限值（CL）

关键限值（CL）是在关键控制点上，为预防危害发生所制定的物理或化学参数，是确保食品质量安全的界限。每个 CCP 必须有一个或多个 CL 值，包括确定 CCP 的关键限值、制定与 CCP 有关的预防性措施必须达到的标准和建立操作限值等内容。关键限值的确定可以从科学期刊、实证研究中收集相关信息，也可以自己进行实验和通过他人经验进行综合确定。操作中，一旦偏离了 CL 值，必须立即采取相应的纠偏措施来确保食品的安全性。

（4）原理 4：建立对关键控制点的监控体系

监控程序的建立，是指一系列有计划的观察和措施，用以评估 CCP 是否处于控制范围之内，并为将来验证程序中的应用做好精确记录监控结果，包括监控什么、怎样监控、监控频率，以及监控力度的掌握和负责人的确定等方面的内容，以备将来用于核实或鉴定。凡是与 CCP 有关的记录和文件，都应有负责监控人员的签名。

（5）原理 5：建立纠偏措施

关键控制点的监控结果表明加工过程出现偏差时，需要及时采取行动进行补救和校正，以减少或者消除偏差导致的潜在危害，确保加工过程重新回到控制之中。纠偏措施应该在制订 HACCP 计划之前预先确定，其功能包括：纠正或消除导致失控的原因；决定是否销毁失控状态下生产的食品；保留纠偏措施的执行记录。纠偏记录是 HACCP 计划中重要的文件之一，它可以使企业总结经验教训，以便在未来的操作中防止偏离关键限值的事故发生。

（6）原理 6：确立有效的记录保持程序

准备并保存一份书面的 HACCP 计划和计划运行记录，建立有效的记录程序，是 HACCP 体系成功的关键之一。HACCP 体系的有效记录内容应包括：HACCP 计划的目的与范围；产品的描述与识别；产品加工流程图；危害分析；HACCP 审核表；关键限值确定的依据；关键限值的验证；监控记录，包括关键限值的偏离；纠偏措施；验证活动的记录；校正记录；清洁记录；产品的标识与可追溯性；害虫控制；培训记录；对经认可的供应商的记录；产品的回收记录；审核记录；对 HACCP 体系的修改、复审材料和记录。保持的记录和文件确认了执行 HACCP 系统过程中所采用的方法、程序、试验等是否和 HACCP 计划一致。

（7）原理 7：建立验证程序，验证 HACCP 体系是否正确运行

验证是 HACCP 计划中最复杂的原理之一，其目的是确认 HACCP 体系的有效性。为了实现这一目标，需建立验证程序，采用包括随机抽样和分析在内的验证及审核方法，检测和评估 HACCP 体系是否正确运行。HACCP 体系的验证程序主要包括以下三个方面：验证各个 CCP 是否都已经按照 HACCP 计划严格执行；确定整个 HACCP 计划的全面性和有效性；验证 HACCP 体系的运行状态是否正常、有效。以上内容是 HACCP 体系执行效果的关键所在，HACCP 计划的

宗旨是防止食品安全的危害，验证的目的是提高置信水平。

2. HACCP 体系的基本步骤

HACCP 体系的核心是 HACCP 计划，企业通过实施 HACCP 计划来保护食品在整个生产过程中免受可能发生的生物、物理、化学因素的危害。HACCP 计划具有产品和加工的特定性，由于产品特性不同，加工条件、生产工艺、人员素质等也有差异，因此它的格式和内容会因此变化，建立 HACCP 计划必须考虑各食品企业的特定条件。根据食品法典委员会《HACCP 体系及其应用准则》的阐述，制定 HACCP 计划由 12 个步骤组成，涵盖了 HACCP 七项基本原理。

（1）组成 HACCP 小组

HACCP 计划在拟定时，需要事先搜集资料，了解分析国内外先进的控制办法。为了确保 HACCP 体系的策划、实施、保持和更新，企业的最高管理者应批准组建 HACCP 小组，以保证 HACCP 体系的顺利落实。HACCP 小组应由具有不同专业知识的人员组成，并且他们要熟悉企业的实际情况，具备对不安全因素及其危害分析的知识和能力，有实施 HACCP 体系的经验，能够提出控制危害的可行性方法。HACCP 小组的主要职责就是建立和实施 HACCP 计划。

（2）产品描述

产品的描述主要是以文件的形式对终产品的特性、规格与安全性进行全面描述，以确保提供的信息足以识别和评价其中的危害。所描述的内容主要包括：产品名称、产品类型、产品具体成分，与食品安全有关的物理、化学和生物特性以及包装、安全信息、加工方法、贮存方法和食用方法、预期用途、保质期、与食品安全相关的标识和处理、制备及使用说明书等。企业生产多类产品时（如餐饮业），为了更有效实施 HACCP 计划，应按照产品的相同特性或生产流程将其按组合分类。

（3）确定食品预期用途及消费对象

实施 HACCP 计划的食品应考虑其预期用途和合理的预期处理，确定各种产品和过程类别的使用者和消费者，并应该考虑消费者群体中特殊消费人群，如老人、儿童、妇女、体弱者或免疫系统有缺陷的人，这些群体对某些危害特别敏感。食品的使用说明书要明示由何类人群消费、食用目的和如何食用等内容，应该对非预期但可能出现的产品错误处理和误用进行识别。

（4）制定工艺流程图

企业应该绘制体系范围内的产品和过程的流程图，这有助于识别通过其他步骤可能识别不出的，可能产生、引入危害和增加危害水平的情况。流程图要包括从始至终整个 HACCP 计划的范围，为危害分析提供分析的框架，有助于危害识别、危害评价和控制措施评价。工艺流程图应包括环节操作步骤，在制作流程图和进行系统规划时，应有现场工作人员参加，以便为潜在污染的确定提出控制措施提供便利条件。一般的过程流程图应包括以下几点：①过程中所有操作步骤的顺序，以及各个操作步骤的关系；②源于外部的操作过程以及分包工作；③原辅料和中间产品投入点；④返工及循环点；⑤半成品、终产品和副产品转出点，及废弃物排放点。

（5）流程图现场确认

HACCP 小组成员对整个生产过程中的生产工艺流程图进行确认，通过现场比对以验证所绘制流程图的准确性，如果有误，应加以修改调整。流程图要随着工艺、基础设施的变动而变化，如改变操作控制条件、调整配方、改进设备等，应对偏离的地方加以纠正，以确保流程图的准确性、适用性和完整性。工艺流程图是危害分析的基础，不经过现场验证，难以确定其准确性和科学性。

（6）进行危害分析，确定预防措施（原理 1）

危害分析是 HACCP 最重要的一环。在 HACCP 方案中，HACCP 小组应对生产的食品进行危害识别，必须排除危害，使其减少到可接受的水平。进行危害分析的目的就是列出与各步骤有关的所有潜在危害，通过危害分析确定显著危害和非显著危害，并对显著危害制定并执行相应的控制措施。危害分析的步骤包括：危害识别、危害评估、确定控制措施和做出危害分析报告。

（7）确定关键控制点（原理 2）

关键控制点的数量取决于产品或生产工艺的复杂性、性质和研究的范围等。HACCP 执行人员常采用判断树确定关键控制点，即对工艺流程图中确定的各控制点使用判断树，按先后回答每一个问题，按次序进行审定，尽量减少危害是实施 HACCP 的最终目标。可以用一个关键控制点去控制多个危害，同样，也可能一个危害需要多个控制点。决定关键点是否可以控制主要看是否可以防止危害的发生或者减少危害到消费者可接受的水平。

（8）建立每个关键控制点的关键限值（原理 3）

关键限值是一个区别能否接受的标准，决定了产品的安全与不安全、质量好与坏的区别。根据危害控制原理，HACCP 小组应该对每个关键控制点设立的每个监视参数，确定其关键限值，并提供科学依据，以确保控制措施或者控制措施组合的实施结果能够防止、消除相应危害或者将其降低到可接受水平之内。关键限值的确定，一般可参考有关法规、标准、文献、实验结果，如果找不到适合的限值，实际中应选用一个保守的参数值。在实际生产中，一般可考虑用温度、时间、流速、pH 值、水分含量、盐度、密度等参数作为关键限值，而不用微生物指标。所有用于限值的数据、资料应存档，以作为 HACCP 计划的支持性文件。

（9）建立每个关键控制点的监控程序（原理 4）

对每个关键控制点建立监控系统用于监控加工操作，识别在该过程中可能出现的偏差并撰写对应的书面文件，以证实关键控制点处于受控状态，进而可确保所有的关键控制点都是在规定的条件下进行的。监控分为现场监控和非现场监控两种形式。监控可以是连续的，也可以是非连续的，即在线监控和离线监控。最佳的方法是在线监控。非连续监控是点控制，选定的样品及测定点应有代表性。为了保障监控工作的有效性和准确性，应明确监控的内容，实行可行的监控制度，确保监控人员具备良好的专业知识和技能，能正确使用温度计、湿度计、自动温度控制仪、pH 计、水分活度计及其他生化测定设备。监控过程所获数据、资料应由专门人员进行评价。

监控计划包括以下内容：在适宜的时间框架内提供结果的测量或观察；所用的监视装置；适用的校准方法；监视频率；与监视和评价监视结果有关的职责和权限；记录的要求和方法。

（10）建立纠偏措施（原理5）

应在HACCP计划中规定关键限值出现偏差时，需要及时采取的补救行动和校正措施，以减少或者消除偏差导致的潜在危害，确保加工过程重新回到控制之中。纠偏措施的建立要解决两类问题：一类是制定使工艺重新处于控制之中的措施；另一类是拟定好关键控制点失控时期生产出的食品的处理办法。应建立和保持形成文件的程序，记入HACCP记录档案，明确产生的原因及责任所在，防止再次发生和正当处置不合格产品。

（11）建立验证程序（原理6）

建立验证HACCP体系正确运作的程序，目的是确认制定的HACCP方案的准确性，通过审核得到的信息可以用来改进HACCP体系。验证是对企业实施的HACCP计划的确认，确定计划是科学的、危害分析是完全的、控制措施是有效的，并评估企业体系是否按照HACCP计划有效运作，能否做到确保食品安全。对于HACCP体系的验证程序主要包括以下三个方面：验证各个CCP是否都已经按照HACCP计划严格执行；确定整个HACCP计划的全面性和有效性；验证HACCP体系的运行状态是否正常、有效。

验证方法与具体内容包括：要求原辅料、半成品供货方提供产品合格证证明；检测仪器标准，并对仪器表校正的记录进行审查；复查HACCP计划制订及其记录和有关文件；审查HACCP内容体系及工作日记与记录；复查偏差情况和产品处理情况；检查CCP记录及其控制是否正常检查；对中间产品和最终产品的微生物检验；评价所制定的目标限值和容差，不合格产品淘汰记录；调查市场供应中与产品有关的意想不到的卫生和腐败问题；复查消费者对产品的使用情况及反应记录。

（12）建立文件和记录保持系统（原理7）

HACCP体系的文件和记录保持系统是维持一个有效的HACCP计划的关键因素。记录是采取措施的书面证据。因此，认真、及时和精确地记录及资料保存是不可缺少的。HACCP程序应文件化，文件和记录的保存应合乎操作种类和规范。保存的文件有：说明HACCP系统的各种措施（手段）；用于危害分析采用的数据；与产品安全有关的所做出的决定；监控方法及记录；由操作者和审核者签名的监控记录；偏差与纠偏记录；审定报告及HACCP计划表；危害分析工作表；HACCP执行小组的报告及总结等。

各项记录在归档前要经严格审核。CCP监控记录、限值偏差与纠正记录、验证记录、卫生管理记录等所有记录内容，要在规定的时间内由工厂管理代表及时审核。如通过审核，审核员要在记录上签字并写上时间，所有的HACCP记录归档后妥善保管。

在完成整个 HACCP 计划后，要尽快以草案形式成文，并在 HACCP 小组成员中传阅修改，或寄给有关专家征求意见，吸收对草案有益的修改意见并编入草案中，经 HACCP 小组成员一次审核修改后成为最终版本，供上报有关部门审批或在企业质量管理中应用。

三、GMP、SSOP 和 HACCP 之间关系分析

1. GMP 与 HACCP

GMP 的主要内容是对企业生产过程的合理性、生产设备的适用性以及生产操作的精确性和规范性提出强制性要求。几十年的应用实践证明，GMP 是确保高质量的有效工具。因此，国际食品法典委员会（CAC）将 GMP 作为实施危害分析与关键控制点（HACCP）原理的必备程序之一。

HACCP 是保证食品安全的预防性管理原理，识别、评价、确认关键控制点是 HACCP 的原理和核心，其他一般控制点只是 GMP 中的一部分；GMP 是实施 HACCP 的基础和先决条件之一，企业在实施 HACCP 原理前应识别和确定适用的 GMP，将 GMP 的要求转化为企业的规定。HACCP 原理是确保 GMP 贯彻执行的有效管理方法，两者相辅相成，可以有效地保证食品安全。

GMP 强调食品生产过程和贮运过程的品质控制，尽量将可能发生的危害从规章制度上加以严格控制，与 HACCP 的执行有共同的基础和目标；HACCP 计划不应包括 GMP 体系，但 GMP 体系是 HACCP 计划必需的前提。

2. GMP 与 SSOP

GMP 是规范食品加工企业硬件设施、加工工艺和卫生质量管理等的法规性文件，是食品加工企业必须达到的最基本条件；SSOP 是企业为了达到 GMP 所规定的要求，保证所加工的食品符合卫生要求而制定的指导食品生产加工过程中如何实施清洗、消毒和卫生保持的作业指导文件，没有 GMP 的强制性，是企业内部的管理性文件。GMP 的规定是原则性的，包括硬件和软件两个方面，而 SSOP 的规定是具体的。制订 SSOP 计划的依据是 GMP，GMP 是 SSOP 的法律基础，使企业达到 GMP 的要求，生产出安全卫生的食品是制订和执行 SSOP 的最终目的。

3. GMP、SSOP 与 HACCP

GMP、SSOP 控制的是一般的食品卫生方面的危害，而 HACCP 重点控制食品安全方面的显著性危害。企业在满足 GMP 和 SSOP 的基础上实施 HACCP 计划，可以将显著的食品安全危害控制和消灭在加工之前或加工过程中；GMP 和 SSOP 是制订和实施 HACCP 计划的基础和前提，没有 GMP 和 SSOP，实施 HACCP 计划将无法有效进行。SSOP 计划中的某些内容也可以列入 HACCP 计划内加以重点控制。GMP、SSOP、HACCP 的最终目的都是为了企业具有充分、可靠的食品安全卫生质量保证体系，生产加工出安全卫生的食品，保障消费者的食用安全和身体健康。

第五节　ISO 9000 与 ISO 22000 认证体系

一、ISO 9000 认证体系

1. 概述

ISO 是国际标准化组织（international organization for standardization）的简称。ISO 9000 族标准是国际标准化组织（ISO）制定和通过的指导各类组织建立质量管理和质量保证体系的系列标准的统称。从开始的 ISO 9001（1994 版）到 ISO 9001（2000 版），将近有 10 年的历史，又经历了全球范围内不同规模和类别的组织实践，已经被公认为具有权威性的质量管理标准。它凝聚了各国质量管理专家和众多成功企业的经验，蕴含了质量管理的精华，标准中科学质量管理的内涵几乎对每一家企业的经营管理都具有重要影响和意义，农业、食品、医药、航天、教育、建设等多个行业均适于推行 ISO 9000。目前，ISO 9000 族标准已被 90 多个国家和地区直接采用为国家标准，是提供质量管理和质量保证的依据。在 ISO 9000 族标准 1994 版发布后，我国于当年发布了等同采用 GB/T 19000 系列标准，并于 2001 年 6 月 1 日起等同采用了 2000 版 ISO 9000 族标准。

2. 2000 版 ISO 9000 族标准主要内容

一般的组织活动由三方面组成：经营、管理和开发，在管理上又主要表现为行政管理、财务管理、质量管理等。ISO 9000 族标准主要针对质量管理，同时涵盖了部分行政管理和财务管理的范畴。ISO 9000 族标准并不是产品的技术标准，而是针对组织的管理结构、人员、技术能力、各项规章制度、技术文件和内部监督机制等一系列体现组织保证产品及服务质量的管理措施的标准。具体地讲，ISO 9000 族标准是在以下四个方面规范质量管理：

（1）机构

标准明确规定了为保证产品质量而必须建立的管理机构及其职责权限。

（2）程序

组织的产品生产必须制定规章制度、技术标准、质量手册、质量体系操作检查程序，并使之文件化。

（3）过程

质量控制是对生产的全部过程加以控制，是面的控制，不是点的控制。从根据市场调研确定产品、设计产品、采购原材料，到生产、检验、包装和储运等，其全过程按程序要求控制质量，并要求过程具有标识性、监督性、可追溯性。

（4）总结

不断地总结、评价质量管理体系，不断地改进质量管理体系，使质量管理呈螺旋式上升。

3. ISO 9000 的八项质量管理原则

ISO 9000 的八项质量管理原则是在 2000 版 ISO 9000 族标准中正式提出的，

明确了 ISO 9000 族标准规范的质量管理体系的理论基础。组织的最高管理者应注意贯彻八项管理原则。

八项质量管理原则是：以顾客为关注焦点；领导作用；全员参与；过程方法；管理的系统方法；持续改进；基于事实的决策方法；与供方互利的关系。

以上八项质量管理原则确定了 ISO 9000 族标准的理论基础，成为贯穿 ISO 9000 族标准的灵魂。

4. 推行 ISO 9000 族标准的意义

ISO 9000 族标准是在总结了世界经济发达国家的质量管理实践经验的基础上制定的具有通用性和指导性的国际标准。实施 ISO 9000 族标准，可以促进组织质量管理体系的改进和完善，对促进国际经济贸易活动、消除贸易技术壁垒、提高组织的管理水平等方面都能起到良好的作用。

（1）有利于提高产品质量，保护消费者利益

现代科学技术的高速发展，使产品向高科技、多功能、精细化和复杂化发展。如果按 ISO 9000 族标准建立了质量管理体系，通过体系的有效应用，可以促进组织持续改进产品特性以及过程的有效性和效率，实现产品质量的稳定和提高。这无疑是对消费者利益的一种最有效的保护，也增加了消费者（采购商）在选购产品时对合格供应商的信任程度。

（2）为提高组织的运作能力提供了有效的方法

ISO 9000 族标准鼓励组织在建立、实施和改进质量管理体系时采用过程方法，通过识别和管理相互关联和相互作用的过程，以及对这些过程进行系统的管理和连续的监测与控制，以实现持续地提供顾客满意的产品的目的。此外，质量管理体系提供了持续改进的框架，帮助组织能够不断地识别并满足顾客及其他相关方的要求，从而不断地增强顾客和其他相关方的满意程度。因此，ISO 9000 族标准为组织有效地提高运作能力和增强市场竞争能力提供了有效的方法。

（3）有利于增进国际贸易，消除技术壁垒

ISO 9000 的质量管理体系认证制度在国际范围内得到互认，并纳入合格评定的程序之中。技术壁垒协定（TBT）是世界贸易组织（WTO）达成的一系列协定之一，它涉及技术法规、标准和合格评定程序。贯彻 ISO 9000 族标准为国际经济技术合作提供了国际通用的共同语言和准则，对消除技术壁垒、排除贸易障碍起到了积极的促进作用。

（4）有利于组织的持续改进和持续满足顾客的需求和期望

顾客的需求和期望是不断变化的，这就促使组织要持续地改进产品的特性和过程的有效性。质量管理体系为组织持续改进其产品和过程提供了一条有效的途径。ISO 9000 族标准将质量管理体系要求和产品要求区分开来，把质量管理体系要求作为对产品要求的补充，这样有利于组织的持续改进以及持续满足顾客的需求和期望。

二、ISO 22000 体系

1. 概述

随着经济全球化的发展和社会文明程度的提高，人们越来越关注食品的安全问题，要求生产、操作和供应食品的组织证明自己有能力控制食品安全危害和影响食品安全的因素。顾客的期望和社会责任，使食品生产、操作和供应的组织逐渐认识到，应当有标准来指导操作、保障、评价食品安全管理，从而推动了 ISO 22000：2005 标准的产生。

ISO 22000：2005 标准既是描述食品安全管理体系要求的使用指导标准，又是食品生产、操作和供应的组织认证和注册的依据。该标准表达了食品安全管理中的共性要求，而不是针对食品链中任何一类组织的特定要求。ISO 22000：2005 标准适用于食品链中所有希望建立保证食品安全体系的组织，无论其规模、类型或其所提供的产品。它适用于农产品生产厂商、动物饲料生产厂商、食品生产厂商、批发商和零售商，也适用于与食品有关的设备供应厂商、物流供应商、包装材料供应厂商、农业化学品和食品添加剂供应厂商，以及涉及食品的服务供应商和餐厅。

ISO 22000：2005 采用了 ISO 9000 标准的体系结构，将 HACCP 原理作为方法应用于整个体系；明确了危害分析作为安全食品实现策划的核心，并将国际食品法典委员会（CAC）所制定的预备步骤中的产品特性、预期用途、流程图、加工步骤和控制措施以及沟通作为危害分析及其更新的输入；同时将 HACCP 计划及其前提条件（如前提方案）动态、均衡地结合。该标准可以与其他管理标准相整合，如质量管理体系标准和环境管理体系标准等。

2. ISO 22000：2005 标准主要内容

ISO 22000：2005 标准的主要内容包括：引言、范围、规范性引用文件、术语和定义、食品安全管理体系、管理职责、资源管理、安全产品的策划与实现以及食品安全管理体系的确认、验证与改进。该标准采用了 ISO 9000 标准体系结构，同时在单一的文件中融合了危害分析与关键控制点的原则。在食品危害风险识别、确认以及系统管理方面，参照了食品法典委员会颁布的《食品卫生通则》中有关 HACCP 体系和应用指南部分，引用了食品法典委员会提出的 5 个初始步骤和 7 个原理。ISO 22000：2005 作为管理体系标准，要求组织应确定各种产品和（或）过程种类的使用者和消费者，并应考虑消费群体中的易感人群，识别产品的用途和处置，以及可能出现的不正确使用和操作方法。该标准还要求组织与可能影响其产品的上下游组织进行有效沟通，将食品安全保证的概念传递到食品链中的各环节，通过体系的不断改进，系统性地降低整个食品链的安全风险。

3. ISO 22000 与 GMP、SSOP、HACCP、ISO 9000 的关系

（1）ISO 22000 与 GMP、SSOP 的关系

ISO 22000 体系提出了"前提方案"（prerequisite program，简称 PRP），以替代传统的 GMP 和 SSOP 概念，企业应结合适合的法律法规、GMP 法规以及

组织的类型和组织在食品链中的位置，制定文件化的 PRP。

ISO 22000 中的操作性前提方案（operational prerequisite program，简称 OPRP）同传统的 SSOP 存在相关性和差异性。OPRP 和 SSOP 一样，都包含对卫生控制措施（SCP）的管理，但传统的 SSOP 是为实现 GMP 的要求而编制的操作程序，不依赖危害分析，不强调在危害分析后才开始编制，也不强调特别针对某种产品。而 OPRP 是在危害分析后确定的旨在控制食品安全危害引入的可能性和（或）食品安全危害在产品或加工环境中污染或扩散可能性的措施，强调针对特定产品的特定操作中的特定危害。

（2）ISO 22000 与 HACCP 的关系

ISO 22000 标准和 HACCP 体系都是风险管理工具，能使实施者合理地识别将要发生的危害，并制订一套全面有效的计划，来防止和控制危害的发生。但 HACCP 体系是源于企业内部对某一产品安全性的控制体系，以生产全过程的监控为主；而 ISO 22000 标准适用于整个食品链的食品安全管理，不仅包含了 HACCP 体系的全部内容，并融入企业的整个管理活动中，体系完整，逻辑性强，属于食品企业安全保证体系。ISO 22000：2005 与 HACCP 体系内容对比见表 3-1。

表 3-1　HACCP 与 ISO 22000 的对照

HACCP 原理	HACCP 实施步骤		ISO 22000:2005	
	建立 HACCP 小组	步骤 1	7.3.2	食品安全小组
	产品描述	步骤 2	7.3.2	产品特性
			7.3.5.2	过程步骤和控制措施的表述
	识别预期用途	步骤 3	7.3.4	预期用途
	制作流程图、现场确认流程图	步骤 4 步骤 5	7.3.5.1	流程图
原理 1　危害分析	列出所有可能的危害,实施危害分析,考虑控制措施	步骤 6	7.4	危害分析
			7.4.2	危害识别和可接受水平的确定
			7.4.3	危害评估
			7.4.4	控制措施的选择和评估
原理 2　确定关键控制点	确定关键控制点	步骤 7	7.6.2	关键控制点（CCP）的确定
原理 3　建立关键限值	建立每个关键控制点的关键限值	步骤 8	7.6.3	关键控制点的关键限值的确定
原理 4　建立监控程序	建立每个关键控制点的监视系统	步骤 9	7.6.4	关键控制点的监视系统
原理 5　建立纠偏措施	建立纠正措施	步骤 10	7.6.5	监视结果超出关键限值时采取的措施

HACCP 原理	HACCP 实施步骤		ISO 22000:2005	
原理6 建立验证程序以确定HACCP有效运行	建立验证程序	步骤11	7.8	验证策划
原理7 建立有效的记录保存与管理体系	建立文件和记录保持系统	步骤12	4.2	文件要求
			7.7	预备信息的更新、描述前提方案和 HACCP 计划的文件的更新

（3）ISO 22000 与 ISO 9000 的关系

ISO 9000 标准要求组织识别质量管理体系所需的过程及其在组织中的应用，确定这些过程的顺序和相互作用，确定有效运行和控制过程所需的准则和方法，获得必要的资源和信息来监视、测量及分析这些过程，通过对过程的管理和持续改进来实现策划的结果和增强顾客满意；ISO 22000 标准则要求企业通过对食品加工过程中的危害进行分析，确定加工过程中的关键控制点（CCP），为每一个关键控制点确定预防措施并建立关键限值，监测每一关键控制点，当监测显示已建立的关键限值发生偏离时采取已建立的纠偏措施，建立有效的记录-保存程序，并通过验证程序确保 ISO 22000 系统正常运行，从而使食品安全卫生的潜在危害得到预防、消除或降低到可接受水平。由此可见，两者都是对过程进行识别和控制。

ISO 22000 延伸了在全世界广泛采用的但本身并不特别针对食品安全的 ISO 9000 质量管理体系的管理方法，同时将使 HACCP 原理在全世界得到更充分有效的利用。该标准既可以单独使用，也可以与其他管理体系如 ISO 9000 整合使用；既可以作为独立的第三方符合性认证之用，也可以用于非认证用途。实施 ISO 22000 与实施 ISO 9000 完全兼容，已经获得 ISO 9000 认证的企业通常会很容易地延伸到 ISO 22000 体系的认证。

第六节　风险分析

一、概述

食品质量安全风险分析是为了确保食品这一与消费者健康息息相关的产品安全的一种新的模式，已成为国际公认的食品质量安全管理理念和手段之一，其主要表现在对食品现存的或潜在的危害进行评价和监管的过程。食品质量安全风险分析一般是指针对某种食品中存在的潜在危害进行风险评估、风险管理和风险交流的过程，具体为识别影响食品质量安全的各种生物、化学和物理危害因子，通过定性或定量评估方法阐述其潜在风险的特性，在进一步参照相关风险因素的前提下，提出和开展相应的风险管理措施，并与各个利益相关者进行全面交流。风险分析的目标是保护消费者的健康和促进公平的食品贸易。在食品领域，国际食品法典委员会的标准是实施这些措施的基础。风险分析被认为是制定食品安全标准的基础，也是食品安全控制的科学基础。风险分析建立了一整套科学系统的食源性危害评估和管理理论，为制定国际上统一协调的食品卫生标准体系奠定了基础，它将科研、政府、消费者、生产企业以及媒体和其他有关方面有机地结合在一起，共同促进食品安全体系的完善和发展，能有效地防止旨在保护本国贸易利益的非关税贸易壁垒，促进公平的食品贸易。

完整的风险分析系统由风险评估、风险管理和风险交流三个有机部分组成，具体如图 3-1 所示。其中，风险评估是基础，风险管理是手段，风险交流是目的。对食品进行风险评估的结果是制定正确的食品安全标准及执行风险管理的前提，也是风险交流的信息来源，因此，风险评估是整个风险分析系统的核心部分。风险评估工作多由独立的专属机构执行，对食品进行风险评估时谨守客观、求实的原则，不受任何经济、政治、文化和饮食习惯等因素约束。

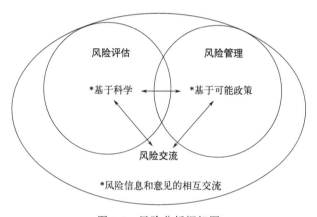

图 3-1　风险分析框架图

二、风险分析内容

1. 风险评估

风险评估是整个食品质量安全风险分析框架中的基本要素及核心，它要求对各类潜在危害及影响因子进行综合评价，并且在必要时选择定性、定量或半定量模型针对收集的数据和信息进行分析，并得出风险水平的结论。风险评估首先需界定评估的内容和范围，然后选择性地进行药理学研究、毒理学研究、药物流行病学研究以及每日容许摄入量（acceptable daily intake，ADI）和最大残留量（maximum residue limit，MRL）的制定，最终确定危害发生的概率及严重程度的函数关系，为执行风险管理措施提供科学依据。

作为风险分析的核心，风险评估一般包括四个阶段，即危害识别、危害描述、暴露评估及风险描述。危害识别是指确定一种物质可能产生的不良后果及其毒性，并对这种物质的相关属性进行鉴别；危害描述是将相关试验获得的数据及结论推导到食品消费者，进而预估或计算出消费者的 ADI 值或暂定每日耐受摄入量（provisional tolerable daily intake，PTDI）；暴露评估则是依据相关调查的结果和食物中有害物质的暴露水平的调查数据进行的，通过定量或半定量模型计算就能获得人体对于该种危害物质的暴露量；风险描述是针对各种暴露量对消费者健康造成不良危害的可能性进行计算，对于有阈值的危害，就是对暴露值和 ADI 值进行比较，当暴露值小于 ADI 值时，危害物质对消费者健康产生的危害可能性就会大大降低。目前常用的风险评估方法有定量评估、定性评估和半定量评估。具体采用何种类型的评估方法应根据风险信息和数据的获取情况来决定。

2. 风险管理

风险管理是风险分析的第二阶段，开展风险管理的主要依据就是第一阶段风险评估所得出的评估结论，也就是说风险管理措施是依据评估结果来开展的，在与各利益相关方（包括评估专家、政府、生产商、消费者、科研机构等）充分协商后，考虑各种政策方案，参照风险评估结果及其他与保护消费者健康、促进公平贸易活动等相关的因素，在必要时选择适当的预防和控制方案。

风险管理与风险评估最大的不同之处在于风险管理在很多时候并非完全基于科学，还要将其他相关影响因素考虑在内，包括开展各类可行性分析，如风险管理方法及技术，经济、社会、人文因素对管理措施的影响以及自然、环境因素的影响等。风险管理一般也包括四个阶段，分别为风险评价、风险管理措施的评估、风险管理措施的选择及管理效果的评价。在风险分析过程中，风险评估和风险管理既互相影响又彼此独立。首先，开展风险管理措施应以风险评估为基础；其次，风险管理措施是评估过程的延续。在开展评估工作之前，风险评估人员要配合风险管理者针对相关的评估因素提出合理的风险评估策略。在评估和管理过程中二者又是相互独立的，从而确保评估的科学性和管理的独立性。

3. 风险交流

风险交流是指为了促使风险分析能够顺利进行，风险评估者、风险管理者和各利益相关方对风险信息和数据进行的交流，并对彼此关注的问题进行沟通。食品质量安全风险交流并不是食品安全风险分析的最后一步，而是自始至终贯穿于评估者、管理者和利益相关方信息交流过程中。通过风险交流希望达到以下目的：一是提高风险分析的效果和效率，使得各风险分析机构间可以更好地进行沟通和互动，共享掌握的信息和数据，提高评估结果的可靠性；二是通过有效的风险交流消除消费者对潜在危害的误解，消费者通过深入参与风险评估和管理过程，可以从科学的角度审视食品质量安全问题，提高风险防范的意识和能力，增强对食品质量安全的信心，从而形成良性循环；三是确保各利益相关方对风险分析全过程信息的了解，使得风险分析的局限性能够被公众所理解和接受，进而使风险管理决策的制定、选择和执行能够被广大消费者和食品行业从业者所认同。

在食品质量安全风险分析过程中，风险评估、风险管理和风险交流虽然独立进行，但又密切相关。在典型的食品质量安全风险分析过程中管理者和评估者几乎持续不断地在以风险交流为特征的环境中进行相互交流。风险评估是进行科学风险分析的基础，为风险管理者确定风险管理措施提供依据，风险管理是政策基础，制定的政策又影响评估的进行，评估和管理的结果都要经过风险交流才能使用，使用的信息又反馈给评估者与管理者。

三、风险分析的意义及重要性

从风险分析的基本内容和工作程序来看，风险分析的实质是建立在科学、规范和标准基础上的以国家为主体的预防性食品安全管理思想。食品风险分析的应用体现了一个国家对食品安全控制的科学观，通过一系列社会目标吸收各个学科最有价值的科学知识，通过科学群体决策的手段，为政府制定食品安全管理的政策提供科学依据。因此，应用食品风险分析的意义可以概括为以下四个方面。

1. 增加决策的科学性和可靠性

面对一些可能发生的风险问题需要制定相关的法律法规来规避风险发生的可能，但是具体的风险发生概率以及可能造成的后果，需利用风险分析的方法采集数据并进行分析才能得出具体的应对策略，以进一步应对事故发生的危害。

2. 提高政策的可信度和可操作性

在食品安全监督体系中，食品召回制、处罚制和赔偿制等在许多国家发挥了积极作用，这些国家充分利用风险分析方法，有效地提高了食品召回、处罚和赔偿的可信度和可操作性。

3. 提高食品安全标准水平

根据 WTO/SPS 协定，各成员国应根据风险分析的结果，确定本国适当的卫生和植物卫生措施保护水平，再根据保护水平制定相应的质量安全标准。在制定食品安全标准时可以通过接受国际组织的信息和技术支援，克服本国研究不足的问题，提高食品质量安全管理水平并推动本国食品安全管理与国际接轨。

4. 减少和预防食品安全危害

新技术的出现总是双向影响食品科学的发展，如新型投入品和新型食品。所以应总结正反两面的实践经验，利用风险分析思想，对可能在食物链中采取的新技术、新方法和新成果，首先进行潜在危害分析和评估，对潜在危害不确定的，通过标签管理，由消费者自主选择，而对潜在危害较大的，则要求其完善并限制应用。

第七节　食品安全可追溯及预警系统

一、食品安全可追溯系统

保障食品安全是一个复杂的系统工程。由于生产的专业化和分工的逐步细化，食品从原材料生产、加工，到贮藏、运输，直至销售，每一环节都可能导致食品安全问题发生。食品可追溯体系作为食品安全信息的披露工具，将食品链全过程的信息链接起来进行监控，被认为是实现食品"从农田到餐桌"全程质量安全的一种可行方案。

1. 可追溯系统的概念及起源

目前，关于可追溯性国际上还没有确切的定义，主要存在以下几种：最早的定义见于《质量管理和质量保证术语》中，可追溯性是指通过标识的方法追溯和跟踪某个实物的来历、应用和位置的能力，这个概念包含对象范围比较广，并不单指农产品的可追溯。丹麦学者 T. Moe 提出了可追溯性在批量生产中的定义：可追溯性是指在一种产品的批量生产中，贯穿整个或部分生产过程，即从最初的原料运输，到储存、加工、分配再到销售实施整个或部分过程的追踪能力。欧盟法规中，可追溯性被定义为：食品、饲料、畜产品和饲料原料，在生产、加工、流通的所有阶段具有的跟踪追寻其历史过程的能力。食品标准委员会对可追溯性的定义是能够追溯到食品在生产、加工和流通过程中任何指定阶段相关信息的能力。

食品可追溯系统是在以欧洲疯牛病危机为代表的食源性恶性事件在全球范围内暴发的背景下，由法国等部分欧盟国家在国际食品法典委员会会议上提出一种旨在控制食源性疾病的危害、加强食品安全信息和保障消费者利益的信息记录系统。该系统是指一种沿食品供应链，通过对食品在生产、加工和流通过程中进行识别处理，对涉及质量安全隐患的各关键环节的信息进行如实记录、有效传递和监控管理，从而提高消费者信任程度的一种信息管理系统，最终实现食品质量安全信息的有效传递以及农产品的跟踪、追溯和预警，致力于向消费者提供从农田到餐桌的各种信息，是一种基于安全的风险保障系统和基于信息管理的信息传递系统。

2. 可追溯系统建立的主要目的及意义

（1）建立的目的

食品安全可追溯系统能在食物链的各个阶段追踪和回溯食品相关信息，将实现以下目的。

① 提供可靠的信息。可追溯系统通过多种渠道向消费者、企业内部人员、监管者提供食品安全信息服务，服务的方式包括网站、电话、短信、置于卖场的触摸屏，以及为管理者提供监管的移动溯源终端等。通过信息的提供，可以保证食品配送路径的透明度，加强食品标识的验证，防止食品标识和信息的错误辨识，实现公平交易。

② 提高食品的安全性。在发生食品安全事故时，可通过可追溯系统找出有问题的生产厂商、生产批次等信息，将问题食品召回，迅速有效地清除不安全食品；同时可迅速找到出问题的环节及对应的企业，追究相关企业的责任。

③ 提高经济效益。通过产品身份的识别、信息的收集和储存，增加食品管理的效益，降低成本，提高产品的质量。

（2）建立的意义

可追溯体系是一种以食品安全风险管理为基础的安全保障体系。一旦出现危害健康的食品安全问题，则可按照食品的整个供应链条（原料生产、加工至成品最终消费过程）中的信息跟踪食品流向，查询召回存在安全问题的尚未被消费食品，从而切断危害源头，消除对消费者的健康威胁和损失。食品可追溯对保障食品安全有着重要的作用，欧盟委员会认为"食品可追溯系统"是追踪农产品包括食品、饲料等进入流通的各个阶段，从生产到消费的流通全过程的系统，有助于食品质量控制和在出现安全问题时召回产品。目前，各个国家要求建立食品供应链的溯源体系意愿十分强烈，并且在有些国家已经存在相关的法律，将可追溯纳入食品安全控制的法规体系中。

3. 食品安全可追溯系统的关键技术

（1）GS1 系统

GS1 系统（全球统一标识系统，以前称 EAN·UCC 系统）是以对贸易项目、物流单元、位置、资产、服务关系等的编码为核心，集条码和射频等自动数据采集、电子数据交换、全球产品分类、全球数据同步、产品电子代码（EPC）等技术于一体的，服务于物流供应链的开放的标准体系。这套系统由国际物品编码协会（GS1）制定并统一管理，目前已在世界 145 个国家和地区广泛应用于贸易、物流、电子商务、电子政务等领域，尤其在日用品、食品、医疗、纺织、建材等行业的应用更为普及，已成为全球通用的商务语言。全球已有超过 100 万家的公司和企业采用 GS1 系统。

EAN·UCC 系统对食品进行跟踪与追溯的优点在于该系统目前在全球供应链中的零售业和物流业已得到广泛应用，能避免众多系统互不兼容所带来的时间和资源的浪费，降低系统的运行成本，实现信息流和实物流快速、准确的无缝链接。EAN·UCC 系统主要包括以下三部分：一是编码体系，包括贸易项目、物流单元、资产、位置、服务关系等标识代码。EAN·UCC 编码随着产品或服务的产生在流通源头建立起来，并伴随该产品与服务贯穿流通全过程，是信息共享的关键。二是数据载体，包括条码和无线射频标识。三是数据交换，为了使供应链上的相关信息能够在贸易伙伴间自由流动，EAN·UCC 系统通过流通领域电子数据交换规范进行信息交换。

（2）条形码技术

最常用的是一维条码，如 UPC 码、EAN 码、交叉 25 码、39 码、Codabar 码等。这些一维条码的共同缺点是信息容量小，需要与数据库相连，防伪性和纠错能力差。一般一维条码每英寸 [1 英寸 (in)＝0.0254m] 只能存储十几个字符的信息。扫描器在读取条码信息后需要再到与之相连的数据库中查找具体的信息。因此，一维条码对数据库的依赖性较大。同时，一维条码码制比较简单，防伪性差。随着人们对二维条码研究的深入，信息容量更大、保密性更好、纠错能力更强的条码不断出现。二维条形码属于电子标识范畴，提高了身份标识自动获取能力，但其获取前端属于光学信号读取装置，易受光线、雾气、血污和粪便等物理环境的影响。同时条码技术只能采用人工的方法进行近距离的读取，无法做到实时快速地获得大批量食品的质量信息，而且其在流通环节上也无法提供食品所处环境信息的实时记录。

（3）RFID技术

在RFID系统中，可以将一个带有独特电子商品代码的数码记忆芯片植入到单个牲畜上，接收设备能激活RFID标签，读取和更改数据，并将信息传输到主机上进行进一步的处理。RFID技术的优势在于：①消除了手写所出现的数据记录错误，数据准确可靠；②可以快速地进行物品追踪和数据交换；③节省劳动力并减少了处理数据所需要的文书工作；④由于信息更精确，可以更有效地控制肉类食品供应链；⑤可以在潮湿、布满灰尘、满是污迹等恶劣的环境下正常工作，具有很强的环境适应性；⑥免接触、感应距离远且抗干扰能力强，可以识别远距离物体；⑦用无线电波传送信息，不受空间限制。

与条码技术相比，由于RFID电子标签具有唯一识别编码、数据可重复擦写、标签数据存储量大、识别响应速度快、标签使用寿命长以及可以在高温、高湿和户外等恶劣条件下使用，因此更加适合于食品供应链从"农田到餐桌"的全程管理。应用RFID技术不仅可以对个体进行识别，而且可以对供应链全过程的每一个节点进行有效的标识，从而对供应链中的食品原料、加工、包装、贮藏、运输、销售等环节进行跟踪与追溯，及时发现存在的问题并进行妥善处理。

（4）可追溯信息数据库

食品安全可追溯系统的另一关键技术是可追溯信息数据库。可追溯系统的建立必须以信息技术为基础，产品外包装上的唯一标识是以数据库为基础的，它是进入数据库获取产品相关信息的关键字。该数据库可分为多数据系统和单数据系统。多数据库系统可以追溯，也被称作"一上，一下"追溯模式，在这种模式下，供应链间的每一个实体都要在输入记录和输出记录中进行链接，但对信息不负责任，其缺点是每个企业需分别建立自己的数据库，每一个环节要了解食品信息必须到上游供应商的数据库查阅，透明度不高，加大了可追溯的难度，降低了可追溯系统对食品安全的保障；采用单数据中央信息，食品供应链中的所有企业和物流商共用一个中央数据库，任何一个环节需要了解该产品的信息时，只要输入该产品的代号，从中央数据库即可得到，追溯速度很快，透明度高。必须指出的是，行业中共同数据库的建立，不能由企业建立，而应由政府或行业协会为食品企业建立一个共同的网络平台。然而现实中以合作为基础的"一上，一下"可追溯系统模式多为常见，这主要是由于"中心"追溯模式实施起来有很多障碍，比如商业机密问题、数据标准问题等。

4. 食品安全可追溯系统用户的职责

食品安全可追溯系统的用户主要分为：食品生产者、食品加工者、食品流通企业、消费者、食品监督管理部门，以及系统运行管理机构。它们的职责分别是：

（1）食品生产者

包括初级农产品的生产者、加工食品生产者，以及饲料生产者。初级农产品生产者又包含种植者、养殖者。食品生产者的职责是将种植环境、种植过程、养殖个体、养殖过程的信息，尤其是质量安全信息，录入到可追溯系统，并负责将相关信息传递给食品链下游企业和数据中心。

（2）食品加工者

食品加工企业在可追溯系统中的职责是将食品加工原材料、添加剂采购信息，食品生产过程的加工环境、加工人员、加工工艺、添加剂使用、产品质检等信息，以及最终产品销售的信息进行录入，并负责将相关信息传递给食品链下游企业和数据中心。

（3）食品流通企业

主要是从事食品储存和运输的企业。其职责是记录食品储存位置、储存环境、食品位移信息，对于需冷藏或冷冻运输的食品，尤其需要记录储存环境的温度、卫生指标等信息，并负责将相关信息传递给食品链下游企业和数据中心。

（4）食品监督管理部门

负责对食品生产、加工内部作业，以及外部流通过程进行有效监督与核查，对食品进行质量安全检验和检查，保证食品生产、加工者录入数据的正确性与有效性。

（5）系统运行管理机构

负责可追溯系统的运行维护，为系统其他用户分配权限，进行系统用户录入信息的监控，实现质量安全信息的有效传递。

（6）消费者

可以通过系统提供的多种方式对食品从生产至销售全过程的信息进行查询。

二、食品安全预警系统

1. 概述

食品安全预警（food safety pre-warning）是指通过对食品安全隐患的检测、追踪、量化分析、信息通报和预报等，对潜在的食品安全问题及时发出警报，从而达到早期预防和控制食品安全事件、最大限度地降低损失、变事后处理为事先预警的目的。

食品安全预警体系（food safety pre-warning system）是通过对食品安全问题的监测、追踪、量化分析、信息通报和预报等，建立起一套针对食品安全问题的预警功能系统。该系统能够实现预警信息的快速传递和及时发布，是一种预防性的安全保障措施，是食品安全控制体系不可或缺的内容，是实现食品安全控制管理的有效手段。

建立食品安全预警系统的目的是：建立食品安全信息管理体系，构建食品安全信息的交流与沟通机制，为消费者提供充足、可靠的安全信息；及时发布食品安全预警信息，帮助社会公众采取防范措施；对重大食品安全危机事件进行应急管理，尽量减少食源性疾病对消费者造成的危害与损失。

食品安全预警系统的主要任务是对已识别的各种不安全现象进行成因过程和发展态势的描述与分析，揭示其发展趋势中的波动和异常，并发出相应的警示信号。因此，食品安全预警系统的功能主要是：

① 发布功能。通过权威的信息传播媒介和渠道，向社会公众快速、准确、及时地发布各类食品的安全信息，实现信息的迅速扩散，使消费者能够定期稳定地获取充分的、有价值的食品安全信息。

② 沟通功能。食品安全管理是对食品供应链的安全管理，因此离不开供应商、制造商、分销商到消费者之间的密切合作，也离不开食品生产经营者、消费者与政府之间的有效沟通。

③ 预测功能。要求预警系统在收集和分析监测资料的基础上，寻找食品生产经营过程中的不安全因子，对食品不安全现象可能引起的食源性疾病、疫病流行等进行预测，并将掌握的事件基本概况及时准确地告知民众，采取措施迅速控制局面，减少社会动荡。

④ 控制功能。预警可通过全面掌握食品链的相关环节和因素，协调各有关部门和机构的工作，形成综合性的预防和控制体系，因而是人们实现超前管理的有效工具，可帮助人们及早发现问题，并把问题解决在萌芽状态，减少不必要的损失。

⑤ 避险功能。预警功能的实现使决策者和管理者能够在有限的认知能力和行为能力条件下，有效地把握未来的风险与管理决策安全，从而科学地识别、判断和治理风险。

2. 食品安全预警体系的建立

食品安全预警系统是通过风险分析、输入信息、预警指标的计算和分析，由预警系统的功能输出预警的对应措施，如分析报告、情况通报等，最终实现食品安全的目标。构建完善的食品安全预警体系可以通过监控食品质量及生产加工环节的安全状况，在食品安全风险尚处于潜伏状态时提前发出预警，防止重大的影响人民群众健康的食品安全问题发生。

（1）食品安全风险分析

食品安全中的危害因素主要来自生物、化学和物理性的危害物，其中在生产加工、储存、运输和销售过程中产生的化学及生物性危害物是导致食品安全问题的主要因素。此外，由于在食品中使用的原料种类繁多、环境污染的影响以及新型食品原料的不断开发使用，可能给人体健康带来的影响越来越难以进行科学有效的评估，由此可能引发的食品安全隐患也越来越突出。

目前对于食品中的物理性危害可通过一般性的控制措施，例如参照相关卫生规范等加以控制，而对于化学性和生物性的危害，利用风险分析的方法进行危害管理已逐步得到认可，可通过建立准确的分析方法并正确解释测定数据对食品安全性进行科学有效的评价。

（2）食品安全预警指标体系

食品安全预警指标体系的分析结果是食品安全预警系统发挥预警功能的基础。食品安全预警指标体系在食品安全预警体系中起到承上启下的重要作用，是建立科学有效的食品安全预警体系的核心部分。所选取的食品安全预警指标的科学性和适用性对食品安全预警体系的预警效果具有直接的影响。因此，构建食品安全预警指标体系时，首先要对预警指标进行确定。在对可能影响食品安全的危害因素进行分析的基础上，对预警指标进行设计并建立系统性的食品安全预警指标体系。

建立有效的预警指标体系应遵循以下原则：

① 系统性原则。系统性原则要求在制定指标时必须全面考虑整个食品生产链的情况，较为全面地涵盖所有的食品安全预警问题。由于食品安全问题以及与其相关的信息都处于动态发展中，因此指标体系的完整性也是相对的，需要不断完善并提高对食品安全问题的认识，及时地对指标体系中的指标进行调整，才能确保食品安全预警指标体系的完整性。同时还应关注整个预警体系的系统性，即在进行指标设计的过程中既要考虑单个指标设计的合理性，也要重视指标之间的关联性。

② 灵敏性原则。在选择指标时，应能够对食品安全风险的变化情况进行及时、准确的反映，具有较强的反应能力，能够成为反映食品安全风险变化情况的风向标。

③ 最优化原则。指标体系的最优化原则就是建立的指标体系应有的放矢，从众多相关因子中选择能超前反映食品安全态势的领先指标。应着重考虑对预警效果指导性强且意义较大的指标，而对一些预警效果不大的指标予以精简。这样既可以大大减少工作量，也排除了一部分无效因素的干扰，从而达到指标分析最快的速度和最优的效果。

④ 可操作性原则。预警体系应以切合食品安全问题实际情况为首要，因此它的指标体系应切合实际并有利于操作。指标的选取应具有针对性，要考虑到指标数值的统计计算及其量化的难易度和准确度；要选择主要的、基本的、有代表性的综合指标作为食品的安全指标，从而便于横纵向的比较。

（3）食品安全预警分析系统

食品安全预警分析系统主要是对信息源输入的信息进行分析，得出准确的警情通报结果，为预警响应系统做出正确及时的决策提供判断依据。因此，预警分析系统建立得是否科学直接决定了整个预警体系的有效性并起到了承前启后的作用。进行预警分析时，可以使用模型分析法、数据推算法或采用控制图原理对食品中限量类危害物和污染物残留的检测方法进行分析等多种方式。

（4）食品安全预警响应系统

食品安全预警响应系统的主要功能是对预警分析系统得出的警情警报进行快速反应并做出决策。当食品安全出现警情时，应对警情可能引发的后果严重性进行分级识别，通常按从高到低的程度分为Ⅰ级预警、Ⅱ级预警、Ⅲ级预警、Ⅳ级预警四级警情级别。针对不同警情，预警响应系统应采取不同的预警信息发布机制和应急预案。

参考文献

[1]　谢明勇，陈绍军. 食品安全导论. 北京：中国农业大学出版社，2009.

［2］　吕婕，吕青，李成德．良好农业规范（GAP）的现状及应用研究．安徽农业科学，2009，37（12）：5812-5813，5816.

［3］　时晓宾．基于 GMP 的食品质量与安全监控体系研究．石家庄：河北科技大学，2013.

［4］　师俊玲．食品加工过程质量与安全控制．北京：科学出版社，2012.

［5］　孙秀兰，吴广枫，辛志宏．食品安全学应用与实践．北京：化学工业出版社，2021.

［6］　钱和．HACCP 原理与实施．北京：中国轻工业出版社，2004.

［7］　金征宇，彭池芳．食品加工安全控制．北京：化学工业出版社，2014.

［8］　周祎．实施 ISO 22000 应对中国虾产品出口绿色贸易壁垒．无锡：江南大学，2009.

［9］　陈君石．风险评估在食品安全监管中的作用．农业质量标准，2009（3）：4-8.

［10］　陶宏．风险分析在食品安全国家标准制定中的应用研究．北京：清华大学，2012.

［11］　徐先杏．可追溯系统建设下食品供应链信息共享与协调研究．杭州：浙江工业大学，2020.

［12］　仝新顺，吴宜．食品安全的可追溯系统研究综述．物流工程与管理，2010，32（1）：126-129.

［13］　郑火国．食品安全可追溯系统研究．北京：中国农业科学院，2012.

［14］　龙红，梅灿辉．我国食品安全预警体系和溯源体系发展现状及建议．现代食品科技，2012，28（9）：1256-1261.

第四章　果蔬食品原料生产、采购与贮运安全控制技术

04 Chapter

第一节　果蔬食品原料的种类及特性

一、蔬菜类

蔬菜主要指可供食用的草本植物，如甘蓝、花椰菜、油菜、萝卜、南瓜、黄瓜、丝瓜等十字花科和葫芦科植物，也包括少数木本植物的嫩叶、嫩芽和食用真菌类等。按照生活周期长短，蔬菜可分为一年生、两年生和多年生蔬菜；按照农业生产特点，可分为白菜类、甘蓝类、直根类、茄果类、瓜类、豆类、葱蒜类、薯芋类、绿叶菜类和水生菜类等。以下按照可食用部位将蔬菜分为六大类，即根菜类、茎菜类、叶菜类、花菜类、果菜类和食用菌等其他类进行介绍。

1. 根菜类

凡是以植物膨大的根部作为可食用部位的蔬菜都属于根菜类。按照肉质根生长形成的不同，可分为直根和块根两大类。直根类主要包括萝卜、胡萝卜、芜菁、根用芥菜、根甜菜等；块根类包括豆薯、薯蓣等。根菜类蔬菜的肉质根属于变态器官，能吸收土壤中的水分和养分，储藏大量的营养物质，因此食用价值较高。

2. 茎菜类

茎菜类蔬菜以植物的嫩茎或变态茎作为主要可食用部位。按照生长环境，茎菜类可分为地上茎和地下茎两大类。地上茎蔬菜主要包括茎用莴苣、竹笋、芦笋、茭白、水芹、茎用芥菜、球茎甘蓝等。地下茎生长在土壤中，具有储存和繁殖的作用，根据形态的不同，可分为根茎、块茎、球茎和鳞茎。根茎类主要有莲藕、姜等，块茎类主要有马铃薯、菊芋等，球茎类主要有芋、荸荠、慈姑等，鳞茎类有百合、洋葱、蒜等。

3. 叶菜类

以植物肥嫩的叶片和叶柄作为食用部位的蔬菜统称为叶菜类。按照栽培特点，可分为普通叶菜、结球菜类和香辛菜类。普通叶菜类包括小白菜、叶用芥菜、叶用莴苣、菠菜、乌塌菜、茼蒿、苋菜、冬葵、荠菜、莼菜、紫苏、香椿等；结球菜类主要有结球甘蓝、大白菜、结球莴苣等；香辛菜类主要有葱、韭菜、芹菜、香菜、茴香等。叶菜类蔬菜是胡萝卜素、维生素、矿物质以及膳食纤维的良好来源，其中绿叶蔬菜的营养素含量较为丰富。

4. 花菜类

以植物的花冠、花柄、花茎等花部器官作为食用对象的蔬菜称为花菜类，主要包括花椰菜、青花菜、黄花菜、朝鲜蓟和其他花类蔬菜。花椰菜又称菜花或花菜，根据颜色的不同分为白色、黄色和紫色菜花，根据品种特性及其适应性分为四季花椰菜、春花椰菜和秋花椰菜。青花菜又名西兰花、茎椰菜、绿花菜、意大利芥蓝等，为一年生或二年生草本植物，色泽鲜绿，脆嫩可口。此外，霸王花、金银花、木槿花、食用菊等以花器供食的植物均具有药食两用的功效。

5. 果菜类

以植物的果实或幼嫩的种子作为主要供食部分的蔬菜，即为果菜类。果菜类蔬菜大多原产于热带，是春夏季节应市蔬菜的主要来源。依据供食果实的构造特点，果菜类蔬菜可分为瓜类、茄果类和豆类三大类。瓜类是以下位子房发育得到的果实供食，例如黄瓜、苦瓜、冬瓜、西葫芦、南瓜、丝瓜等；茄果类以胎座发达而充满汁液的浆果为可食用部分，例如番茄、茄子和辣椒等；豆类蔬菜以嫩豆荚或嫩豆粒为供食部分，例如菜豆、豇豆、荷兰豆、刀豆、扁豆等。

6. 食用菌等其他类

食用菌在分类上属于菌物界真菌门，大约有2000余种，绝大多数属于担子菌亚门，代表菌类有蘑菇、香菇、木耳、银耳、草菇、猴头菇、竹荪、虫草、牛肝菌、口蘑、松茸等，少数属于子囊菌亚门，如羊肚菌、马鞍菌和块菌等。食用菌类味道鲜美，除富含B族维生素、维生素C以及易被人体吸收的钾、铁、钙、锌等矿物质养分外，还含有一般蔬菜所不具备的包括人体必需氨基酸在内的18种氨基酸物质，被称为"保健食品"。此外，一些地衣类和蕨类植物也可以作为食用蔬菜，例如石耳、树花、蕨菜、荚果蕨、紫萁等。

二、水果类

水果属于碱性食品，既含有多种维生素和矿物质，又含有丰富的糖类、蛋白质、有机酸、膳食纤维、色素和独特的芳香成分，是维持人类饮食健康的必需食品。除鲜食外，水果还可加工成果脯、果汁、果酱、果酒、蜜饯、果醋、罐头等一系列深受消费者喜爱的果制品。因此，果品加工也是食品工业的重要组成部分。

在生产和商业上，水果常按果树的生物学特征及果实的构造进行分类，即果树栽培学分类，又称农业生物学分类。第一类为落叶果树类水果，主要有苹果、梨、山楂等仁果类，桃、李、杏、樱桃、梅等核果类，葡萄、猕猴桃、草莓等浆果类，核桃、板栗等坚果类，以及柿、枣类等。第二类为常绿果树类水果，主要包括柑橘、柠檬、柚等柑果类，以及龙眼、荔枝、杨梅、枇杷、橄榄、芒果等荔枝类和核果类。第三类为多年生草本类水果，如香蕉、菠萝等。以下按照园艺学将水果分为六大类，即仁果类、核果类、坚果类、浆果类、柑橘类和热带及亚热带水果类。

1. 仁果类

仁果类果树属于蔷薇科，其果实是由子房和花托共同发育而成的假果。子房发育形成肉质的外果皮和中果皮，子房内果皮革质，果心含有数枚种子，果实的主要供食部分为肉质的花托。仁果类水果主要包括苹果、梨、木瓜、沙果、山楂、枇杷、海棠果等。

2. 核果类

核果类果树也属于蔷薇科，其果实是由子房发育而成的真果，具有明显的外、中、内三层果皮。子房的外壁形成薄的外果皮，中果皮肉质为可食用部分，内果皮硬化而成为核，内部含有一颗种子，故而称为核果。核果类果品的代表种类有桃、李、杏、樱桃、梅等。核果类果实肉质鲜美，成熟期较早，对晚春和夏季水果市场起到了积极的调节作用。

3. 坚果类

坚果又称干果、壳果，其果实成熟后，果皮因缺少水分而呈干燥状态，具有坚硬的外壳，食用部分为外壳里的种子子叶或胚乳，富含淀粉和油脂，故称为"木本粮油"。坚果类果品的代表种类有核桃、板栗、银杏、榛子、阿月浑子、松子等。坚果类果品营养丰富，如核桃中含有的油酸、亚油酸、亚麻酸等不饱和脂肪酸能促进人体胆固醇代谢，起到软化血管、防治心血管疾病的作用。

4. 浆果类

浆果类果树包括多种不同科别、不同属别的植物，大多数种类的果实由子房发育而成，外果皮薄，中果皮和内果皮为柔软的肉质果肉，即可食用部分。果实充满汁液，内含数枚小型种子，故称为浆果。浆果类的代表果品有葡萄、猕猴桃、草莓、柿子、无花果、石榴等。

5. 柑橘类

柑橘类果树都属于芸香科，包含柑橘属、金橘属和枸橘属三个属别。柑橘类果实由数枚子房联合发育而成。果实外果皮革质，坚韧且具有油胞，内含植物芳香油；中果皮疏松，呈白色海绵状，有维管束分布其间；可食用部分为内果皮形成的果肉，称为瓤瓣，内生汁泡。柑橘类果实肉嫩汁多，包括柑、橘、橙、柠檬、柚五大种类，每个种类品种繁多。

6. 热带及亚热带水果类

这类果树在自然条件下分布于热带及亚热带地区，代表果品种类有香蕉、荔枝、龙眼、菠萝、芒果、橄榄、杨桃、番石榴等。

三、果蔬的化学组成及其特性

果品蔬菜的化学组成是决定果蔬特有的颜色、风味、质地、营养等外观和内在品质的必要因素。各种化学成分在果蔬原料的收获、贮藏、加工过程中会发生一系列变化，这些变化与果蔬的品质密切相关。

1. 风味物质

（1）甜味物质

可溶性糖及其衍生物糖醇类是果蔬中的主要甜味物质，一些非糖物质如甘草苷、甜叶菊苷等也具有甜味，且甜度为蔗糖的 $100\sim500$ 倍。果蔬中影响甜味的可溶性糖主要是葡萄糖、果糖和蔗糖，其次是阿拉伯糖、甘露糖、半乳糖、木糖、核糖以及山梨醇、甘露醇和木糖醇等糖醇。果蔬的甜味不仅与含糖总量有关，还与所含糖的种类密切相关。例如，果糖的甜度最高，其次是蔗糖，葡萄糖的甜度则较低。此外，果蔬甜味的强弱还受其他物质如有机酸的影响。糖酸比值（含糖量/含酸量）越高，甜味越突出；反之，甜味越淡，酸味越强。

一般来说，水果含糖量较高，而蔬菜中除番茄、西瓜、甜瓜、胡萝卜以及一些地下贮藏器官如块根、块茎等的含糖量较高外，大多都很低。不同种类和品种的果蔬所含糖类成分有较大差异。气候、土壤等栽培条件也会影响果蔬的含糖量。此外，果蔬在不同生长、发育以及成熟阶段的含糖量有较大差别。在成熟过程中，果蔬所含的淀粉类物质会水解成可溶性糖而使含糖量增加；随着果蔬的衰老，呼吸作用消耗大量的糖类而使含糖量降低，从而导致果蔬品质和加工性能下降，因此在果蔬加工中选择新鲜食品原料很重要。

（2）酸味物质

果蔬中影响酸味的有机酸主要是柠檬酸、苹果酸和酒石酸，其次是草酸、水杨酸、琥珀酸、α-酮戊二酸、咖啡酸、绿原酸、阿魏酸等。在这些有机酸中，酒石酸的酸味最浓，并伴有涩味，其次是苹果酸、柠檬酸。水果中含有较为丰富的苹果酸、柠檬酸和酒石酸，蔬菜除番茄等少数有酸味外，大多都因含酸量少而感觉不到酸味。

不同种类与品种的果蔬，所含有机酸的种类存在较大差异。柑橘类果实一般含有丰富的柠檬酸，苹果、桃、梨、杏、樱桃等水果则含有较多的苹果酸，葡萄富含酒石酸。草酸普遍存在于蔬菜中，水果中的含量很少。

果蔬酸味的强弱不仅与含酸量有关，还与糖的含量（即糖酸比值）、酸根的种类、缓冲效应以及氢离子的解离度有关。糖酸比越低，酸味越突出。特别是果蔬组织中的 pH 值越低，酸味越浓。此外，果蔬加热处理使蛋白质、氨基酸等成分凝固变性，失去缓冲作用，同时氢离子的解离度随温度升高而增加，使酸味增强。因此，果蔬加热后经常出现酸味增强的现象。

果蔬中的有机酸不仅影响产品的风味，同时对微生物活动也有重要影响。例如，pH 值在 4.8 以下的果蔬原料，在高温或常压下均可获得良好的杀菌效果。果蔬原料在加热时，所含的有机酸还会导致果胶、蔗糖等物质发生水解，从而降低果胶的凝胶强度、促进非酶促褐变的产生。此外，在加工时有机酸能与铁、锡等金属反应，使设备和容器产生腐蚀，影响果蔬制品的色泽和风味。有机酸还具有显著的抗氧化作用，对果蔬中的叶绿素、花青素和抗坏血酸的稳定性有很好的保护作用。因此，掌握有机酸的这些特性对于果蔬加工十分重要。

（3）苦味物质

果蔬中的苦味成分主要来源于某些由糖基与苷配基连接而成的糖苷类物质。单纯的苦味并不令人愉快，但当其与甜、酸等味感恰当组合时，会使果蔬形成特殊的风味。此外，由于苦味果蔬具有较高的营养价值和多重的保健功能，例如苦瓜、白果、莲子等，因此越来越受到消费者的认可和喜爱。

果蔬中的苦味物质种类不同，性质也各异。苦杏仁苷、柚皮苷及新橙皮苷、龙葵素和黑芥子苷等是果蔬中常见的苦味物质。

苦杏仁苷也称作维生素 B_{17}，其在苦杏仁中含量较多，约为 2%～3%。苦杏仁苷是传统中药苦杏仁的有效成分。但生食过量杏仁、桃仁会引起中毒，这主要是由于苦杏仁苷被同时摄入体内的苦杏仁酶水解后，易产生剧毒物质氢氰酸，从而抑制细胞呼吸，使机体组织缺氧。

柚皮苷和新橙皮苷是柑橘类果实中的主要苦味成分，以柑橘皮、橘络、囊衣和种子部分含量最高，二者都属于黄烷酮糖苷，可溶于水。当它们发生水解后，苦味会消失，据此可脱去橙汁等加工制品的苦味。

龙葵素主要存在于茄科植物中，当其含量超过 0.01% 时就会感觉到明显的苦味，超过 0.02% 即可引起食物中毒。马铃薯所含的龙葵素主要位于薯皮和萌发的芽眼附近，故表皮变绿或发芽的马铃薯应将皮部和芽眼削净后才能食用或用于加工。

黑芥子苷主要存在于十字花科蔬菜的根、茎、叶和种子中，萝卜和芥菜中含量较多。黑芥子苷能在芥子酶或酸的作用下水解成具有特殊香气和辛辣味的芥子油，使苦味消退。这种变化对于蔬菜腌制中产品风味的形成具有重要意义。

（4）涩味物质

涩味是果实重要的内在品质之一，主要是由果实内部的单宁类物质引起的。当果实中含有少量单宁时，有助于增加果实风味；但其含量过高（以涩柿为例，含量达 0.25% 左右），则会产生收敛性的涩味。也有部分果实其涩味强弱与儿茶素、没食子酸、绿原酸等其他多酚类化合物有关，如苹果、桃等。

单宁与糖酸以适当比例配合时，能呈现良好的风味，故果汁、果酒中一般都含有少量单宁。在有氧环境下，单宁极易氧化发生酶促褐变，遇铁等金属离子则会加速色变。此外，单宁遇碱很快变成黑色，因此在果蔬碱液去皮处理后，应尽快洗去碱液。为保证果蔬制品的良好品质，在果蔬加工中应注意以上问题。

（5）辣味物质

辣味是辣味物质刺激舌和口腔的神经，同时又刺激鼻腔，从而产生的一种痛觉。生姜、胡椒、辣椒、花椒、葱、蒜等蔬菜都具有辣味，适度的辛辣味是构成食品独特风味的一个重要方面。

辣椒、胡椒和花椒属于无香味的辣味物质，入口有热辣或火辣的灼热感。辣椒的主要辣味成分是辣椒素、二氢辣椒素和降二氢辣椒素，这些化合物的辣味强度比胡椒碱高出百倍。葱、蒜等蔬菜所含的辣味成分属于刺激性辣味物质，除刺激口、舌黏膜外，还能挥发刺激眼、鼻，兼具味感、嗅感和催泪性。生姜、肉豆蔻等除了辣味外，还伴有较强的挥发性香味，属于辛辣味物质。鲜姜的辣味成分是一类邻甲氧基酚基烷基酮，其中生物活性最大的是6-姜醇（姜辣素）。鲜姜经干燥储存后，6-姜醇会脱水生成姜酚类化合物，后者较6-姜醇更为辛辣。当姜受热时，环上侧链断裂生成姜酮，其辛辣味有所降低。

（6）鲜味物质

鲜味是独立于酸、甜、苦、咸四种基本味觉之外的另一种基本味，同时也能增加食物的其他风味。果蔬的鲜味主要来自一些具有鲜味的氨基酸、酰胺和肽等含氮物质，其中以L-谷氨酸、L-天冬氨酸、L-谷氨酰胺和L-天冬酰胺最为重要，这些物质广泛存在于番茄、桃、梨、葡萄、柿等果实中。

食用菌类蔬菜也含有许多鲜味活性物质，其中游离氨基酸是一类重要的活性成分。食用菌所含的氨基酸有25%～35%处于游离状态，如金针菇中的游离氨基酸含量高达247mg/g（干重）。食用菌中除鲜味氨基酸外，还有高含量的核苷酸类鲜味物质，例如肌苷酸（IMP）、鸟苷酸（GMP）、胞苷酸（OMP）、尿苷酸（UMP）、黄苷酸（XMP）等。其中$5'$-GMP、$5'$-IMP和$5'$-UMP是自然界中存在的三种单核苷酸，具有强烈的呈味作用。

（7）芳香物质

果蔬富含挥发性芳香物质，这些香味主要来源于果实成熟过程中，由高级醇、醛、酯、酮、烯、萜类及含硫化合物等组成的混合物。

水果芳香物质是果实风味的主要成分，也是评价果实内在品质的重要指标之一。典型的苹果果香由300多种挥发性物质产生，其中醛类、醇类和酯类物质是苹果特征香气的主要成分。橘皮中的精油和柑橘汁中的芳香组分绝大部分是萜烯类化合物，但对香气具有重要贡献的则是含量不多的烯萜类氧化衍生物，如醇类、醛类、酯类和酮类等。

蔬菜的香气不及水果浓郁，只有在某些蔬菜的根、茎、叶、种子等器官中，才有较高的芳香成分含量，如萝卜、大蒜、香菜和芥菜等。

2. 色素物质

（1）叶绿素

叶绿素是高等植物进行光合作用的重要物质，也是绿色果蔬的主要色素。叶绿素有五种类型，高等植物的叶绿素主要是由两种结构相似的叶绿素a和叶绿素b组成的混合物，褐藻、硅藻和红藻等低等植物中还含有c、d、e型。在颜色上，叶绿素a呈蓝绿色，叶绿素b呈黄绿色，它们的含量比约为3∶1。叶绿素分子含有四个吡咯环，并由四个甲烯基连成一个卟啉环，镁离子居于卟啉环中央。

叶绿素在酸性介质中易发生脱镁反应形成脱镁叶绿素，并进一步生成焦脱镁叶绿素，此时果蔬绿色消失，呈现褐色；在碱性介质中，加热则分解生成叶绿酸、叶绿醇和甲醇。叶绿酸呈鲜绿色且较稳定，如与碱进一步结合可生成绿色且更加稳定的叶绿酸钠（或钾）盐，这也是绿色果蔬加工时采用碳酸氢钠护色的原因。

（2）类胡萝卜素

类胡萝卜素是一类天然色素的总称，广泛存在于各种果蔬中，使果蔬呈现黄色、橙红色或红色。大多数天然类胡萝卜素为 C_{40} 分子，由中央的多聚烯链和位于两侧的官能团组成。在自然界中，绝大多数类胡萝卜素以全反式异构体的形式存在。根据其分子结构，类胡萝卜素可分为胡萝卜素和叶黄素两大类。胡萝卜素是由中间的类异戊烯和两端的环状与非环状结构组成的一类碳氢化合物；叶黄素分子中含有一个或多个氧原子，形成羟基、羰基、甲氧基和环氧化物等。

人自身不能合成类胡萝卜素，主要通过食物获得。胡萝卜素主要来源于胡萝卜、番茄、西兰花、油菜等蔬菜，叶黄素则主要来源于柑橘、芒果、木瓜、杏等水果，以及南瓜、辣椒等蔬菜。水果中类胡萝卜素的生物利用率明显高于蔬菜，其原因是类胡萝卜素存在于水果的叶绿体油滴中，而在蔬菜中则是以晶体的形式存在于叶绿体中。

（3）花青素

花青素又称花色素，是一类广泛存在于果蔬中的水溶性色素，属类黄酮化合物。花青素可以随着植物细胞液的酸碱不同，使水果和蔬菜呈现五彩六色。花青素含有多羟基，具有 2-苯基苯并吡喃阳离子结构。苹果、桃、李、草莓、樱桃、葡萄、杨梅以及某些品种的萝卜在成熟时呈现的红紫色，都是由所含花青素所致。花青素还是维生素 P 的组成成分。

3. 质地物质

（1）水分

水分是影响果蔬新鲜度、脆度和口感的重要成分，与果蔬的质地、保鲜及加工品质有密切关系。一般新鲜水果含水量为 $70\%\sim90\%$，新鲜蔬菜含水量为 $65\%\sim95\%$，番茄、黄瓜和莴苣等蔬菜的含水量甚至可达 96% 以上。

水分通过维持果蔬细胞的膨压，赋予其饱满、脆嫩、新鲜而富有光泽的外观和内在品质，从而提高果蔬的商品价值。同时，采后果蔬的生命活动也受水分限制。因此，进行果蔬贮藏时，必须考虑水分的存在和影响。

（2）果胶物质

果胶是构成植物细胞壁的主要物质，其含量高低直接影响果蔬的硬度，过软或过硬的果实都会对脆性产生不良影响。果胶具有良好的膨润力，可维持果蔬的水分平衡。从结构上讲，果胶是一种属于异多糖的大分子化合物，主要由聚半乳糖醛酸构成，其中半乳糖醛酸部分被甲醇酯化。酯化度大于 50% 称为高甲氧基果胶，低于 50% 称为低甲氧基果胶。

果胶具有良好的凝胶、增稠、稳定等特性，因此被广泛用于食品工业生产。

作为胶凝剂，用于制作软糖、果冻、果酱等；作为稳定剂，用于生产果胶巧克力饮料和酸性乳饮料等；作为脂肪仿制品，是利用果胶低热量的特性，用不同酯化度的低酯果胶制成代脂剂；作为品质改良剂，是利用果胶良好的酸稳定性及清爽利口的口感，来改进色拉酱的特性等。

（3）纤维素和半纤维素

纤维素和半纤维素是植物细胞壁的主要结构成分，是植物的骨架物质，对细胞形状和组织形态起支持作用，它们对植物源食品的质地影响很大。纤维素是由 D-葡萄糖通过 β-1,4-糖苷键连接而成的大分子多糖，在植物体内很少参与代谢。半纤维素则是由木糖、阿拉伯糖、甘露糖、半乳糖、葡萄糖等多种五碳糖和六碳糖组成的大分子物质，其稳定性较差，在果蔬体内可分解成单体。

纤维素和半纤维素的含量及存在形式直接影响果蔬的柔韧性和脆嫩程度。幼嫩的果蔬含有较多的水合性纤维素，因此脆度高、咀嚼性好。果蔬组织老化后，纤维素易发生木质化和角质化，故而坚硬粗糙，影响果蔬的质地品质和食用价值。

4. 维生素与矿物质

（1）维生素

维生素是人体和动物为维持正常的生理功能而必须从食物中获得的一类微量有机物质，它们在人体生长、代谢、发育过程中发挥着重要作用。这类物质既不是构成细胞组织的原料，也不是能量的来源，而是在代谢中起重要作用的调节物质。果蔬中含有丰富的维生素及其前体物质，它们是人体所需维生素的基本来源。

① 维生素 A 原。维生素 A（vitamin A）又称视黄醇或抗干眼病因子，是一种具有脂环的不饱和一元醇，属于脂溶性维生素。它在维持视觉系统功能正常、促进生长发育、保持上皮细胞完整性等方面至关重要。目前，已知至少有 50 种以上的类胡萝卜素化合物可转化为维生素 A，其中主要有 α-胡萝卜素、β-胡萝卜素、γ-胡萝卜素等，以 β-胡萝卜素的活性最高。

② 维生素 C。维生素 C 又称抗坏血酸，是一种重要的水溶性维生素，主要存在于新鲜水果和蔬菜中，是人类维持生命健康的必需营养素。L-抗坏血酸的生物活性最高，其他形式的抗坏血酸无生物活性，因此通常所说的维生素 C 即指 L 型抗坏血酸。维生素 C 易被氧化，在酸性条件下比较稳定。果蔬在贮藏过程中，应注意避光，保持低温、低氧，以减缓维生素 C 的氧化损失。

（2）矿物质

和维生素一样，矿物质也是人体自身无法合成，必须从外界摄取的营养物质。果蔬是人类获取矿物质营养的良好来源，其富含钙、磷、铁、硫、镁、钾、碘等矿物质元素，而且其中的 80% 是钾、钠、钙等成分。果蔬中的矿物质元素不仅是营养物质，而且还是控制采后产品代谢活性的酶辅基的组分，因此对于果蔬的自身品质和耐贮性有很大影响。

第二节　果蔬食品原料生产与安全控制技术

一、果蔬食品原料生产中危害安全的因素

果蔬食品安全提出了"从农田到餐桌"的全程质量控制理念，食品原料生产被称为果蔬食品加工的第一车间，是果蔬食品加工的基础。果蔬食品原料安全控制研究一般涉及农药残留、重金属污染、天然有毒有害物质、生物污染及转基因食品原料等方面的问题。在结合第二章内容的基础上，针对果蔬食品原料生产中的危害因素进行如下具体介绍。

1. 农药残留污染

（1）农药污染果蔬食品原料的途径

农药对果蔬食品原料的污染主要来自三个方面：施用农药后对果蔬的直接污染；施用农药对空气、水、土壤造成的污染，从而间接污染果蔬作物；运输及贮存过程中果蔬原料与农药混放或使用农药污染的容器，从而造成食品污染。

施用农药对果蔬造成的直接污染是指在施用农药时，部分农药直接黏附在果蔬的花、茎、叶和果实表面，还有一部分农药通过植物叶片组织渗透到果蔬体内，并在植物体内进行代谢。黏附在果蔬器官表面上的农药可以通过清洗去除，而被果蔬组织吸收的农药则不能被清除掉。农药对果蔬的间接污染是指由于施用农药造成空气、水、土壤的农药污染，使果蔬作物从污染的环境中吸收农药，导致果蔬食品中的农药残留。果蔬植物从土壤中吸收残留农药的能力随种类的不同而不同。

（2）危害果蔬食品原料安全生产的常用农药

① 有机氯农药。正常情况下，施用的有机氯农药大约有 10%～20% 停留在果蔬作物体上，其余 80%～90% 直接进入土壤、空气和水中。土壤受有机氯农药污染主要有以下几种途径：为防治地下害虫或病菌，有机氯农药被直接施入土壤，或以拌种、浸种等形式施入土壤；在对土壤上部喷洒时，有机氯农药直接落在地面或通过喷雾飘移、附着在果蔬作物上，经风吹雨淋落入土壤中；悬浮在大气中的有机氯农药颗粒或以气态形式存在的有机氯农药通过干湿沉降落入土壤；使用被有机氯农药污染的水源灌溉农田，将农药带入土壤。

② 有机磷农药。有机磷农药是现阶段我国普遍使用的一种化学农药，广泛应用于果蔬等食用作物的杀虫、杀菌和除草中。通常，根菜类蔬菜吸收有机磷农药的能力最强，其次是叶菜类和果菜类，且果蔬植物从土壤中吸收的农药量远低于直接喷洒在作物上的量。在我国，有机磷农药对果蔬原料的污染问题日渐突出，尤其对于生长期短的蔬菜类食品，由于害虫多，用药量大且不规范使用有机磷农药，导致有机磷农药残留超标现象更加严重。

③ 其他农药。氨基甲酸酯类农药是针对有机氯农药和有机磷农药的缺点而开发出的一种替代型广谱杀虫除草剂，具有高效、残留期短的优点。拟除虫菊酯类农药是一类人工合成的类似天然除虫菊素的化合物，是替代有机氯农药和有机

磷农药等剧毒、长残留杀虫剂的主要农药类型之一，现已广泛用于防治水果和蔬菜中的食叶或食果害虫。在水果中多菌灵的使用较为广泛，而在蔬菜中的使用量和使用次数较少，其半衰期短，一般不存在残留。

2. 重金属污染

（1）汞

汞的污染主要来自化学工业产生的废水以及大量使用含汞农药，无机汞是植物食品中汞的主要存在形式，主要来自植物体对环境中无机汞的吸收。有机汞对人体健康危害很大，特别是甲基汞，比无机汞的毒性强很多，甲基汞是在微生物的作用下合成和分解的。根据我国食品中污染物限量标准（GB 2762—2022），新鲜蔬菜中汞的允许限量为≤0.01mg/kg，食用菌及其制品中汞的允许限量为≤0.1mg/kg。

（2）镉

镉主要应用于锌冶炼、矿山、电镀、油漆、颜料、陶瓷、原子、塑料和农药等工业领域，工业"三废"尤其是含镉废水的排放对环境的污染较为严重，同时农作物还能通过根部吸收土壤中的镉，且酸性土壤中的镉更易于被作物吸收。此外，许多食品包装材料和容器中都含有镉，这也会对果蔬等食品原料造成污染。根据我国食品中污染物限量标准（GB 2762—2022），水果中镉的允许限量为≤0.05mg/kg，豆类蔬菜、块根和块茎蔬菜、茎类蔬菜的允许限量为≤0.1mg/kg，叶菜蔬菜、芹菜、黄花菜的允许限量为≤0.2mg/kg，其他新鲜蔬菜的允许限量为≤0.05mg/kg。

（3）铅

果蔬等农作物从外界环境中吸收的铅，主要累积在根系中，只有部分进入茎、叶和籽粒中。根据我国食品中污染物限量标准（GB 2762—2022），芸薹类蔬菜、豆类蔬菜和薯类中铅的允许限量为≤0.2mg/kg，叶菜蔬菜中铅的允许限量为≤0.3mg/kg，蔓越莓和醋栗水果中铅的允许限量为≤0.2mg/kg，其他新鲜蔬菜和水果中铅的允许限量为≤0.1mg/kg。

（4）砷

砷在自然界中主要以硫化物的形式存在，最普遍的两种含砷无机物为As_2O_3（砒霜）和As_2O_5，一般三价砷毒性更强。根据我国食品中污染物限量标准（GB 2762—2022），新鲜蔬菜、食用菌及其制品（松茸及其制品、木耳及其制品、银耳及其制品除外）中砷的允许限量为≤0.5mg/kg。

（5）铬

制革业排放的废水及处理后的污泥是土壤铬污染的主要来源。含铬废水灌溉农田、粮食和蔬菜时，铬的富集量增大几倍至十几倍。根据我国食品中污染物限量标准（GB 2762—2022），新鲜蔬菜中铬的允许限量为≤0.5mg/kg。

3. 硝酸盐、亚硝酸盐污染

影响蔬菜硝酸盐含量的主要因素有蔬菜种类、品种、部位以及其生长阶段等。

（1）蔬菜种类

蔬菜种类不同，硝酸盐含量差别很大。一般来说，以营养器官（如根、茎、叶等）为可食用部分的蔬菜，其硝酸盐的含量高于以生殖器官（如花、果实、种子等）为食用部分的蔬菜。不同种类蔬菜的硝酸盐含量排列顺序为根菜类＞薯类＞绿叶菜类＞白菜类＞葱蒜类＞豆类＞茄果类。

（2）蔬菜品种

同一种类蔬菜的不同品种，即使在相同的栽培管理条件下，对硝酸盐的累积量也不同。各种蔬菜积累硝酸盐的多寡受植物本身遗传因素的影响和制约。

（3）蔬菜部位

蔬菜不同器官的硝酸盐含量不同。通常，根或茎＞叶片＞果实，叶柄大于叶片，外叶大于内叶，老叶大于嫩叶。花和果实含量较低。

（4）蔬菜生长阶段

蔬菜在不同的生长发育时期，对土壤中氮素的吸收利用和转化程度不同，生长旺盛时期硝酸盐的含量高于生长后期或成熟期。

4. 微生物和寄生虫污染

果蔬的微生物风险可以发生在从农田到餐桌的各个环节。蔬菜中导致食源性疾病暴发的主要致病菌为大肠杆菌 O157：H7、沙门氏菌和志贺菌。这些致病菌对蔬菜的污染可能会发生在从农田到餐桌的每一步。在农田中，农业灌溉水源、土壤、灰尘、动物和蔬菜耕种人员都是产生各种霉菌、酵母菌、致病细菌及病毒的载体。此外，在蔬菜的采摘、运输过程中，致病菌也会由于运输车辆、加工和贮存器具以及清洗水源的不洁净或人工操作的不规范而产生和传播。

另外，果蔬特别是蔬菜，常常存在寄生虫的污染。田间蔬菜被寄生虫幼虫或虫卵污染的途径主要源于含有虫卵而未经无害化处理的人畜粪便及土壤。嫩叶、花菜类、薹类及根茎类蔬菜由于贴近地面生长或深埋于土壤，受寄生虫幼虫及虫卵污染最严重。

二、果蔬质量安全生产基地环境控制

优质果蔬原料的生产基地应选择在生态环境良好、不受污染源影响或污染物限量控制在允许范围内并具有可持续生产能力的农业生产区域。

1. 产地环境空气质量

要求果蔬原料产地及产地周围不得有大气污染源，特别是上风口不得有污染源，如化工厂、钢铁厂、水泥厂等，不得有有毒有害气体排放，也不得有烟尘和粉尘。生产生活所用的燃煤锅炉是大气中二氧化硫和飘尘的主要来源。燃煤锅炉需要装置除尘除硫设备，汽车尾气会产生二氧化硫等污染物，因此果蔬食品原料产地须避开交通繁华要道。

2. 产地环境土壤质量

要求果蔬原料产地应位于土壤元素背景值正常区域，产地及产地周围没有金属或非金属矿山。土壤中无农药残留。土壤肥力是土壤物理、化学和生物特性的综合表现，因此应充分考虑土壤肥力指标，选择土壤有机质含量较高的地区作为果蔬原料产地。对于土壤中某些元素（如放射性元素、重金属元素等）自然本底高的地区，因这些元素可经土壤转移并累积于植物体内，并通过食物链危害人类，因此不宜作为果蔬食品原料的产地。

3. 产地环境灌溉水质量

农业生产离不开水。因此，优质果蔬原料产地应选择在地表水、地下水水质清洁无污染的地区，要远离对水造成污染的工厂、矿山，产地应位于地表水、地下水的上游。对于某些因地质形成原因而致使水中有害物质（如氟）超标的地区，应尽量避开。

三、果蔬食品原料质量安全生产过程控制技术

以下以黑木耳为例，详细介绍基于良好农业规范（GAP）的黑木耳栽培质量和安全生产控制技术。

1. 黑木耳生产的质量安全风险分析

黑木耳的栽培生产主要包括：栽培场地的选择、原辅料的选择、菌种生产、栽培管理、采收及采后贮藏、包装等环节。根据良好农业规范控制点与符合性规范要求，在黑木耳的栽培生产过程中，影响黑木耳的质量安全风险主要包括物理危害、化学危害、微生物危害等。

（1）物理危害分析

黑木耳生产中的物理危害主要来源于采收、干制、包装、贮藏、运输过程中混入的尘土、砂石、菇脚菌渣、塑料等不洁杂物。

（2）化学危害分析

黑木耳生产中的化学污染主要来自栽培场地周围环境中的工矿企业、大型养殖场、污水厂、垃圾场等，导致场地环境土壤、水源和空气的农药残留和重金属超标，原辅料化学残留超标；同时污染也来自栽培管理及采后贮藏过程中化学药品的使用等。

（3）微生物危害分析

危害黑木耳的微生物主要包括细菌和真菌两大类。

2. 良好农业规范在黑木耳栽培和安全生产中的实施要点

（1）产地环境的选择

栽培场地要求平坦通风，水源充足、无污染，远离工厂、养殖场、垃圾场、矿区、污水厂、公路干线、生活区等，并避开污染源。同时，应合理规划栽培场地的布局，将原辅料库、拌料区、装袋区、灭菌区、接种区、发菌区、出耳区、产品晾晒区和仓库区进行科学分区，以提高操作的便利性。

（2）生产原材料的选择

① 原辅料。黑木耳的栽培主料为不含有害物质的阔叶树杂木屑，辅料主要为麦麸。原辅料的质量要严格按照 NY/T 1935—2010《食用菌栽培基质质量安全要求》执行，要求原辅料新鲜、无虫、无毒、无异味，农药残留、重金属不

超标。

②生产用水。食用菌栽培生产用水应符合 GB 5749—2022《生活饮用水卫生标准》要求，不可随意加入药剂、肥料或成分不明的物质。

③化学添加剂及药品。黑木耳栽培中主要的化学添加剂为石灰、石膏等。化学添加剂严格按照 NY 5099—2002《无公害食品　食用菌栽培基质安全技术要求》执行，不应随意或超量加入化学添加剂，不允许添加高毒农药、含有植物生长调节剂或成分不清的混合型基质添加剂。根据 NY/T 2375—2013《食用菌生产技术规范》要求，在食用菌上登记可使用的化学药剂有二氯异氰尿酸钠、咪鲜胺锰盐、噻菌灵、氯氟·甲维盐等。

（3）菌种生产

菌种是食用菌栽培的基础，也是关系到食用菌栽培成败的关键。黑木耳菌种的生产应按照 NY/T 528—2010《食用菌菌种生产技术规程》严格执行，要求菌种生产场所 300m 之内无规模的养殖场、垃圾场，无污水、废气等污染源，50m 内无出耳场，以免交叉污染。生产的黑木耳菌种要符合 GB 19169—2003《黑木耳菌种》要求。

（4）栽培生产过程管理控制

①培养料配制。根据黑木耳栽培的配方配比将原辅料混合均匀，使培养料含水量达 60%～65%，然后将料堆积起来，30～60min 后，使料吃透水，立即装袋，拌好的料要在 5h 内装完，防止时间过长培养料变质。

②灭菌接种。采用常压蒸汽灭菌，待菌袋内温度达 100℃后，再保持 18h 以上。灭菌完毕，将菌袋移出，自然冷却至 30℃以下即可接种。

③发菌管理。发菌前用来苏尔、苯扎溴铵溶液（新洁尔灭）喷雾，对发菌室（棚）进行消毒处理。对新发菌室（棚），宜在发菌室（棚）地面撒一薄层石灰粉进行消毒。将接好种的出耳菌棒搬入发菌室（棚），保持发菌棚温度 24～26℃，避光培养，保持通风换气。

（5）采收和采后的卫生控制

采收前，应对采收人员进行基础卫生培训。采收时，采收人员应穿工作衣帽、戴手套和口罩，不佩戴饰品，做到卫生采收。采收前应对采收工具、容器及运输工具（如剪子、刀、筐、拖车）进行清洁和消毒。保证采收容器专用（即不存放农用化学品、汽油、洗洁剂及其他废弃物），禁止使用化肥袋、工业包装袋等可能存在污染的容器。黑木耳采后干制处理时，要防止产品中混入尘土砂石、菇脚菌渣、塑料等不洁杂物，影响产品的质量。包装时要按照 NY/T 1838—2010《黑木耳等级规格》进行分级包装。贮藏场所应具备防虫、防鼠、防潮设施，产品要根据等级分开存放，贮藏室严禁存放化肥、农药等植保产品。

（6）产品质量可追溯体系建立

黑木耳产品生产基地必须建立独立、完整的生产记录档案，记录产地环境条件、生产原材料投入、菌种生产、栽培管理、病虫害防治、采后加工处理等内容，建立产品质量安全可追溯体系。

第三节　果蔬食品原料采购及贮运的质量与安全性保证

一、采购原料的分类

一般来说，食品生产企业的原材料种类繁多、价格不等、数量不均。有些食品原料需求大，在企业采购成本中所占比例重，品种相对固定，如高校餐饮企业食品原料中的大米、面粉和食用油等；有些食品原料虽然品种相对不固定且价值很低，但需求大，又是企业生产过程中必不可少的物资，如玉米粉、芝麻和果酱等。由于企业的人力、财力资源有限，因此对所有产品给予同等程度的重视和管理是不切实际的。为了使有限的时间、资金、人力和物力等企业资源得到更有效的利用，应采取完善、科学的成本控制管理方法对采购成本加以控制，而利用 ABC 分类法对食品采购原料进行分类是一种行之有效的方法。

ABC 分类法，又叫帕累托法，是由意大利经济学家帕累托提出的。在 ABC 层次系统中，企业采购的原料可以分为三大类：A 类，即重要物资，是构成最终产品的主要部分或关键部分，也是采购价格最昂贵的部分，对企业的生产至关重要，直接影响最终产品使用的安全性；B 类，即一般物资，是构成最终产品非关键部分的批量物资，采购价格不如 A 类物资那么昂贵，一般不影响最终产品的质量或即使略有影响，但可采取措施予以纠正的物资；C 类是辅助物资，即非直接用于产品本身而起辅助作用的物资，其价格低廉，每年可大量采购 1～2 次，如一般外包装材料等。

二、供应商的选择及评价

供应商的选择在原料采购环节具有重要意义，是合理采购成败的关键。采购过程不仅是一个原材料购买的过程，更涉及产品的质量、配送成本、产品价值以及后续新产品开发优势等多个方面。企业与供应商建立的是长期紧密的合作关系，优质的供应商不仅可以保证企业生产经营的正常运行，还能帮助企业避免因缺货、配送滞后等问题带来的损失，在帮助企业提升利润空间的同时，还能提升企业产品竞争力和生存力。

供应商是企业面对资源市场的直接接触者，是企业外部环境的重要组成部分。影响供应商选择的因素众多，主要包括产品性能、配送服务、信誉度以及可持续发展性等方面，具体表现为：

1. 产品性能

产品性能包括产品质量、产品价格以及性价比等方面。供应商提供的产品质量是否可靠是选择供应商的重点，直接关系到企业产出商品的质量及最终消费品的性能，对企业的持续生产影响深远；产品价格是供应商选择的关键因素，原料价格直接影响企业的销售利润，对一些依靠大宗外购原料进行生产的企业而言，供应商产品价格的高低更是企业能否提升市场竞争力的关键。

2. 配送服务

配送服务是影响供应商选择的因素之一，供应商对产品的运输量、运输距离以及运输能力最终都会影响企业的成本和生产经营。供应商的供应能力主要指供应商对产品的组织生产能力、物流能力以及对市场的反应能力。供应商必须紧跟市场变化节奏，保证企业有足够的货源，对于需要远距离运输的产品，供应商还必须具备强大的物流能力实现产品的发送。供应商应及时响应市场环境变化，扩大生产，保证企业的紧急采购。

3. 信誉度

信誉度是衡量供应商是否可靠的标准之一。在进行供应商选择时，企业必须通过多种渠道了解供应商的信誉状况，最终选择信誉良好、经营稳定的供应商，并与之建立长期协作的伙伴关系。

4. 其他

除上述要求外，供应商的付款要求和技术水平也是企业在选择供应商时应积极考虑的因素。付款要求是供应商对企业支付款项的硬性要求，如先货后款、先款后货以及优惠折扣等方面。一些流动资金短缺的企业对供应商的付款要求应该特别关注，以帮助企业改善流动资金状况。另外，供应商的技术水平也是重点考虑因素之一，只有选择有强大技术支持的供应商，才能在更替繁复的现代市场环境中立于不败之地，进而实现企业生产经营的可持续发展。

三、采购过程的控制

由于采购的产品不同，采购对企业的生产和服务运作以及对最终产品的影响不同，因而采购过程的控制方式和程度也可以不同。企业可以针对不同的产品从下列的采购控制方式中选择一种或数种的组合，对采购加以控制：

（1）编制采购文件，明确对采购产品的要求；

（2）确定采购过程；

（3）选择供方；

（4）与供方签订合同和质量保证协议；

（5）对供方的质量管理体系进行审核认证；

（6）对供方的运行过程进行监督；

（7）派专员进驻供方作为验收代表；

（8）对采购产品进行验证；

（9）与供方建立合作关系，包括建立厂际质量保证体系；

（10）定期对采购过程进行审核和评审。

四、采购产品的验收

1. 采购产品验收的原则

在进行原材料检验时，应特别注意以下要点：

（1）采购的食品原料应具有一定的新鲜度，具有该品种应有的色、香、味和组织形态特征，且未受到污染，也不含有毒有害物质。

（2）果蔬原料应保持新鲜，无病虫害和腐烂现象。应按照国家相关规定和准则使用农药和生长激素类药物，果蔬的农药残留限量应符合国家标准。

（3）为了便于加工、运输和贮藏，某些农副产品原料在采购后所采取的简易加工应符合卫生要求，该操作不应造成食品污染或产生潜在危害。

（4）重复使用的产品包装物或包装容器，应便于清洗、消毒，要加强检验，有污染者不得再次使用。

2. 果蔬原料验收

在制定果蔬的验收标准时，对果蔬产品质量的检验，不仅要考虑果蔬的营养成分组成和含量以及有害物质残留是否控制在允许的限量标准范围内，还要考虑果蔬的外观商品性状是否符合要求。

果蔬的商品质量主要包括其合格质量、外观质量、口感质量以及洁净质量四个方面。

（1）果蔬的合格质量

果蔬的合格质量指的是果蔬产品在流通过程中，消费者能接受的最低质量标准。低于这一标准的果蔬不能作为商品水果或商品蔬菜上市。这个最低质量标准主要是依据是否存在明显的病虫害、伤害和生理病害，以及水果、蔬菜污染的严重程度等来确定。通常凡产品上有病虫危害以及有生理障碍病状的都可视为不合格商品。

（2）果蔬的外观质量

外观质量主要是指水果和蔬菜的颜色、大小、形状、整齐度以及结构等外观可见的质量属性。果蔬商品的整齐度是体现商品群体质量的重要外观质量标准，包括颜色、形状、大小整齐。果蔬商品在个体组成结构上的差异往往也是鉴别质量的一种标准，如大白菜、甘蓝的包心紧实度，黄瓜果实上的刺瘤多少，大葱有无分蘖及葱白的长度及粗度，以及芹菜叶柄的宽度等。

（3）果蔬的口感质量

新鲜果蔬的口感质量不容易从外观上判断，主要是通过食用后加以鉴别。不同种类及品种果蔬的口感差异较大。例如，柑橘类果实主要有柑、橘、橙、柚、柠檬五大类，其中柑和橙味甜，橘味酸甜适中，柠檬则具有特殊的香气、汁液较酸。又如库尔勒香梨质地细嫩，香味较为浓烈；砀山梨则肉质较粗，香气淡。

（4）果蔬的洁净质量

果蔬产品的洁净质量主要包含两个方面，即果蔬的清洁程度和净菜、净果百分率。前者主要是指水果和菜体表面是否受到明显的污染，这一点很容易判断；后者则指新鲜水果和蔬菜的可食部分占整个商品果蔬的百分率。净菜净果上市对生产者、消费者以及环境的净化都十分有益。

3. 蔬菜类原料验收

（1）果菜类

果菜类主要包括茄科、瓜科、豆科等蔬菜。大部分果菜具有喜温性（豌豆、蚕豆除外），多在夏秋季节收获。在与特性适合的环境中以优良的技术栽培，且外形和内在品质能充分体现产品特性的蔬菜，才能称之为品质优良的商品。

① 茄果类。茄果类蔬菜为茄科植物中以浆果供食用的蔬菜。主要有番茄、茄子和青椒等。

番茄有 250 多个品种，大小不一，小的只有手指头那么大，大的可重达 300g。果实颜色有朱红色、红色、桃红色、黄色等。在原料验收时，应注意番茄以新鲜、颜色鲜艳、个大均匀、无畸形、无虫眼、无机械伤、无疤痕、不裂、不烂者为佳。

茄子的品种大约有 200 余个，形状主要有圆形、卵形和长形，黑紫色、有光泽的品种居多数，也有部分品种呈淡绿色或白色。在原料验收时，应注意茄子以鲜嫩、不烂、不伤、色泽光亮、个大均匀者为佳。

青椒是辣椒的一个变种，形状主要有圆形和细长形两种，也叫柿子椒。可以根据枯萎程度判断辣椒果实的鲜度，果皮发白，有腐败斑、病斑和伤口的果实，品质不佳。

② 瓜果类。瓜果类果蔬主要有黄瓜、南瓜、西瓜、香瓜和甜瓜等。

黄瓜有几百个品种，分为华南系、华北系、杂种系、泡菜系等几大类别。果实以嫩时采摘为好，鲜度可根据果实尖端残留的花的枯萎程度来判断，残留有黄花的较好。此外，黄瓜组织脆嫩，含水量丰富，生理代谢活跃，采后的黄瓜在常温下很快褪绿黄化、果皮变硬、果肉变酸变糠，食用品质大大下降。因此，在原料验收时应注意这些品质变化。

南瓜也称倭瓜、番瓜。不论哪个品种，果实都以具有该品种固有的果形、端正、果皮硬而张紧、果梗充实者为佳。可根据果梗和果面的充实程度判断果实的成熟度。青熟期的南瓜不好吃，完全成熟的才好。

西瓜为时令性水果，外观近于球形或椭圆形，肉质多汁，果皮光滑，色泽及花纹因品种而异。判别西瓜成熟度可以根据以下标准：卷须有三分之一以上枯萎；果梗上生长的毛消失，果实上部和下部十分饱满；果面硬，稍粗；果面的颜色和花纹明显；果实底部与地面接触部分黄色程度增加；还可以根据叩打声音判断成熟度。西瓜果实收获后的新鲜程度，可以根据果梗的枯萎程度以及种子由褐色变成黑色的程度等判断。

③ 豆类。豆类蔬菜主要有菜豆、豇豆、荷兰豆、扁豆等。

菜豆又称四季豆、芸豆等，豆荚和种子均可食用。菜豆主要有芸豆和爬豆两种类型。菜豆以豆荚条形肥大、端正、色鲜脆嫩、不伤、不烂、无虫眼者为佳。

豇豆又称豆角、长豇豆、带豆、饭豆、腰豆等。在原料验收时，豆角以豆荚细长、长短一致、新鲜脆嫩、富有光泽、无病虫害者为佳。

荷兰豆又称豌豆、青小豆，可食用部分为嫩荚。依据茎的生长习性，荷兰豆可分为矮生、半蔓生和蔓生三大类。矮生荷兰豆豆荚宽大扁平，长宽分别为 10～12cm 和 2.5～3cm，质地柔软，纤维少，种子光滑、圆球形，呈黄白色。半蔓生类型如"京引 92-3"，嫩荚青绿色，厚肉型，春秋均可栽培。蔓生型如大荚豌豆，豆荚大，长宽分别为 12～14cm 和 3～4cm，浅绿色，荚略弯且硬，荚内种子凸起而不平滑，含有 5～7 粒种子，豆荚爽脆，略有甜味，纤维少，品质好。荷兰豆以豆荚长 7cm 以上，无斑点，无虫伤或机械损伤，无弯荚，豆荚鲜嫩且有光泽者为佳。

扁豆又称眉豆，依其颜色可分为赤色和白色两类。白扁豆荚长约 10cm，白蜡色，稍弯曲，边缘有突点，籽粒呈扁圆形或圆形，颜色为白色或淡褐色，荚肉厚，鲜嫩清香，品质较好。赤扁豆的豆荚有窄长、宽扁、短小等形，豆荚淡绿色或紫红色，每荚有 3～6 粒种子，呈黑色或褐色，荚肉肥厚、脆嫩，煮熟后质地变软。扁豆以个体肥大、肉厚脆嫩、无病、无虫、无机械伤者为佳。

（2）叶菜类

叶菜类主要包括油菜科、芹科等若干科。叶菜属凉性，水分含量高，不耐高温，不喜干燥，因此除夏季高温期外，多数叶菜可全年种植。叶菜类的食用器官为叶片、叶球或叶柄，鉴别时首先要看叶的形态。优质叶菜应该具有该品种固有的形态，例如包心的叶菜应形状端正，包得紧密。菜叶的颜色根据栽培时期、栽培品种、肥料等而异，一般春季、秋季的菜叶颜色鲜艳，冬季的颜色深，夏季的颜色浅。菜叶的水分含量很难判定，但以筋脉发达、叶肉厚的菜叶为好。供鲜食用的莴苣、芹菜等，鲜度是很重要的，口感脆、香味浓郁的较好。供熟食用的菠菜、茼蒿等，则以叶肉厚、质地柔软的为佳。重视香味的叶菜如芹菜、蜂斗菜、紫苏等，必须具有该品种特有的香味。叶菜种植的早晚也会影响叶质，一般早生种梗短、叶肉薄，晚生种梗长、叶肉厚；同一品种的叶菜也会因种植类型不同而叶质不同。另外，叶菜类的采收成熟度因种类和生长期而定。如叶用莴苣，叶数常作为采收成熟度指标，而冰山莴苣和甘蓝则以结球的坚实度作为确定采收成熟度的标准。

许多叶菜（莴苣、菠菜除外）在低温环境下会长花芽，花芽遇暖则抽薹。而叶菜不需要花，花芽发育会消耗叶菜的养分，使叶菜品质降低，所以对花芽开始发育将要抽薹的叶菜需予以关注。另外，还要对有病毒症状的叶菜，以及出现病斑、烂心和受伤的叶菜加以注意。

叶菜类蔬菜主要包括白菜、甘蓝、菠菜、芹菜、茼蒿、乌塌菜、生菜、香椿、芫荽、茴香、葱等。

白菜以柔嫩的叶球、莲座叶或花茎供食用，可分为包心白菜、半包心白菜和不包心白菜。包心白菜是北方秋冬季最主要的蔬菜，而不包心白菜则是江南地区最主要的绿叶蔬菜，生长期短，可随时供应。两种白菜的叶形是不同的。包心白菜又称结球白菜，以包心紧、分量重、底部突出、根的切口大的为好。包心白菜的不同品种之间差异不大，以叶中心白色部分薄而宽、叶肉不突出的为好。白菜叶的边缘本是从最下端开始的，但与其他菜类杂交的白菜，则是从最下部 1～2cm 处开始。超过一定成熟度的白菜，根的切口向 3～4 方裂开、叶中心白色部分叶肉突出。降霜期收获的白菜，叶尖受霜害而呈黄褐色；春天收获的白菜，花芽发达，开始抽薹，味道不佳。在原料验收时，应特别注意剔除那些有机械伤、受病毒侵染、叶上有病斑、叶片泛黄枯萎、叶内腐烂有虫眼、因缺钙而烂心的白菜。

甘蓝又称卷心菜、包心菜、莲花白等，在我国各地均有栽培，产量较大。甘蓝的品种有几百个，变种很多。依据叶球的颜色和形状，甘蓝可分为白球甘蓝、赤球甘蓝和皱叶甘蓝。白球甘蓝的叶球为淡绿或黄绿色，赤球甘蓝的叶缘为紫红色，皱叶甘蓝的叶球皱缩。我国栽培的甘蓝多为白球甘蓝，依其叶球的形状可分为尖头、圆头和平头三种类型。平头型结球甘蓝要求叶球扁平，直径大，结球紧实；圆头型结球甘蓝要求叶球圆形，结球紧实，球形整齐；尖头型结球甘蓝则要求叶球小而尖，呈心脏形，叶片长卵形，中肋粗，肉茎长。甘蓝菜叶如果发育过度，中央的叶脉（主脉）会变得粗而硬，影响食用品质。叶身充分发育，叶片数目多，结球底部的切口粗，说明植株长得好。发生木质化而褐变，又或受黑斑病、菌核病、黑腐病、软腐病侵害的植株，品质会大大下降。过量施用氮肥或缺钙的甘蓝，容易引发腐心病，造成植株新叶、心叶腐败。缺镁和锰的甘蓝，叶脉以外叶片变黄，叶边缘枯卷。春季或夏初收获的甘蓝，结球的顶部稍隆起或发尖，这是由结球内部花芽发育造成的。因此在原料验收时，应注意甘蓝以叶球包心紧实、叶片鲜嫩洁净、不带烂叶、不带大根和泥土、无机械伤、无病虫害、无散叶、不崩、不烂、不浸水者为佳，其中叶球的紧实程度是主要标准。

菠菜又称赤根菜，其叶片和叶梗色深翠绿、细微柔软，全国各地均有种植。菠菜品种繁多，春播夏收、夏播秋收、秋播冬收、晚秋播春收，因此可全年供应。菠菜按叶型可分为尖叶菠菜、圆叶菠菜和大叶菠菜。尖叶菠菜又称中国菠菜，叶片窄小，尖端似箭形，叶柄长，叶肉较薄，主根粗壮且呈粉红色；圆叶菠菜叶片呈圆形，叶柄短宽，叶大而肉厚，组织柔嫩，味甜；大叶菠菜又称洋菠菜，叶片呈阔箭头形，叶面不平整，有皱纹及瘤状突起，叶片大而肥厚。菠菜光照时间长就会长出花芽，开始抽薹，因此春天和夏天播种的菠菜，必须选用对日照不敏感的品种。菠菜属于雌雄异株，雌株和雄株出现的比率为 1∶1。雄株叶少，抽薹开花早，雌株叶多、叶大，适于食用，故雌株的商品价值较高。菠菜富含维生素 A 和维生素 C，但贮藏一段时间后这些营养素的含量会下降，因此应选择新鲜、叶大肥厚、叶质柔软、无病斑、不枯萎、叶柄不突起而柔软、叶色鲜明的菠菜进行贮藏。特别是春收的菠菜，易抽薹，故应及早收获为好。在原料验收时，应注意菠菜以鲜嫩、叶肥、无虫、无病、无黄叶、不浸水、切根后以根长不超过半扁指者为佳。

芹菜又称香芹、胡芹。芹菜叶柄发达，有数条明显的槽纹，主要以叶柄供食，组织柔软，口感甚佳，是一种别有风味的香辛蔬菜。芹菜按产地可分为本芹（中国类型）和洋芹（欧洲类型）两种，我国以本芹为主。本芹叶柄细长，洋芹叶柄宽厚。本芹又根据叶柄颜色分为白色种和青色种，白色种叶较细小、淡绿色，叶柄黄白色，植株较矮小而柔弱，香味淡，品质好，易软化；青色种叶片较大、绿色，叶柄粗，植株高大而强健，香味淡，丰产，软化后品质差。通常叶柄宽而厚、没有裂缝和虫孔、第一节在 17cm 以上、无病斑、无腐败、纤维不太发达的芹菜品质优良。芹菜属于凉性蔬菜，可以周年生产，但在高温期（除了高寒地区以外）生产的芹菜品质较差，易腐败，筋多，香气淡。当温度较低时，植株花芽分化，转暖时开始抽薹，所以晚秋、早春播种的芹菜，植株的中心叶伸长，有抽薹的危险。开始抽薹的芹菜，香气和味道都变差。在原料验收时，应注意芹菜以无病斑、不枯萎、不卷缩、平滑、叶数多者为佳。

茼蒿又称蓬蒿、蒿子秆，叶厚，长形，淡色，其幼苗或侧枝嫩梢为可食用部分，每年冬春两季上市较多。茼蒿依据叶形可分为大叶种、中叶种和小叶种。大叶种叶大而肥厚，叶缘缺裂浅，质地鲜嫩，味清淡，略有香味，品质优良；中叶种叶权多，品质好，茎不硬，叶厚实，香味大；小叶种叶狭长，叶缘缺裂深，质地鲜嫩，略有香味。茼蒿不耐干旱，在高温、长期日照条件下花芽易分化，抽薹快。故以春季到初夏茼蒿稍嫩时采收为好。有病斑、叶发黄、叶边枯萎的茼蒿，品质和风味都较差。因此在原料验收时，应注意茼蒿以新鲜脆嫩、茎叶肥壮、无虫害、无黄叶、不出薹者为佳。

乌塌菜又称菊花菜、塌棵菜等，是主要的越冬蔬菜之一。其外形美观、口感鲜嫩，入冬经霜后味更鲜美，经济价值高，被视为蔬菜中的珍品。按塌地程度，乌塌菜可分为塌地类型和半塌地类型。塌地类型叶丛塌地，叶呈倒卵形或椭圆形，墨绿色，叶面微皱，有光泽，四周向外翻卷；叶柄为浅绿色，扁平，单棵乌塌菜重约400g。半塌地类型叶丛半直立，叶呈圆形，墨绿色，叶面皱褶，叶柄扁平微凹，表面光滑呈白色，半结球，叶尖外翻，翻卷部分为黄色，有菊花心之称，单棵重150～380g。在原料验收时，乌塌菜的质量要求是无病叶、无黄叶、无老叶、无虫害、无机械损伤、不抽薹，具有商品价值。

生菜又称叶用莴苣，其叶茎鲜嫩清脆，味清香略苦。叶用莴苣主要分为结球莴苣、直立莴苣和皱叶莴苣三种类型。结球莴苣叶全缘，有锯齿，叶面平滑或微皱缩，心叶形成叶球，呈圆形或扁圆球形，外叶开展，如青生菜。直立莴苣叶全缘或稍有锯齿，外叶直立，一般不结球，或结成圆筒形或圆锥形的叶球。皱叶莴苣的叶具有深缺刻，叶缘皱褶，结成松散的叶球。在原料验收时，生菜以棵体整齐、叶质鲜嫩、无病斑、无虫害、无干叶、不烂、不腐者为佳。

香椿主要分布于我国黄河中下游以及长江流域两岸，可食用部分为嫩叶和嫩芽，其质地脆嫩，不含纤维。目前，国内生产的香椿主要分为黑油椿和红油椿两大类，其中安徽太和县生产的太和黑油椿以其香味浓郁、含油量高、营养品质俱佳而闻名。黑油椿芽粗壮肥嫩，油脂厚，香味浓，无苦涩味，嫩叶有皱纹，椿薹和叶轴呈紫红色，背面为绿色，食之无渣，品质上等。红油椿嫩叶肥厚，有皱纹，香味浓郁，有苦涩味，椿薹和叶轴粗壮肥嫩，色微红，食之无渣。香椿以枝叶肥嫩、梗内无丝、香味浓郁、芽长不超过16cm、无虫眼、无杂质者为佳。

芫荽又称香菜，具有特殊的香味，叶柄为绿色或淡紫红色，是一种重要的香辛菜。香菜的可食用部分为茎叶，以株壮叶肥、色鲜质嫩、无病虫害、无黄叶、叶根不烂、不出薹者为佳。香菜老熟出薹后，不可食用。

茴香是一种香辛蔬菜，具有特殊的香气，其嫩茎和嫩叶为可食用部分，常被用来做馅。茴香菜主要分为小叶茴香、大叶茴香和球茎茴香三种类型。小叶茴香植株高 20~33cm，叶柄较短，叶间距短，嫩株可供食用，具有特殊的清香。大叶茴香植株高 33~46cm，叶柄长，叶间距长，嫩株具有特有的清香，也可供食用。球茎茴香是从国外引进的品种，植株高 33~133cm，叶柄长，叶间距长，植株基部肥大呈扁球形，其嫩株纤维少，柔嫩可口。在原料验收时，茴香以棵体整齐、鲜嫩体肥、无虫、无病、无黄叶、不出薹者为佳。

葱主要有大葱、小葱等品种。大葱主要在我国北方栽培，按葱白的长短，可分为长葱白和短葱白两类。长葱白植株较高大，葱白长，一般在 30cm 以上，辣味较淡，代表品种为山东章丘生产的大葱，其葱白肥嫩，味美，产量高。短葱白植株较矮，葱白粗短，味辛辣。小葱植株矮小，假茎细而短，叶色浓绿，辣味淡。在原料验收时，大葱以棵大均匀、茎粗 1.5cm 以上、茎长 30cm 以上、无泥土、不烂、不腐、无虫、无病害者为佳。

（3）茎菜类

茎菜类包括地上茎和地下茎两大类，其中地下茎又可分为球茎、块茎和根状茎。地上茎蔬菜主要包括茎用莴苣、竹笋、芦笋等，地下茎主要有洋葱、大蒜、姜、莲藕等。

① 地上茎。茎用莴苣是冬春两季的主要蔬菜之一，其花基肥大，形如笋，故又称为莴笋。茎用莴苣叶较狭，茎部肥大，为主食部分。依据叶片形状和颜色，莴苣可分为圆叶种、尖叶种和紫叶种。圆叶种莴苣多为早熟品种，植株较小，叶浅绿色，倒卵形，顶部稍圆，肉淡绿色，皮薄，肉质细密、脆嫩，含水分多，品质上等。尖叶种莴苣多为晚熟品种，植株高大，叶片为绿色或浅绿色，披针形，似柳叶，皮较薄，肉质脆嫩、微甜，含水分少，品质中等。紫叶种莴苣为晚熟品种，植株较高，叶的边缘为紫红色，皮薄，肉质脆嫩，含水分多，品质好。在原料验收时，应注意莴苣以叶茎脆嫩，皮薄，剥叶后笋白占笋身 3/4 以上，直径 5cm 以上，无烂伤和机械伤，并且削去老根的为佳。

竹笋是竹子的嫩芽，在我国江南各省产量丰富。竹笋多为尖圆形，外边被黄褐色的皮重重包裹着。任何竹种均可产笋，但作为蔬菜食用的竹笋，要求组织柔嫩，无苦味或其他不良味道，或经处理去除苦味后也可食用。竹笋的主要品种有毛笋、春笋和冬笋等。毛笋个大，粗壮，皮黄灰色，肉黄白色，单个重量在 1kg 以上。春笋于春季出芽生长，身短粗，紫皮带茸，肉白色，形如鞭子。冬笋呈长腰圆形，驼背，两端尖，根尖较粗，顶尖细，外皮鳞片略带茸毛，皮黄白色，肉淡白色，味鲜美，品质佳。竹笋喜温，适于在潮湿、肥沃的土壤中种植。肉质细密不松弛的竹笋香味好。竹笋过大时收获，肉质坚硬，风味降低。春笋以笋长出地面出现裂纹时收获为好。笋的外皮从顶部能看到绿色叶片，而底部生根部分的小突起发红等，是过熟收获所致。收获后存放几天，竹笋外皮易发蔫弯曲。

芦笋又称石刁柏、龙须菜，在中国仅有百余年的栽培历史。芦笋按嫩茎抽生早晚分为早、中、晚三类。早熟类型茎多而细，晚熟类型茎少而粗。芦笋属于凉性菜，有雄株和雌株之分。雄株的嫩茎多而细，雌株的嫩茎少而粗大，故雌株长出的茎更受欢迎。在原料验收时，芦笋以鲜嫩、整条带白色笋尖，切口平整，笋尖紧密，形态完整良好，没有硬化粗纤维组织，不带泥沙，无空心、开裂、畸形、病虫害、锈斑和其他损伤，长度12～17cm，基部平均直径1～3cm者为佳。

地上茎还包括菜薹、茎用芥菜、球茎甘蓝等蔬菜。

在原料验收时，菜薹以肥嫩、鲜嫩、无纤维、薹长20～30cm、粗细均匀、少数开花、无病虫害、不开苞、不带大叶、纯薹重占80％以上者为佳。

茎用芥菜，又称青菜头、榨菜，以四川栽培的数量最多、品质最好。茎用芥菜在四川的收获期为立春至雨水之间，要求菜头形状良好，凸起物圆钝，凹沟浅，组织细嫩、紧密，皮薄，粗纤维少，含水量应低于93％，不空心，不黑心。

球茎甘蓝，也叫芥蓝头，以肥大的茎供食用。以个头周正、表皮细薄而光滑、肉质脆嫩、不伤、不烂、不糠、削头去根、单个重量在0.5kg以上者为佳。

② 地下茎。洋葱又称葱头、圆葱，具有强烈的香气。洋葱鳞茎大，呈球形或扁球形，外包赤红色皮膜。洋葱植株健壮，每株通常只形成一个鳞茎。根据鳞茎皮色，洋葱可分为黄皮种、红皮种和白皮种。黄皮葱头肉质浅黄而柔嫩，组织细密，辣味较淡；红皮葱头质地脆嫩多汁，辣味较浓；白皮葱头肉质为白色、细密，鳞茎小，辣味淡，品质优，易抽薹。洋葱的外皮很干，出现皱纹、痣状暗斑的不好。洋葱是重要的贮藏蔬菜，以大小适中、球形端正、组织充实、色泽良好、不裂、无虫害、不抽薹者为佳。

大蒜是一种重要的香辛蔬菜，我国大蒜品种繁多，资源丰富。根据鳞茎的大小和瓣数多少，可分为大瓣蒜和小瓣蒜；根据鳞茎外皮的色泽，可分为紫皮蒜和白皮蒜。紫皮大蒜鳞茎外皮呈浅红或深紫色，有辛辣香味，品质好；白皮大蒜鳞茎外皮为白色，辣味稍淡，品质优良。大蒜可生食或制成干燥粉末使用，在烹饪时用于调味等，利用价值很高。蒜瓣的肉质为白色、有特殊气味和辣味、质地细密的大蒜品质好。收获迟而过熟的大蒜，鳞茎裂开，蒜瓣分离，风味差。此外，大蒜易感染锈病、软腐病等病害，须加以注意。在验收时，大蒜以个大均匀，直径3cm以上，不带把、根，不糠、不伤、不散，无虫害者为佳。

姜是一种调味蔬菜，品种繁多。依其皮色，可分为灰白皮姜、白黄皮姜和黄皮姜。灰白皮姜表皮光滑，每个小姜块互相联结成像手掌样的一个整块。灰白皮嫩姜辣味淡，肉质脆嫩；老姜辣味浓，肉质坚实，呈黄色，有香味，水分少，品质佳。白黄皮姜的肉呈淡黄色，肉质柔软，辛辣味不强。黄皮姜的肉为蜡黄或黄白色，纤维少，辛辣味强，品质好。过熟的姜，纤维和粗根发达，肉质坚硬，口感不好。姜的品质主要看辣味、香气和颜色，根据用途选择适宜的品种。姜以姜块肥大、表皮光滑、不碎、味正、不冻、不烂、不伤者为佳。

藕按藕节的形状，可分为短粗节藕、肥长节藕和瘦长节藕。短粗节藕孔道较大，肉厚质嫩，含淀粉少，味甜，品质佳；肥长节藕孔道较细，肉质脆嫩，组织结实，含淀粉较多，味甜；瘦长节藕比较粗糙，老藕淀粉多，品质中等。藕的根茎一般有 3～4 节，第 1 节稍细，第 2、3 节最粗，尖端长出浅绿白色或浅红色的新芽。藕的外皮为白色或浅灰白色，刚收获时颜色好，一般带泥的藕不易变色，经过一段时间（特别是水洗后）的存放后则带褐色。藕的致命病害是腐败病，表现为根茎有紫褐色斑点、孔穴内壁变成黑褐色、肉质和风味都变劣等。莲藕以藕节肥大、表皮鲜嫩、肉质细密、不冻、不烂、不伤、不带叉、不带尾、中节直径在 5cm 以上者为佳，同时还要求水分多，味甜，带有清香。

地下茎蔬菜还包括荸荠、慈姑等。荸荠主要分布于长江以南地区，扁球形，表面光滑，初生时为白色，老熟后呈栗壳色。在验收时，荸荠以个大、洁净、新鲜的为上品，以色泽紫红、顶芽较短、皮薄肉细、汁多、味甜、爽脆、无渣者为质优。慈姑属于水生蔬菜，以个体周正、表皮光滑、新鲜肥大、不伤、不烂者为佳。

（4）根菜类

根菜类主要有萝卜、胡萝卜等蔬菜。

① 萝卜。萝卜的品种很多，形状各异，如圆球形、圆锥形、长圆锥形、扁圆形等。萝卜属于冷凉性蔬菜，可食用部分为肉质直根，颜色一般为白色，也有绿色、红色、紫色等。白萝卜中又以雪白色的为好。萝卜叶的形状也因品种而异，以锯齿细、副叶大的为好。在同一品种中，叶色有深浅之分，秋冬季节收获的品种一般叶色较深，春夏季节收获的品种多为鲜绿色。叶柄有圆形和平宽形两种，秋冬季节收获的萝卜一般为平宽形，春季收获的多为圆形。按生长季节，萝卜可分为秋萝卜、春萝卜、夏萝卜和四季萝卜。秋萝卜的栽培面积最大，供应期最长，产量高，品质好，耐贮藏，代表品种有心里美、青皮脆萝卜、大红袍等。夏萝卜皮暗红色，肉白色，汁多味甜，宜煮食。春萝卜根扁圆球形，顶部有细颈，极脆嫩，宜生吃。四季萝卜根扁圆形，皮为玫瑰紫红色，肉质脆嫩，宜凉拌生食，如上海小红萝卜。

根顶部发黑且变得粗糙、开裂的萝卜，说明已过适宜的收获期。萝卜根部硬而紧实，颜色嫩白无污垢的为上品。萝卜根体两侧长出小根的小洞垂直排列，说明生长良好；小洞排列弯曲的品质不好。适熟期的萝卜肉质细密，多汁，木质化程度低，咬劲好。收获过晚的萝卜发糠，肉质衰萎粗糙，褪色，水分减少，煮不烂，咬劲差，风味不好，营养价值也降低。根据萝卜的颜色和用手叩打发出的声音，可判断萝卜是否已经发糠。叶根的中心部分已经抽薹的萝卜，已然发糠，肉质不好，口感差。在原料验收时，萝卜以皮光、不冻、不伤、不糠、不开裂、不烂、不带叉、无黑心、无切顶、单个重量在 500g 以上者为佳。

② 胡萝卜。胡萝卜耐暑性强，适于越夏种植，秋冬收获（因容易抽薹，不适于春夏收获）。胡萝卜肉质根肥大，表皮红色或黄色，肉色橙红、红或红褐色，营养丰富，供应期长，便于贮藏。胡萝卜肉质根红色越浓，所含胡萝卜素越多，红色胡萝卜比黄色胡萝卜胡萝卜素的含量多 10 倍以上。肉质根的形状有圆锥形、圆柱形、棍棒形等。根体内部分心部和皮层部，心部肉稍粗，皮层部肉细密、有弹性、风味好。因此，胡萝卜以心部直径小，肉质细密，皮层

部肉充实、充分着色者为好。根体大小和着色程度与地温有很大关系。地温在16～20℃时，根体肥大，着色好；地温高于20℃时，根体短而粗，着色不好。过熟采收的胡萝卜会因低温而花芽分化，或因高温、长时间日照而开始抽薹，此时叶变硬，叶根部带黑绿色、粗糙，根心部的肉逐渐硬化变粗，严重的甚至皮层部裂开。当受土壤线虫危害后，胡萝卜根体上会出现很多小疙瘩，同时小根的附着部分不着色并长出白色小疙瘩，风味大大降低。胡萝卜以个体肥大、表皮光滑、色泽鲜艳、不烂不腐、不裂、不带叉、无黑斑、肉厚而心小、单个重量在150g以上者为好。

（5）其他类

① 干海带

a. 干燥程度。通过感官如触觉、海带外观颜色、敲打的声音、弯折时的裂纹等进行鉴别，评定干燥程度。

b. 形态。观察扎捆的长度以及是否整齐，注意有无短的混入及其混入率。

c. 海带叶的品质。一批海带中每条叶的宽度、厚度和重量，相对来说是比较一致的，因此要观察一捆海带中的叶子是否一致。品质不良的叶子包括枯干叶、红叶、粗糙叶、虫蚀叶、受伤叶等。枯干叶是由于海带生长不良所致，呈黄白色或更浅的颜色。红叶是海带在生长发育过程中叶的末端失去海带特有的色泽，而变成红褐色或红黄色。粗糙叶呈斑点状，主要是由于海带成分中的甘露糖醇、氨基酸、无机盐等物质呈白色结晶而析出。虫蚀叶是受海螺等损害所致。受伤叶是采收时被镰刀等工具割伤所致。检查有无以上各种叶子及其数量。

d. 色泽。海带以黑中带绿褐色者为佳。黑色太深的海带，生长过老，味道差。呈绿褐色的海带尚未成熟，味道也不好。表面白粉多的海带品质不好，这是由贮藏环境湿度过高造成的。

e. 霉菌感染。干燥不充分或保藏不适当的海带会发生霉菌感染。霉菌大量繁殖时，被感染的海带会有异臭味，品质显著降低。枯死状的老化霉菌也会再次发生，因此要用肉眼仔细观察。

f. 杂质。要特别注意海带有无砂子附着。把试样捆解开，揉搓海带，直至砂子落尽，称量砂子的重量，算出附着量的比率。

② 裙带菜。裙带菜又称海芥菜，是褐藻植物翅藻科的海草，被誉为海中蔬菜。裙带菜有淡干和咸干两种。冬天采收的裙带菜质量好。干裙带菜以叶质软、无突起，无红叶和枯萎叶，不夹杂黄色，呈深绿色、绿色、黑褐色，无虫害，无杂质，无砂子附着者为佳。切取干裙带菜的一部分投入水中，复原快的品质好。

③ 紫菜

a. 颜色。漆黑，稍发绿有光泽的好。发深红色的，是叶绿素、藻青蛋白减少而残存藻红蛋白所致，说明紫菜存放时间过久或遇湿气，品质下降。有绿紫菜混入的，绿色深，品质显著降低。

b. 重量。分量重的紫菜品质好。

c. 质量。紧缩、破损、有杂物的紫菜质量不好。

d. 香气。紫菜特有的香气越浓，品质越好。

e. 成分。品质好的紫菜所含的碳水化合物少，优质紫菜磷的含量多。

④ 香菇。鲜香菇的品质，主要从大小、形状、菌帽的厚度、色泽、香气、有无虫害等方面鉴别。容易破碎或用水润湿而发黑的香菇，品质不好。袋装鲜香菇，由于流通、运输过程中湿度过低，其实际重量常在标示重量以下，有时甚至只有50%～60%，需要加以注意。

干香菇从以下各方面进行鉴别：

a. 品质是否整齐。同一规模的香菇大小要一致，如有混合，品质好的香菇要占多数。

b. 香气。香菇特有的香气越浓越好。

c. 干燥。干香菇水分含量应控制在13%以下。

d. 重量。单个重量大的好。

e. 菌柄的形状。香菇以菌柄比较短、根小的为好。

f. 菌褶的形状与色泽。菌褶整齐，没有缺陷，淡黄色至乳白色的好。

g. 菌帽的形状与色泽。肉厚，不全开启，呈半圆形或圆形且整齐的好。要具有香菇特有的色泽，以鲜明的为好。

h. 生长霉菌的香菇品质不好。

⑤ 松菇。松菇以秋天收获的品质为好，春天到初夏长出的品质中等。沿海地区生产的松菇肥而短，品质好；深山生长的松菇长，色黑，品质中等。一般以香味浓、菌帽不开启、中等大小的松菇为好。菌帽开启过大、菌柄弯曲的松菇品质不好。发育不充分、菌帽坚硬的松菇，香味差。无论什么品种，过干或过湿的均不好。菌柄有虫眼，用手触摸感觉松软的松菇，说明已生虫，品质下降。

4. 水果类原料验收

（1）仁果类

仁果类主要包括苹果、梨等水果。

我国苹果资源非常丰富，栽培面积广，其中西北黄土高原和渤海湾产区是世界优质苹果的最大产区。苹果种类繁多，依其成熟度可分为早熟品种、中熟品种和晚熟品种。早熟品种的成熟期为6月中旬至7月下旬，肉质松，味酸，产量较少，不耐贮藏。中熟品种的成熟期为8月上中旬至9月下旬，较耐贮藏，如红星、乔纳金、红元帅等。晚熟品种的成熟期为10月下旬至11月上旬，果实质地坚实，脆甜稍酸，耐贮藏，如富士、秦冠、国光等品种。以红富士为例，其颜色浅绿，带有粉红、洋红条絮状斑纹；口感爽脆多汁，清香鲜嫩，味甜稍酸；果实扁圆形；以无机械伤、无疤痕、无腐烂、无病虫害、脆嫩多汁者为佳。

梨的产量很高，仅次于苹果。目前市面上销售的梨主要有五大系统，即秋子梨系、白梨系、沙梨系、新疆梨系以及西洋梨系。秋子梨系主要分布于我国北方地区，果实大多呈圆形或扁圆形，果形较小，果皮绿色，肉质硬，石细胞多，味酸涩，品质较差，不耐贮藏，代表品种有京白梨、南果梨、香水梨、秋子梨等。

白梨系主要分布于我国河北、山东、山西、辽宁等地，果实为卵圆形或倒卵形，果形较大，成熟果实的果皮为黄色或黄白色，果面有细密果点，果肉细脆、味甜汁多，香味较淡，品质好，耐贮藏，代表品种有鸭梨、雪花梨等。沙梨系主要分布于我国长江流域及其以南各省，果实近球形，也有部分椭圆形或倒卵形，果形中等大或特大，果皮淡黄或褐色，果面有浅色果点，果肉清脆多汁、酸甜适中，耐贮藏性不及白梨，代表品种有苍溪梨、三花梨等。新疆梨果实较小，果形为卵圆形或倒卵圆形，耐贮藏，代表品种有新疆库尔勒香梨、长把梨等。西洋梨多呈葫芦形或倒卵形，果柄粗而长，果皮黄色或黄绿色，果肉质地细密，香气浓郁，不耐贮藏。以库尔勒香梨为例，其果皮颜色为鹅黄色，果实质地细嫩、甜美多汁，有强烈香味，果肉奶白色，果皮滑而薄；劣质香梨表现为果体变软、表皮失去光泽、有机械伤、有疤痕、有冻伤、失水皱皮、梨心变黑等。

（2）核果类

桃的形状各异，有扁平、椭圆、卵圆、扁圆、尖圆、圆等，表皮有茸毛，中果皮肉厚汁多，是主要的食用部分。按栽培学特征，桃可分为北方桃、南方桃、黄肉桃、蟠桃、油桃五个类群。北方桃品种果形圆，果顶尖而突起，缝合线较深，肉质紧密，汁液少，如河北深州水蜜桃。南方桃果实顶部平圆，果肉柔软多汁，不耐贮藏。黄肉桃以黄皮黄肉而得名，果肉紧密强韧。蟠桃果形扁圆，两端凹入，肉质柔软，味甜汁多。油桃果实表面无毛，肉质脆硬，汁少味酸。劣质桃主要表现为表皮有机械伤和疤痕、失水萎缩、腐烂发霉。

杏的成熟期一般在六七月份，是水果淡季的主供品种，不耐贮藏。杏果肉深黄色，质地松软，酸甜多汁，果皮表面有茸毛，果实一般为圆形。劣质杏主要表现为表皮有瘀伤和疤痕、过熟引起的果实变软、失水萎缩、腐烂、发霉以及冻伤引起的果实变软及颜色发暗等。

樱桃的种类很多，其是我国长江流域和淮北地区成熟最早的一种果实，被称为"开春第一果"。果实呈球形，带有果柄，色泽艳丽，果肉甜中带酸，质地富有弹性，营养价值高。劣质樱桃主要表现为表皮有机械伤、瘀伤和疤痕，过熟引起的果实变软，失水萎缩、腐烂、发霉，以及冻伤引起的果实发软及颜色暗淡等。

（3）浆果类

提子是葡萄的一类品种，因其果脆个大、甜酸适口、极耐贮运、品质优良等优点，被称为"葡萄之王"。提子按颜色可分为黑提子、红提和青提。优质提子应具有该品种固有的色泽，果实为球形或椭圆形，口感爽脆，酸甜多汁，果藤鲜绿，果粒结实饱满、大小均匀。劣质提子主要表现为果粒脱落、果实开裂、失水萎缩、表皮有机械伤以及冻伤引起的果实变软和果藤干枯等。

柿子形状扁圆，不同品种的颜色从浅橘黄色到深橘红色，大小和重量不一。柿子一般可分为甜柿和涩柿两大类。甜柿在树上软熟前即能完全脱涩，而涩柿采后必须经过后熟作用或人工脱涩才能食用。脱涩后的柿子味甜多汁，肉细爽口，营养丰富。柿子不耐长期贮藏，劣质柿子主要表现为压伤、擦伤、瘀伤、表皮有疤痕、果面呈现黑色斑点、过熟腐烂等。

草莓外观呈心形，鲜美红嫩，果肉细密柔软，酸甜可口，香味浓郁，色香味俱佳。劣质草莓主要表现为烂斑、损伤、渗汁等。

（4）柑橘类

柑橘类主要有柑、橘、橙、柚、柠檬等，感官特点如下：

柑：外观果形比橘大，近似于球形，皮为橙黄色。油胞突起，白皮层一般较厚，瓤瓣9～11瓣，果皮比橘紧，但可以剥离。瓤汁多，味酸甜。

橘：果形小且较扁，果皮呈朱红色或橙黄色，皮质细薄，较平滑且无坚硬感，果心充实，果肉汁多，瓤瓣7～11瓣，果皮易剥离，味酸甜适中。

橙：果形中等，比橘大，圆形或长圆形，皮稍厚，光滑润泽，果皮与果肉难以分离。成熟时多为黄色或橙色，肉质有白色和粉红色两种，味甜汁多。

柚：果形较大，扁圆形、球形或梨形，果皮多为黄色，较厚，难以剥离。果肉透明，黄白色或粉红色，柔软多汁，酸甜适口。

柠檬：个头中等，果形椭圆，两端均突起而稍尖似橄榄球状，果皮与果肉难以分离。成熟后皮色鲜黄，具有柠檬特有的香气，汁液较酸。

柑橘类果实的劣品形态主要有果实表皮有瘀伤或疤痕、失水萎缩、腐烂、发霉、感染褐斑病、挤压使之严重变形、外皮枯干、果肉失水变干等。

五、果蔬制品原料的运输和贮存

《食品安全法》第二条规定：在中华人民共和国境内从事食品的贮存和运输，应当遵守本法。这表明食品运输活动是食品生产经营的一个重要环节，因此应当对食品运输过程实行卫生监督。《食品安全法》第三十三条规定：贮存、运输和装卸食品的容器、工具和设备应当安全、无害，保持清洁，防止食品污染，并符合保证食品安全所需的温度、湿度等特殊要求，不得将食品与有毒、有害物品一同贮存、运输。这明确提出了食品运输的卫生要求。因此，为了保证优质果蔬原料的供应，果蔬加工企业除对原料在采购时的品质加以关注外，还必须关注原料采购后从生产基地到加工场所的运输以及原料运到加工场所后的短期贮存。

目前果蔬原料运输过程中主要存在的卫生问题有：①装载和盛放果蔬食品的运输工具和容器未进行消毒；②运输车既运输果蔬食品原料又运输食品成品。针对这些运输过程中的卫生状况，应当加强果蔬食品原料运输的卫生监督管理，各食品生产经营单位应严格自身管理，必须使用专用的果蔬食品原料运输车辆和盛装容器。对于运输量大、运输距离远和污染机会多的要有专人管理，对运输车辆及盛装容器要定期清洗、消毒，保持洁净，不能与有毒有害物质混装，以免原料受到污染。此外，盛装果蔬食品原料的容器必须无毒、耐腐蚀、易清洗、结构坚固，并经常清洗、消毒，保持洁净。

温度是果蔬食品运输过程中最受关注的环境条件之一。采取适当的低温对保持果蔬食品的新鲜度和品质、降低运输损耗是十分必要的。表4-1和表4-2列出了国际制冷协会推荐的新鲜蔬菜和果品的运输温度。

表 4-1　国际制冷协会推荐的新鲜蔬菜的运输温度

蔬菜种类	1~2 天的运输温度/℃	2~3 天的运输温度/℃	蔬菜种类	1~2 天的运输温度/℃	2~3 天的运输温度/℃
芦笋(石刁柏)	0~5	0~2	菜豆	5~8	未推荐
花椰菜	0~8	0~4	食荚豌豆	0~5	未推荐
甘蓝	0~10	0~6	南瓜	0~5	未推荐
蘑菜	0~8	0~4	番茄(未熟)	10~15	10~13
莴苣	0~6	0~2	番茄(成熟)	4~8	未推荐
菠菜	0~5	未推荐	胡萝卜	0~8	0~5
辣椒	7~10	7~8	洋葱	1~20	-1~13
黄瓜	10~15	10~13	马铃薯	5~10	5~20

表 4-2　国际制冷协会推荐的新鲜果品的运输与装载温度

水果种类	2~3 天的运输温度/℃		5~6 天的运输温度/℃	
	最高装载温度/℃	建议运输温度/℃	最高装载温度/℃	建议运输温度/℃
杏	3	0~3	3	0~2
香蕉	≥15	15~18	≥15	15~16
樱桃	4	0~4	建议运输≤3 天	
板栗	20	0~20	20	0~20
甜橙	10	2~10	10	2~10
柑和橘	8	2~8	8	2~8
柠檬	12~15	8~15	12~15	8~15
葡萄	8	0~8	6	0~6
桃	7	0~7	8	0~3
梨	5	0~5	3	0~3
菠萝	≥10	10~11	≥10	10~11
草莓	8	-1~2	建议运输≤3 天	
李	7	0~7	3	0~3

另外，果蔬食品原料在运输时还应注意以下事宜：①对于娇嫩的果蔬，要用软纸或塑料袋包裹。这样既可以避免果品摆放时相互碰撞，又可适当保留因后熟作用产生的二氧化碳，抑制果品的呼吸作用，减缓其后熟过程。果品箱要质地坚硬，以防止挤压。②承运前要抽样检查，对于已有腐烂迹象的果蔬，要拒绝长距离运输。否则，在适宜条件下，各种细菌、病毒会大量繁殖、扩散，造成严重损失。③搬运、装卸、堆码果蔬原料时要严格执行标准化作业程序，严禁野蛮作业，堆码要整齐、有序，置于阴凉、通风处。④不同种类果蔬最好不要混装。

对于果蔬加工企业来说，原料贮藏不同于果蔬的长期保鲜，其主要目的是为了暂时存放原料，以保证品质不会受太大的影响。任何植物性果蔬采摘后，其生命活动仍在继续。造成果蔬后熟的主要原因是存在于果蔬细胞中的酶促进了果蔬体内有机物质的转化过程。酶的活性与温度相关，一般来说，温度越低，酶的活性越弱。由于酶的存在，果蔬虽然离开了土壤，不再继续生长、增重，但却仍在进行呼吸作用。适当的呼吸作用可使一些果蔬发生"后熟"，商品价值提升，但若不能合理控制，任其发展，就会导致果蔬腐烂，造成不必要的损失。此外，后熟作用降低了果蔬的抗病能力，细菌的侵入则加速了果蔬的腐烂，而抑制生物酶活性和细菌繁殖的最佳措施是降低贮藏环境温度。因此，我们应根据不同季节、不同果蔬种类、不同贮存时间、不同运输距离选择适宜的贮存温度，这是防止果蔬腐烂、保证果蔬品质的关键。

另外，细菌繁殖速度的快慢以及果蔬呼吸作用的强弱，除与贮存温度有关外，还与湿度的高低有密切关系。贮存环境湿度越大，细菌繁殖越快，呼吸作用也越旺盛；但湿度过低又会使果蔬失水萎蔫、干耗，影响果蔬质量，因此应注意保持适宜的湿度。一般情况下，果蔬要求贮存环境湿度为 85%～90%，叶菜为 90%～95%。天气干燥时，仓库地面要适时喷水；湿度过高时，要及时通风透气。同时，还应注意在贮存期间及时将病、腐、烂果蔬剔除，防止污染其他原料，并注意贮存库的清洁、消毒，防止因贮存场所不洁造成的果蔬原料污染。

参考文献

[1] 蒋爱民，赵丽芹. 食品原料学. 南京：东南大学出版社，2007.
[2] 陈辉. 食品原料与资源学. 北京：中国轻工业出版社，2007.
[3] 徐幸莲，彭增起，邓尚贵. 食品原料学. 北京：中国计量出版社，2006.
[4] 艾启俊. 食品原料安全控制. 2版. 北京：中国轻工业出版社，2023.
[5] 张欣. 果蔬制品安全生产与品质控制. 北京：化学工业出版社，2005.
[6] 贾洪锋，张淼，梁爱华，等. 食品中辣味物质的研究进展. 中国调味品，2011，36（7）：18-20.
[7] 陈海强，胡汝晓，彭运祥，等. 食用菌鲜味物质研究进展. 现代生物医学进展，2011，11（19）：3783-3786.
[8] 孙玉敬，乔丽萍，钟烈洲，等. 类胡萝卜素生物活性的研究进展. 中国食品学报，2012，12（1）：160-166.
[9] 苏艳玲，巫东堂. 果胶研究进展. 山西农业科学，2009，37（6）：82-86.
[10] 朱彬，张敏. 食品中有机磷农药污染及防治策略. 遵义师范学院学报，2008，10（5）：63-65.
[11] 陆兆新，等. 果蔬贮藏加工及质量管理技术. 北京：中国轻工业出版社，2004.
[12] 尹凯丹. 蔬菜硝酸盐污染现状分析及控制对策. 广东农工商职业技术学院学报，2008，24（3）：4-6.
[13] 成黎. 新鲜蔬菜中的微生物污染危害、检测和控制方法研究进展. 食品科学，2015，36（23）：347-352.
[14] 刘连馥. 绿色食品产地的选择（续）. 饲料研究，2002（8）：15.

［15］ 刘绍雄，罗孝坤，何容，等．基于良好农业规范的黑木耳栽培质量和安全控制技术．中国食用菌，2015，34（6）：31-33.

［16］ 周永生，黄昊．企业原料采购中的供应商选择研究．现代商业，2012（2）：60-61.

［17］ 滕葳，柳琪，郭栋梁．蔬菜感官质量判定方法的探讨．食品研究与开发，2003，24（5）：95-101.

［18］ 郑永华．食品贮藏保鲜．北京：中国计量出版社，2006.

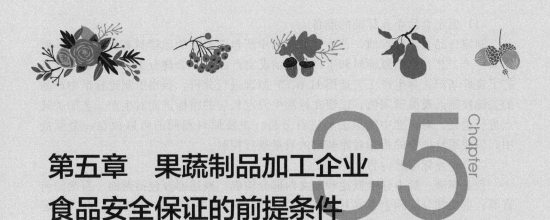

第五章　果蔬制品加工企业食品安全保证的前提条件

第一节　果蔬加工生产的策划和设计

一、果蔬加工生产的策划

1. 果蔬加工生产策划的含义和内容

策划是为达到某一目的，对若干可行方案进行分析、比较、判断，从中选择较优方案的过程。它是在权衡各种矛盾、各种因素相互影响后做出的选择。

果蔬制品的加工生产应对所提供的产品实现所需的过程进行识别和判断，以满足消费者和其他相关方的需求。果蔬加工生产企业应充分识别、确定果蔬制品生产的过程，针对具体的项目、合同，进行产品质量策划，包括确定果蔬产品的质量目标、所需资源、必需的验证确认活动和过程等，建立果蔬加工过程中与安全卫生相关的质量控制记录。果蔬加工策划分析的目的是帮助食品企业管理者提高决策质量，减少决策的时间和成本，它包括发现问题、确定目标、确定评价标准以及方案制定、方案选优和方案实施等过程。

果蔬加工生产企业质量策划的结果包括：①果蔬加工新品种、新工艺、新配方、新包装以及新生产线投入使用情况；②消费者的特殊要求；③重大的合同；④长期未生产又重新恢复生产的情况；⑤生产过程有变更的情况；⑥工厂必须制定完善的卫生管理制度或条例；⑦工厂必须设有与生产能力相适应的卫生质量检验室，并配备经专业培训考核合格的检验检疫人员；⑧检验室应按照国家标准进行抽样以及进行物理、化学、微生物等方面的检验。

2. 企业标准的制定

制定食品企业标准的实质就是制定一个由生产方、监管方、消费者都认可的规范性文件。制定食品企业标准的作用就是"保证安全，规范生产，提高质量"，其中，食品安全是核心，标准化生产是基础，提高质量是最终目的。

（1）制定食品企业标准的准备

制定食品企业标准前，首先要对标准中所包含产品的原辅料有所了解，并熟悉其生产工艺。根据原辅料和生产工艺情况对产品进行合理分类，以为制定标准打下良好基础。对生产工艺运用 HACCP 原理进行分析，找出所制定标准中产品的关键控制点及关键限值，以便在标准中设定相应的指标进而对生产工艺的关键点进行验证。对标准中的原辅料进行分析，主要原料相同的可以放在一个标准中，以便用特征性的指标对原辅料的质量进行控制。

（2）企业标准的内容

企业标准一般由标准概述和正文两部分构成。概述部分包括封面、目次、前言等；正文部分实际上就是标准编写的规范性技术要素，主要包括：术语和定义、产品分类、要求、试验方法、检验规则、标志、包装运输和贮存以及规范性附录等。

规范性技术要素的核心是"要求"，它是正文的核心，也是标准的核心。自《食品安全法》实施以来，食品安全越来越受到人们的关注。在标准的制定上，表现在对原辅料和加工工艺在标准中的明确。这就从原辅料和加工工艺上对食品安全进行了规范。在标准中对原辅料进行规范，评审过程中会对企业产品所应用的原辅料的合理合法性进行评估。这有效地从源头上得以明确和规范，有利于企业产品的质量安全。

食品安全企业标准要求中一般包括对产品的感官指标、理化指标、微生物指标的要求。具体指标的设定需结合产品特点和属性进行。理化指标中重金属的指标限定可参考 GB 2762—2022，真菌毒素的指标限定可参考 GB 2761—2017，农残的指标限定可参考 GB 2763—2021；微生物指标可参考类似产品的卫生标准。

确定要求中的试验方法时，应采用现行有效的标准试验方法。凡是能够采用已有的试验方法的，则尽量采用。

确定标准的检验规则时，应包含组批与抽样、出厂检验、型式检验、判定规则的信息。

确定标准的标志、包装、运输和贮存时，考虑到果蔬加工食品的特殊性，贮存条件不同可能会导致产品质量的不合格，因此最好在标准中予以明确。

二、果蔬加工生产的设计

果蔬加工生产的设计主要是指新产品的研发活动，可能包括新品种生产线的设计、生产工艺的设计、配方的研制、产品包装和检测方法的设计等。企业应根据承担的设计内容，规定不同的设计要求并形成文件，对这些要求的适宜性进行评审，不完整、含糊的或矛盾的要求应予以修订。果蔬加工生产设计和开发应关注的内容包括：国家相关法律法规的变化，尤其是卫生和某些添加剂的禁用；当前市场需求的变化，包括顾客信息、市场调研的结果、原材料的供应能力、大众的消费趋势等。

果蔬制品生产设计的最终结果可能包括：生产工艺、配方、包装材料与方法、检验方法等；当新增生产线、新增或改建厂区时，也包括其设计图纸。

果蔬加工工厂设计分为工艺设计及非工艺设计两类。工艺设计就是按照工艺过程的要求进行的设计工作，其中以车间工艺设计为主，并对其他部门提出各种数据和要求，作为非工艺设计的设计依据。工艺设计的所有工作都应由食品工程专业技术人员承担完成。

果蔬加工工厂工艺设计大致包括工艺流程设计和车间布置设计两个主要内容。它们决定着车间的功能和生产的合理性，以及决定着工厂的工艺计算、车间组成、生产设备及其布置的关键步骤。一般工艺流程设计在先，车间布置设计则是在工艺流程设计的基础上进行的。

果蔬加工工厂工艺设计包括以下具体内容：

（1）产品方案的确定（全年要生产的产品品种和各产品的数量、规格标准、产期、生产班次等的计划）；

（2）主要产品及综合利用产品的工艺流程确定；

（3）物料衡算、生产过程蒸汽用量及耗水量的估算等；

（4）生产车间设备生产能力计算和设备选型；

（5）生产车间设备的工艺布置；

（6）管路设计。

工艺设计主要是在由原料到各个生产过程中，设计物质变化及流向，包括所需设备。果蔬加工工厂工艺设计的步骤大致如下：

（1）根据前期可行性调查研究，确定产品方案及生产规模；

（2）根据当前的技术、经济水平选择生产方法；

（3）生产工艺流程设计；

（4）物料衡算；

（5）能量衡算（包括热量、耗冷量、供电量计算）和用水量计算；

（6）设备生产能力计算及选型；

（7）车间工艺布置；

（8）管路设计；

（9）其他工艺设计；

（10）编制工艺流程图、管道设计图及说明书等。

罐头加工和速冻果蔬、冻干果蔬等是以季节性原料为加工品种的食品工厂，品种繁多、季节性强，生产过程有淡季和旺季区别，生产所用原料各异，即使是同一种原料，也往往因品种不同、地域不同，收获季节存在很大差异。

非工艺设计是指除工艺设计任务以外的关于其他公用系统或设施的全部设计工作。主要包括：总平面、土建、给排水、动力、供电和仪表、制冷、通风、供暖、环境保护等设计。以上这些非工艺工程需要不同的专业工程技术人员承担。

非工艺设计是根据工艺设计的要求和所提出的数据进行的，食品工程专业的技术人员必须向非工艺设计专业工程技术人员提出相关要求并提供相关的技术参数，主要包括以下几个方面：

（1）工艺对全厂总平面布置中建筑物相对位置的要求；

（2）工艺对车间建筑在土建、采光、通风及卫生方面的要求；

（3）生产车间水、电、汽、冷的消耗量计算；

（4）生产工艺对用水水质的要求；

（5）对三废（废水、废渣、废气）排放的要求；

（6）关于仓库建筑面积的计算及对仓库在保温、防潮、防鼠、防虫等方面的特殊要求。

第二节　果蔬加工生产的硬件准备

一、果蔬加工企业的环境卫生与工厂布局

1. 果蔬加工企业的环境卫生

（1）对周围环境的要求

① 果蔬生产企业不得建在有碍食品卫生的区域，厂区外周围环境应清洁卫生，无物理、化学、生物等污染源，空气、地表和地下水应洁净无污染。

② 厂区内不得兼营、生产、存放有碍食品卫生的其他产品。

③ 厂区路面应平整无积水，厂区内应无易起灰尘的地面。主要通道硬化，非通道地面适当绿化。

④ 厂区卫生间有冲水、洗手、防蝇、防虫、防鼠设施，墙裙应使用浅色、平滑、不透水、无毒、耐腐蚀的材料修建，并保持清洁。

⑤ 生产中产生的废水、废料的排放或者处理应符合国家有关规定。

⑥ 厂区建有与生产能力相适应的符合卫生要求的原料、辅料、化学物品、包装物料储存等辅助设施和废物、垃圾暂存设施。

⑦ 根据工艺要求需设立原料前处理场所的，不得对厂区环境造成污染。

⑧ 生产区与生活区隔离，锅炉房应设在下风向位置。

（2）对车间及设施卫生的要求

① 车间面积与生产能力相适应，布局合理，排水畅通，通风良好。

② 车间地面应使用防滑、坚固、不透水、耐腐蚀的无毒材料修建，平坦、无积水并保持清洁；车间出口及与外界相连的排水、通风处应安装防鼠、防蝇、防虫等设施。

③ 车间内墙壁、屋顶或者天花板应使用无毒、浅色、防水、防霉、不脱落、易于清洗的材料修建，墙角、地角、顶角具有弧度。

④ 车间窗户有内窗台的，应使内窗台下斜约45°；车间门窗应使用浅色、平滑、易清洗、不透水、耐腐蚀的坚固材料制作，结构严密。

⑤ 按照加工流程，根据不同的清洁程度，分设与加工间相连的更衣室。更衣室内应配备更衣镜及与加工人员数相适应的便鞋架、水鞋架及衣帽架等更衣设施，要避免个人衣物与工作服交叉污染；更衣室设有更衣柜的，应采用不发霉、

不生锈、易清洁的材料制作，并保持干燥；更衣室应有消毒设施，保持清洁卫生，通风良好，有适当照明。

⑥ 视需要设立与更衣室相连接的卫生间。卫生间有冲水装置、洗手消毒设施及换气装置，备有洗涤用品和不致交叉污染的干手用品，水龙头应为非手动开关，门窗不直接开向车间，室内应保持清洁，通风良好。卫生间外备有拖鞋架和专用拖鞋。

⑦ 加工间入口处设有鞋靴消毒池。加工间入口处和加工间内适当位置应设有足够数量的洗手消毒设施，备有洗涤用品及消毒液，水龙头应为非手动开关。

⑧ 加工间工序布局合理，清洁加工区与非清洁加工区之间应严格分开，避免交叉污染。

⑨ 加工间内的操作台、工器具、传送带（车）应使用无毒、不生锈、易清洗消毒、坚固耐用的材料制作。机器内不得有生锈、油漆、网带脱落破损等有可能污染产品的部件；果蔬产品冷冻间内不得有生锈的蒸发排管、生锈的风机、内壁保温层脱落等有可能污染产品的设备设施。

⑩ 漂烫、蒸煮等加工区应相对隔离，并有温度监控装置。加热设施的上方应设有与之相适应的通风、排气装置；冷水管不得设置在加热设施上方；加工车间天花板不得存有凝结水。

⑪ 包装间温度应控制在不影响产品质量的适宜范围，但不得高于10℃；有空气杀菌设施；有给排水设施，可保证冲刷四壁及地面；包装间应有包装工人出入门、半成品入料口、成品出口、包装物料进口等通道，并设置必要的防护设施，以防止冷库操作工人及其他非清洁区人员出入包装间。

⑫ 车间内位于工作区域的照明设施的照度不低于220lx，包装间、检验台上方的照度不低于540lx。车间内生产线上方的照明设施应装有防护设施。

⑬ 速冻机、急冻间、冷藏库内及库门外应安装易于观察且不易破碎的温度显示装置，机房内应有集中显示、自动记录并控制的温度显示装置。

⑭ 加热和制冷设备的温度计、显示装置、压力表须符合要求，并定期校准。

⑮ 在加工间内适当位置设工器具清洗消毒处或消毒间，供有82℃的热水或消毒剂，同时必须配备相应的充足清洁水容器以冲净工器具上的消毒剂。

2. 企业的生产贮运卫生

（1）对生产、加工卫生的要求

① 生产设备布局合理，并保持清洁和完好。

② 应通过危害分析确定加工过程的关键控制点，并得到连续有效的监控。对监控失效期间的产品应及时隔离处理，并采取有效的纠偏措施。

③ 对加工过程中的食品接触面如切菜机、加工流水线、操作台、工具、容器、手推车辆以及工人的手、工作服等应定时清洗、冲霜、消毒，并定期做微生物检测。

④ 对不便于直接清洗的蒸发排管、急冻间和冷藏库地面、内壁应定期维护和消毒。

⑤ 班前、班后进行卫生清洁工作，由专人负责检查，并作检查记录。

⑥ 对加工过程中产生的不合格品、跌落地面的产品和废弃物，应在固定地点用有明显标志的专用容器分别收集、盛装，并在检验人员监督下及时处理。其容器和运输工具及时消毒。

⑦ 应对不合格品产生的原因进行分析，并及时采取纠正措施。

⑧ 加工间的原料入口、废料出口应有明显标志和防蚊蝇设施；废料出口尽可能远离原料进口，废料应及时、妥当地通过合理渠道处理到厂外；废料运输车辆不得污染厂区。

（2）对包装、储存、运输卫生的要求

① 用于包装食品的物料应符合卫生标准并且保持清洁卫生，不得含有有毒有害物质。

② 包装物料间干燥、通风，内外包装物料分别存放，不得有污染。

③ 运输车辆定期消毒，保持干燥、卫生，无污染和异味。

④ 果蔬产品保鲜库、冷藏库的温度应保持稳定，库内保持清洁，定期消毒，有防霉、防鼠、防虫设施。

⑤ 库内成品与墙壁的距离至少 30cm，与地面的距离至少 15cm，与顶棚的距离至少 60cm。垛位之间至少能使工人通过，垛位有管理卡。库内不得存放有碍卫生的物品；同一库内不得存放可能造成相互污染或者串味的食品。

3. 厂区布局

各个工厂应按照产品生产的工艺特点、场地条件等实际情况，本着既方便生产的顺利进行，又便于实施生产过程的卫生质量控制这一原则进行厂区的规划和布局。

厂区应按照生产、行政、生活和辅助等功能合理布局，不得互相妨碍。总体布局应考虑近期与远期规划相结合，留有发展的余地。总体规划应考虑风向，洁净厂房应避免污染，严重空气污染源应处于主导风向的下风侧。

厂区主要道路应遵循人流与物流分开的原则。人流、物流分开对保持厂区清洁卫生有一定影响，如果二者混淆不清，会增加生产车间清洁的负担，不利于保持良好的卫生环境。洁净厂房周围道路面层应选用整体性好的材料铺设。厂区道路应顺畅，可设置环形消防车道，或沿厂房的两个长边设置消防车道。洁净厂房与市政交通干道之间的距离应大于 50m。

厂区内应尽可能减少露土地面，这主要通过绿化及其他一些措施来实现。对绿化选用的树种要注意，不要过多种植观赏花草及高大乔木，应以种植草坪为主。草坪可以吸附空气中的灰尘，避免厂区地面尘土飞扬。种植草坪的上空，含尘量可减少 2/3～5/6。

厂区内布置应注意：①洁净厂房应布置在厂区内环境整洁，人流、货流不穿越或少穿越的地方，并考虑产品的工艺特点和防止生产时的交叉污染，合理布局，间距恰当；②三废处理及锅炉房等有严重污染的区域应置于厂区全年最大频率风向的下风侧；③危险品库应设于厂区安全位置，并有防冻、降温、消防措施；④洁净厂房不宜设置排水明沟。

二、生产车间和仓储间的基本设施

1. 车间结构

食品加工车间以采用钢混或砖砌结构为主，并根据不同产品的需求，在结构设计上，适合具体食品加工的特殊要求。

2. 地面

车间的地面要用防滑、坚固、不渗水、易清洁、耐腐蚀的材料铺制，且表面要平坦、不积水。车间整个地面的水平在设计和建造时应该比厂区的地面水平略高，并应有适当的斜坡度。

车间地板的种类较多，不仅包括普通的致密水泥地板，还包括高压、高温、高化学腐蚀区域的耐酸砖地板。整体型地板因其无缝、易铺，且价格比砖或瓷砖便宜而得到越来越普遍的使用，这种地板以环氧树脂和聚氨基甲酸乙酯为原料，经碾压或手工镘刀涂抹而成。

3. 墙

食品生产车间的地基应该使用防水、易清洗的建筑材料。地基和墙壁必须能阻止啮齿类动物进入生产或加工区域。墙体最好使用水泥注浆，并且表面用镘刀抹光滑。在每平方米墙体上，孔洞不得超过 5 个，每个孔洞的直径不能超过 3mm。采用混合水泥制造的墙体结构必须是高密度型表面。孔隙少的板材可以减少水汽吸收和微生物生长的机会，高效密封材料能够封闭气孔，使整个结构更加符合卫生标准。一般不采用由波状金属为材料制作的外墙板，因为其不足以阻挡昆虫和啮齿类动物进入，而且很容易被毁坏。如果必须使用波状金属材料，应该将其外面的波孔全部堵住，以防害虫入侵。

车间的墙面应该铺设 2m 以上的墙裙，墙面用耐腐蚀、易清洗消毒、坚固、不渗水的材料铺制及用浅色、无毒、防水、防霉、不易脱落、可清洗的材料覆涂。车间的墙角、地角和顶角的曲率半径不小于 3cm，并呈弧形。

4. 车间屋顶

车间顶面用的材料要便于清洁，有水蒸气产生的作业区域，顶面所用材料还要不易凝结水珠，在建造时要形成适当的弧度，以防冷凝水滴落到产品上。光滑的薄膜屋顶与其他屋顶相比，更加容易清扫、冲洗和保持清洁。能进行空气处理或具有其他用途的屋顶通道应该用屏风遮住或者用防护屋覆盖或密封起来，以防止各种污染（如昆虫、污水、灰尘）进入。屋顶通道的柱头和装配好的空气处理系统应该用夹层绝热隔板绝热，不能采用直接外露的绝热材料，因为外露的绝热材料不但清洗困难，而且还是昆虫的寄生场所。

5. 门、窗

车间门、窗应有防虫、防尘及防鼠设施，所用材料应耐腐蚀且易清洗。窗台离地面不少于 1m，并有 45°斜面。由于害虫和以空气为传播媒介的污染物常通过门进入车间，而双层门能够减少害虫和污染物的进入。如果在门外安装风幕，可进一步提高卫生水平。风幕应该具备一定的风速（最小为 500m/min），以阻止昆虫和空气污染物进入。风幕的宽度必须大于门洞的宽度，以便进行彻底吹扫。风幕的开关应直接与门开关相连，以保证门一开风幕便开始工作，并持续到关门为止。

6. 供水与排水设施

车间内生产用水的供水管应采用不易生锈的管材，供水方向逆加工进程方向，即由清洁区流向非清洁区。车间内的供水管路应尽量统一走向，冷水管要避免从操作台上方通过，以防冷凝水凝集滴落到产品上。

7. 仓储设施

一般来说，果蔬工厂仓储间用到的基本设施有：货架、中央空调、除湿机、温度测量仪、拣货车、高效臭氧消毒器、专用风机等。

（1）除湿机

随着现代运输和科技的发展，大型食品仓库作为物流的重要中转空间，立体食品仓库、高温食品仓库应运而生。而在大型高位立体食品仓库内存放的物品、外包装纸箱等需要控制一定的温湿度才能较长时间保存，否则食品仓库物品容易受潮、霉变，外包装纸箱则易受潮发软甚至塌陷。常规除湿机和大型除湿机均有升温型、调温型、降温型三种功能类型。其中，升温除湿机主要用于除湿，无制冷功能，故适用于无温度要求的除湿场所；调温除湿机集除湿和制冷功能于一体，且制冷能力可调，故特别适用于热负荷变化较大的除湿场所；降温除湿机在除湿的同时有制冷功能，但制冷能力不可调，故适用于热负荷较大、对相对湿度无要求的除湿场合。食品仓库的除湿机冷凝器采用风冷和水冷两种方式，水冷大型除湿机采用冷却塔冷凝水，或从近水库等大型水体深水处引入水冷器对制冷剂进行散热。水冷大型除湿机比同除湿量的风冷大型除湿机除湿效果好，并且节能效率提高 28% 左右。

（2）专用风机

负压式风机是利用空气对流、负压换气的降温原理，由安装地点的对向大门或窗户自然吸入新鲜空气，将室内闷热气体迅速强制排出室外。经此处理大多通风不良问题可以得到改善，降温换气效果可达 90%～97%。

（3）中央空调

室外的新鲜空气受到风处理机的吸引进入风柜，并经过滤、降温、除湿后由风道送入每个房间，这时的新风不能满足室内的热湿负荷，仅能满足室内所需的新风量，随着室内风机盘管处理室内空气热湿负荷的同时，多余出来的空气通过回风机按阀门的开启比例一部分排出室外、一部分返回到进风口处以便再次循环利用。

室外空气经中央空调处理时，由于大多数粗效过滤网仅能过滤 3μm 以上的悬浮颗粒物，其微细颗粒物则随风直接进入风管，而风管内表面实际粗糙度远远高于微细颗粒物的大小，因此，这些微细颗粒物随着空气与风管内壁相互碰撞摩擦产生的静电吸附越积越多，从而导致风管内壁的粗糙度越来越大，灰尘黏附加速进行，如此长年累月形成较厚积尘。

（4）高效臭氧消毒器

臭氧消毒器主要用于食品、药品等行业的加工车间与仓储间等类似场所的空气灭菌和物体表面灭菌。臭氧消毒器按安装形式可分为移动式、壁挂式、吊灯式、落地式等。在仓储间最常见的是高压放电式臭氧消毒器，它是利用一定频率的高压电流制造高压电场，使电场内或电场周围的氧分子发生电化学反应，从而制造臭氧。这种臭氧消毒器具有技术成熟、工作稳定、使用寿命长、臭氧产量大（单机可达 1kg/h）等优点，所以是国内外相关行业使用最广泛的臭氧消毒器之一。其在食品加工、果蔬保鲜运输行业运用广泛，对粮食、禽蛋、中草药、肉制品、水果、蔬菜以及饮用水的杀菌率高达 99％以上，完全符合食品安全标准。

三、果蔬加工企业硬件设施的建设实例——速冻果蔬制品加工企业车间的建立

1. 生产车间

根据速冻蔬菜生产的工艺要求，再结合实际生产情况，需要以下建筑或构建物：

（1）不用专门建设原料仓库，以预处理车间旁的高温库替代。收购的原料如不能及时进行加工生产，就放置于高温库中，保持温度 0～10℃。

（2）预处理车间应紧邻高温库，主要进行原料加工、分级、浸泡、清洗等。在生产旺季，由于原料量较大，也可以在室外洁净的场地进行处理。

（3）速冻蔬菜的主要加工车间也是最耗能和对速冻蔬菜质量影响最大的加工区域。原料经过拣选等初步加工后，进行浸泡、清洗，然后进行漂烫、冷却、沥水和速冻。

（4）低温冷库与主要生产车间比邻，是存放加工、包装后的速冻蔬菜产品的区域。按照冷库设计的要求使用材料和安排布局，整个冷库分成两个区域，中间有门连通，根据实际需要使用冷库。采用双冷库设计可以有效降低能耗、便于管理，实际运行成本可以大大降低。

（5）制冷车间近邻低温库和速冻车间，靠近配电动力中心，水泥地面加厚并预留孔穴。

（6）包装车间的地坪加高到与低温库标高一致，在与加工车间相同的建筑要求之上增加吊顶，墙壁四周加隔热材料，并有专用门通向包装材料库，包装完毕后直接入库。

（7）化验室可设在办公大楼一侧，用于进行产品原料和产品的质量检验。

（8）更衣室和卫生间位于进入各个车间的必经之地，分左右男女更衣室，不同工段的工人可以从不同的更衣室进入不同的生产车间，避免交叉污染。

（9）配电室、机修车间应靠近主动力中心。预留空地由环保部门设计废水处理池。

2. 总平面布置基本原则

（1）以方便生产为前提，符合车间生产程序，避免原料、半成品和人流的交叉污染。

（2）建筑物采取南北朝向，利于通风、采光。

（3）配电房、锅炉靠近生产车间，以减少能源消耗，使生产车间处在上风位置。

（4）全面考虑全厂布置，填平补齐，力求合理经济，并充分考虑未来厂区的扩大生产需求。

3. 总平面设计说明

厂区主要建筑物如办公楼、冷库（高温、低温）、预处理车间、清洗车间、漂烫车间、速冻车间、包装车间，应按照生产流程布置，并尽量缩短距离，避免物料的往返运输。考虑到旺季生产的紧张，所设计的低温冷库面积应满足最终产品贮存的需要，高温库用来贮藏不能及时加工的原料，以调节生产。办公室（包括办公区、化验室、会议室）设在人流出口附近，距离车间较近，以方便管理，又与物流避免交叉。在厂房四周、各种建筑空地与预留地种植草坪。考虑到防火要求，厂区各主要建筑物和易燃物附近均设有消防水龙头和灭火器。

四、运输工具

近几年来，随着农副产品政策的开放，水果和蔬菜的生产量大增，销售模式也由过去的主要在产地销售转向外地，有的品种甚至运往国外销售，因此流通环节中的运输就成为急需解决的问题，例如南方的柑橘、香蕉、蔬菜等，在秋季和冬季大量运往北方；相反，北方的苹果等又运往南方。冷库中存放的速冻水果、蔬菜，高温库贮藏的新鲜水果、蔬菜，从冷库到销售市场也存在如何运输的问题。

随着生活水平的不断提高，消费者对于水果、蔬菜的质量要求也越来越高。因此，在运输中如何保持水果、蔬菜的新鲜度就显得格外重要。所以水果和蔬菜在运输中必须根据其特性，采取适当的温度、湿度等条件，不能凭经验处理，而应科学管理。应把水果、蔬菜的冷藏运输当作冷藏链的一个重要组成部分，否则产品到达消费者手中时可能无法保持优质。

水果、蔬菜的冷藏运输方式主要有铁路运输、公路运输、水路运输和航空运输。

1. 铁路运输工具

（1）铁路机车，包括蒸汽、内燃、电力机车。

（2）铁路车辆，有平车、敞车、棚车、罐车、保温及冷藏车、特种车。

2. 公路运输工具

（1）普通货车，有轻型货车，2t 以下；中型货车，2～8t 之间；重型货车，8t 以上。

（2）厢式货车。

（3）专用车辆，如保鲜食品的冷藏冷冻汽车。

（4）自卸车。

（5）牵引车和挂车。

3. 水路运输工具

水路运输工具主要包括船、舶、舟、筏。物流领域使用的货船主要有：集装箱船、散装船、滚装船、载驳船和冷藏船（专门运输易腐鲜货，如新鲜的蔬菜、水果和冷冻食品等）。

4. 航空运输工具

航空运输主要设施包括航空港、飞行器和航管设施。

五、果蔬加工企业生产用水和冰的准备

1. 果蔬加工企业生产用水分类

在果蔬加工中，水是重要的原料之一，水质的优劣直接影响产品的质量。食品工厂的用水大致可以分为产品用水、生产用水、生活用水、锅炉用水、冷却循环补充水等。一般情况下，生产用水和生活用水的水质要求应符合生活饮用水标准。特殊生产用水是指直接构成某些产品的组分用水和锅炉用水。

2. 水源及水源的选择

水源的选用应通过技术经济比较后综合考虑确定，并符合水量充足可靠、原水质干净无污染的要求。取水、输水、净化设施应安全经济、维护方便，并符合施工条件要求。

食品工厂用地下水作为供水水源时，应有确切的水文地质资料，取水必须以最小开采量为标准并应以枯水季节的出水量作为地下取水构筑物的设计出水量，设计方案应取得当地有关管理部门的同意。用地表水作为供水水源时，其设计枯水流量的保证率一般可采用 $90\%\sim97\%$。

食品工厂地表水取水水质应符合有关水质标准要求，其位置应位于水质较好的地带，靠近主流，其布置应符合城市近期及远期总体规划的要求，不妨碍航运和排洪，并应位于城镇和其他工业企业上游的清洁河段。在各方面条件比较接近的情况下，应尽可能选择近点取水，以便管理和节省投资，凡有条件的情况下，应尽量设计成节能型。

3. 给水处理

给水处理的任务是根据原水水质和处理后水质要求，采用最适合的处理方法，使之符合生产和生活所要求的水质标准。食品工厂水质净化系统分为原水净化系统和水质深度处理系统。如果使用自来水作为水源，一般不需要进行原水处理。采用其他水源时常用的处理方法有混凝、沉淀、澄清、过滤、软化和除盐等。果蔬加工等食品工厂的工艺用水处理要根据原水水质的生产要求，采用不同的处理方法。产品用水和生活用水，除需澄清过滤外，还需经消毒处理，锅炉用水还需进行软化处理。原水处理的主要步骤如下：

(1) 混凝、沉淀和澄清处理

主要是对含沙量较高的原水进行处理（如长江、黄河水）。投加混凝剂（如硫酸铝、明矾、硫酸亚铁、三氯化铁等）和助凝剂（如水玻璃、石灰乳液等），使悬浮物及胶体杂质同时絮凝沉淀，然后通过重力分离澄清。

(2) 过滤

原水经沉淀后一般还要进行过滤。过滤主要用于去除细小悬浮物和有机物等。生产用水、生活饮用水在过滤后再进行消毒，锅炉用水经过滤后再进行软化或离子交换。所以，过滤也是水处理的一种重要方式。过滤设备的型式有快滤池、虹吸滤池、重力滤池或无阀滤池等，它们都是借助水的自重和位能差或在压力状态下进行过滤，可以用不同粒径的石英砂组成单一石英砂滤料过滤，或用无烟煤和石英砂组成双层滤料过滤。

生产用水、生活饮用水还需进行消毒。常用液氯或漂白粉加入清水池内进行滤后杀菌消毒，如水质不好，也有采用在滤前和滤后同时加氯的，消毒后水的细菌总数、大肠菌群等微生物指标和游离性余氯量都可以达到生活饮用水标准。

为了满足食品工厂工艺生产、产品用水的要求，对满足生活用水卫生标准的生产用水需做进一步的深度处理，方法有活性炭吸附、微滤、电渗析、反渗透和离子交换等。

4. 制冰设备概述

(1) 盐水制冰

盐水间接冷却制冰是用盐水（如氯化钠或氯化钙）作为载冷剂，把水的热能转移给制冷剂，使水结冰。盐水制冰装置有制造厂的成套产品，也有按实际需要制作的非标产品。

(2) 管冰机

管冰机是一种间歇式制冰装置，所制的冰为空心管状冰。制冰设备的主体制冰机为立式管壳式蒸发器，制冷剂在管外蒸发器吸热，水在管内放热结冰。制冰器的顶部和底部均有一水箱，由水泵使水在换热管内侧循环流动，管内的冰层厚度不断增加。当冰层达到一定厚度时，制冰器内充入制冷剂热气，使空心管状冰柱脱离换热管下落，并由底部的切冰器将冰柱切成一定长度的圆柱形空心管冰。调节切冰器转速，可以得到不同长度的管冰。

管冰机结构紧凑、占地面积小、生产成本低、制冷效率高、节能效果好、安装周期短、操作方便。每一套管冰机可以由一个或多个制冰器组成，通过不同的制冰器规格和组合，可以得到各种产冰设备。管冰机的制冰水温不能超过40℃，制冷系统的冷凝温度在20~40℃。

(3) 壳冰机

壳冰机所制的冰是弧形的壳状冰。壳冰机也是一种间歇式制冰装置，其工作原理与管冰机基本相同，但没有切冰器，蒸发器是双层的不锈钢蒸发管。壳冰机设备中所有与水接触的塑料和金属部件均符合食品卫生要求并易于清洗。设备以5t/24h的制冰器为单元，采用模块式结构组成产品系列。以20t/24h制冰量为界，小于或等于该制冰量的设备，为整体式制冰机，现场连接电源和水路即可投入使用；大于20t/24h制冰量的设备，为分体式制冰机，制冷管道和水电均需现场连接安装。

（4）片冰机

片冰机是连续式快速制冰装置。其制冰器为旋转的圆筒式换热器，用水喷淋或浸润其表面，形成冰层后，由冰刀把冰刮下，冰片厚度一般为2mm左右。片冰机有立式和卧式两个系列。整体式片冰机组的工作环境温度为5～35℃。

（5）板冰机

板冰机的工作原理与上述制冰机类同，仅其制冰器由一组平板式的换热器组成。板冰机有陆用和船用之分。陆用为淡水制冰，制冰水温为18℃，设备冷凝和蒸发温度分别为35℃和−18℃。

此外，真空制冰机因具有流动性高、换热面积大等优势，越来越多地应用于食品、轻工等行业，在制冰领域拥有广阔的应用前景。

参考文献

[1] 卢炳环. 浅析编制食品安全企业标准. 食品工业，2012（8）：38.
[2] 张延华. 食品标准化. 北京：中国标准出版社，2006：65.
[3] 张欣. 果蔬制品安全生产与品质控制. 北京：化学工业出版社，2005.
[4] 陈守江. 食品工厂设计. 北京：中国纺织出版社，2014.
[5] 《出口速冻果蔬生产企业注册卫生规范》（国家认监委国认注［2003］51号文件公布）.
[6] 夏延斌，等. 食品加工中的安全控制. 2版. 北京：中国轻工业出版社，2008.
[7] 钱清. 年产6000吨速冻蔬菜工厂设计. 无锡：江南大学，2006.
[8] 陈锦权. 食品物流学. 北京：中国轻工业出版社，2007.
[9] 顾建中. 我国制冰设备概述. 制冷技术，2005（1）：26-30.
[10] 黄河源，范明升. 真空制冰的工作原理与选型设计. 制冷与空调，2017，17（09）：83-86.

第六章 果蔬加工企业生产过程中的危害控制

06 Chapter

第一节 食品接触面的清洁及交叉污染的控制

果蔬加工过程中的食品接触面包括加工过程中使用的所有设备、工器具和设施，以及工作服、手和包装材料等。

一、生产过程卫生控制的总要求

果蔬加工过程中对食品接触面总体的卫生控制要求是：与食品直接接触的器具、设备及其他接触物（手、手套等）须保持良好的卫生状况。

食品接触面是指接触人类食品的表面及在正常加工过程中会将水滴溅在食品或食品接触面上的那些表面。根据潜在的食品污染的可能来源和途径，通常把食品接触面分成直接与食品接触的表面和间接与食品接触的表面。直接接触的表面有加工设备、工器具、操作台面、传送带、贮水池、内包装物料、加工人员的工作服及手套等。间接接触的表面有未经清洁消毒的冷库、车间和卫生间的门把手、操作设备的按钮、车间内的电灯开关等。

二、食品接触面表面的清洁度

1. 材料要求

食品接触面的选材应选用安全、无毒、不吸水、抗腐蚀、不生锈，且不与清洁剂、消毒剂产生化学反应、表面光滑易清洗的材料。食品接触面应抛光或呈浅色，使其表面残留物容易识别。目前，光滑、耐用的不锈钢表面是最常用的食品接触面。

2. 设计安装要求

食品接触面的设计和安装应做到精密、无缝隙、表面光滑，无粗糙焊缝、破裂、凹陷。固定设备安装时应离墙有一定的距离，并高于地面，以便于清洗、消毒和维修。

3. 清洗消毒

（1）食品接触面的清洗和消毒

一般可采用以下几种方法进行。

① 臭氧不但可以有效地杀灭生产车间的微生物，还可有效去除车间异味，能使生产车间的空气、地面、操作台、器具等物体表面的细菌指标达标。符合标准浓度的臭氧只需开机 1h 以上即可满足加工车间的消毒要求。

② 紫外线照射适用于更衣室、厕所等接触面的消毒，一般每 $10\sim15m^2$ 安装一只 3W 的紫外线灯，消毒时间不少于 30min。当车间温度低于 20℃、高于 40℃，湿度大于 60％时，要适当延长消毒时间。

③ 用过氧乙酸、甲醛等化学药剂对冷库、保温车等进行熏蒸也有很好的消毒作用。

④ 也可使用含氯消毒剂，如用次氯酸钠（$100\sim150mg/kg$）进行浸泡或喷洒消毒处理。

需要注意的是，化学清洗消毒一般分为清除、预冲洗、使用清洁剂、再冲洗、消毒、最后冲洗等步骤。消毒的效果与食品接触表面的清洁度、温度、pH 值、消毒剂的浓度和时间等因素有关。

（2）不同食品接触面的清洗消毒频率

不同食品接触面的清洗消毒频率也有所区别。例如，大型设备应在每班加工结束后进行清洗消毒；清洁区的工器具应每 $2\sim4h$ 进行一次清洗消毒；生产线上用的刀具应每用一次消毒一次（每个岗位至少配备两把刀，交替使用）；加工设备、器具被污染后应立即进行清洗消毒。

工器具清洗、消毒要有固定的区域；推荐使用 82℃ 的热水；要根据清洗对象的性质选择清洗剂；冲洗时要用流动水，同时应防止清洗、消毒水溅到产品上造成污染；设有隔离的工器具洗涤消毒间，不同清洁工器具应分开清洗。工作服、手套等集中由洗衣房进行清洗消毒，洗衣设备、能力与实际需求相适应。不同清洁区的工作服应分别清洗消毒，定期对工作服进行消毒。手套清洗、消毒后贮存在清洁的密闭容器中送往更衣室。

（3）食品接触面的卫生监测

为确保食品接触面符合卫生要求，必须对食品接触面进行监测。例如：可以感官检查接触表面是否清洁卫生、有无残留物，工作服是否清洁卫生，有无卫生死角等；检查消毒剂的浓度以及消毒后的残留浓度；进行表面微生物检查，以评估消毒效果。

监测的频率取决于被监测的对象，例如：设备是否锈蚀，设计是否合理，应每月检查一次；消毒剂的浓度应在使用前进行检查；视觉检测应在每天班前（如工作服、手套）和班后清洗消毒后进行。

如检查发现问题，应采取适当的方法及时纠正。如：再彻底清洁与果蔬接触的设备和管道表面；重新调整清洗消毒的浓度、温度和时间；对可能成为果蔬潜在污染源的手套、工作服应进行清洗消毒或更换；对员工进行培训等。以上清洗消毒工作均应形成记录保存。

三、交叉污染的控制、监测及纠偏

交叉污染是指通过食品原料、半成品、食品加工人员或食品加工环境把生物或化学污染物转移到食品中的过程。造成交叉污染的主要原因包括：工厂选址、设备设计、车间布局不合理；生、熟产品未严格分开，原料和成品未隔离；加工人员个人卫生不达标、操作不当或清洁消毒不当等。防止交叉污染的内容主要包括防止不卫生物品对食品、食品包装和其他与食品接触表面的污染及未加工原料、半成品和成品之间的交叉污染。

交叉污染的预防应从以下几个方面展开：首先在设计果蔬食品加工厂时，应确保周围环境及厂区内不会造成污染，并按有关食品生产企业的卫生规范进行选址和设计。车间布局应注意工艺流程布局合理，特别需要明确人流、物流、水流、气流方向。同时，生产区的门窗应密闭，防止化学污染。应防止加工中的交叉污染，理想状态是生的产品与最终即食产品在工厂不同的区域内进行整理。加工操作的设计应按照产品、设备、人员不能在原料处理区和成品处理区之间随意移动的原则来进行。此外，食品和盛放食品的容器不能落地，内包装材料使用前应进行必要的消毒处理。重复使用的用于清洗原料或半成品的水、重复使用的接触半成品或成品的冷却水均应及时更换，最好使用较大流量的流动水。直接加入成品（特别是熟的成品）的辅料必须事先经过消毒处理。生产加工人员应具有良好的卫生习惯，严格按照洗手消毒程序及操作卫生规范进行操作，尽可能避免食品污染。

为了有效地控制交叉污染，需要监测和评估各个加工环节和食品加工环境，从而确保生的产品在整理、贮存或加工过程中不会污染熟的、即食的或需进一步加热的半成品。一旦发生交叉污染，必须采取措施防止再发生，必要时停产直到改进，如有必要需对产品的安全性进行评估，有时甚至需要对车间布局进行改造，加强对员工的培训，纠正不正确的操作，并形成防止食品发生交叉污染的相关检查记录。

以下介绍相关的防止交叉污染的案例，以 XYZ 苹果汁公司为例，具体做法包括：

（1）员工接受关于如何及何时进行清洗和消毒的培训，培训情况记录并存档。

（2）领班负责维护洗手设施。

（3）领班负责维护单个的工器具清洗设施。

（4）灌装线被污水或地面溅的水污染，监督员或指定员工应立即停止灌装。被污染的区域需进行清洗消毒并在重新开工前经过质控员检查。结果记录在每日卫生审核表中。

（5）监督员、保养工、质量控制和生产者，包括处理废料、接触地面或其他不卫生物品的员工，在加工产品前必须清洗和消毒手和手套。

（6）接触地面、废料或其他不卫生物品的工器具和设备的食品接触面在接触产品前必须经过清洗和消毒。

（7）维修部门负责建立关于设施通风系统定期维修的计划，从而确保有充足的通风和空气流动以及适当的空气压力，以避免在加工和储存区域形成冷凝水。

（8）监督者必须确保在生产时间内、清洗和消毒过程中，加工区域没有发生地面飞溅物。在重新开工前须确保该区域已经清洗、消毒。食品加工区需进行针对可能的污染物（包括冷凝水）来源检查。该工作由质量控制监督员在生产过程中每日进行一次，并记录在每日卫生审核表中。

第二节　手的清洁、消毒及卫生间设备的维护与卫生保持

果蔬加工通常是劳动密集型产业，需要大量的手工操作人员，例如切段、切片、脱壳、去皮、分类和包装等操作。在进行这些操作时，未经清洗和消毒的手很有可能成为致病性微生物的主要来源或者对成品造成化学污染。因此，食品加工厂必须建立一套行之有效的手部清洗程序。同时，为防止工厂里的污物和致病性微生物传播，完备的厕所设施及其维护也是手部清洗程序的重要部分。

一、洗手消毒设施

洗手消毒设施应设在车间入口处、车间内加工岗位的附近和卫生间，便于员工在操作过程中定时洗手、消毒，或在弄脏手后能及时清洁。洗手消毒设施包括非手动开关的水龙头、冷热水、皂液器、消毒槽、干手设备等。水温一般以控制在43℃为宜；每10～15人设一水龙头。盛放手消毒液的容器，在数量上要与使用人数相适应并合理放置，消毒液应保持清洁并经常更换，保持有效氯含量至少为100mg/L；干手用具必须是不导致交叉污染的物品，如一次性纸巾、干手器等。如有需要，也可以在生产车间内设置流动消毒车。企业应使员工了解详细的洗手、消毒程序，并在洗手、消毒处明确标示。

二、厕所设施

厕所设施包括所有厂区、车间和办公楼的厕所（卫生间）。厕所的位置应设在卫生设施区域内并尽可能离作业区远一些，可与车间建筑连为一体，门不能直接朝向车间。卫生间的门应能自动关闭；卫生间最好不要设置在更衣室内，以确保员工在更衣室内脱下工作服和工作鞋后方能上厕所。厕所的门、窗不能直接开向加工作业区；卫生间的墙壁、地面和门窗应该用浅色、易清洗消毒、耐腐蚀、不渗水的材料建造；严禁使用无冲水的厕所，并避免使用大通道冲水式厕所，应采用蹲便器或坐便器。蹲位与加工人员相适应，每15～20人设一个为宜。

配套设施应包括冲水装置、手纸和纸篓、洗手消毒设备、干手设施。厕所内

要求通风良好，地面干燥，清洁卫生，光照充足，不漏水，有防蝇、防虫设施。进入厕所前要脱下工作服和换鞋，便后要进行洗手和消毒。

三、洗手消毒方法、频率、监测及纠偏

洗手培训是卫生计划的重要组成部分之一，交叉污染往往是由于接触了不卫生的物体或物质，然后再接触食品所造成的。员工在进入生产车间前或如厕后必须严格按程序进行洗手和消毒。员工在更换工作服、鞋后，应按照以下步骤规范洗手：清水冲手；皂液洗手；用清水将皂液冲洗干净；将手浸入含有效氯为 50mg/kg 的次氯酸钠消毒液中消毒，时间应不少于 30s；清水冲净手上的消毒液；用一次性无菌纸巾或一次性消毒毛巾或干手器干手。注意：手部消毒一定是在清洗干净后进行，这样才能保证消毒的效果。一般还可采用 75% 的食用酒精喷洒消毒。

良好的如厕程序为：更换工作服→换鞋→如厕→冲厕→皂液洗手→清水冲洗→干手→消毒→换工作服→换鞋→洗手消毒后进入工作区域。

每次进入加工车间时，或手接触了污染物后，例如：接触了人体其他未经清洁的暴露部分之后；上完厕所后；咳嗽、打喷嚏、用完手绢或处理过卫生纸、吸烟后；吃完东西或喝完饮料后；在食品预处理期间，经常需要去除污物时；在交接工作时；清理完脏污的设备和工器具后等，都要洗手消毒，或根据不同加工产品规定确定消毒频率。

生产区域、卫生间和洗手间的洗手设备每天至少检查一次，以确保其处于正常使用状态。员工进入车间前或如厕后，应设专人随时监督检查洗手消毒情况。车间内操作人员应定时进行洗手消毒。消毒液的浓度应每小时检测一次，上班高峰时段应每半小时检测一次。卫生监控人员巡回监督，化验室定期进行食品接触面微生物检验及检测消毒液的浓度。对于厕所设施状况的检查，要求每天开工前至少检查一次，保证厕所设施一直处于完好状态，并经常打扫保持清洁卫生，以免造成污染。

当厕所和洗手设施的卫生用品缺少或使用不当时，应马上修理或补充卫生用品；若手部消毒液浓度不适宜，则应将其倒掉并配置新消毒液；修理不能正常使用的厕所；当发现有不满意的状况出现时，应采取适当的纠正措施。同时应形成相关的检查记录。

第三节　防止食品被污染物污染

食品加工过程中，经常要使用一些清洁剂、润滑油、燃料和杀虫剂等有毒化学物质，它们可能会造成食品污染。另外，地面上的污水和在不卫生表面上形成的冷凝物等也都是食品潜在的微生物污染源。以上这些化学、物理及微生物污染物在生产中要加以控制，以防止它们污染食品及食品包装。

一、污染物的来源

食品中的物理性污染通常来自照明设施突然爆裂产生的碎片、车间天花板或墙壁产生的脱落物、工器具上脱落的漆片或铁锈片、木器或竹器具上脱落的硬质纤维以及人体掉落的头发等。食品中的化学性污染有企业使用的杀虫剂、清洁剂、润滑剂、消毒剂、燃料等。食品中的微生物污染来自车间内被污染的水滴和冷凝水、空气中的尘埃或颗粒、地面污物、不卫生的包装材料等。

二、外部污染的控制、监控及纠偏

食品储存库应保持卫生，原辅料、成品分别存放，设有防鼠设施。包装物料存放库要保持干燥、清洁、通风、防霉，内外包装物料分别存放，上有盖布、下有垫板，并设有防虫鼠设施。每批内包装进厂后要进行微生物检验，必要时对其进行消毒处理。车间内需保持通风良好、温度控制稳定、顶棚呈圆弧形，提前降温、及时清扫，对冷凝水进行控制。车间内天花板和墙壁应使用耐腐蚀、易清洗、不易脱落的材料；生产线上方的灯具应装防护罩；加工器具、设备、操作台使用耐腐蚀、易清洗、不易脱落的材料；禁用竹木器具；生产线作业时工人禁止戴耳环、戒指等饰物或厂牌、厂徽等标识，不准涂抹化妆品，头发不外露。

加工设备上使用的润滑油必须是食用级润滑油；有毒化学品应正确标识、保管、使用。在非产品区域操作有毒化合物时，应采取相应的保护措施以免产品受污染。禁止使用没有标签的化学品。被污染的水要及时清扫，以保持车间干燥。车间内应设有专用工器具清洗消毒间；待加工原料或半成品远离加工线或操作台，车间内没有产品时才冲洗台面、地面；车间内洗手消毒池旁不应存放产品；车间台面、池子中的水不能直接排到地面，应通过管道并引入下水道排出。

需定期检查任何可能污染食品或食品接触面的掺杂物，如潜在的有毒化合物、不卫生的水（尤其是静止水）及不卫生的表面所形成的冷凝物等，要求在生产开始前首检，随后每4小时复检，以确保及时发现并处理潜在卫生问题。检查员应清楚产品从预处理到整个操作过程中都有可能被外部污染物污染，一旦生产过程与已制定的卫生操作程序有偏差，则需要进行适当纠正。

对于任何可能导致产品污染的行为应及时加以纠正，从而避免对食品、食品接触面或食品包装材料造成污染。主要措施有：除去不卫生表面的冷凝物；调节空气流通和车间温度，以减少凝结；使用遮盖物防止冷凝物落到食品、包装材料及食品接触面上；清除地面积水、污物；清洗因疏忽暴露于化学污染物的食品接触面；评估不恰当使用有毒化合物对食品产生的影响；加强对员工的培训，纠正不正确的操作；丢弃没有标签的化学品。

要注意做好以下记录：原辅料库卫生检查记录；车间消毒记录；车间空气菌落沉降实验记录；包装材料的领用、出入库记录；食品微生物检验记录；纠偏记录。

第四节　有毒化学物质的使用

有毒化学物质的不正确使用是导致产品外部污染的一个常见原因，在使用过程中须谨慎小心，正确标识、保存，并按照产品说明和相关规定正确使用。

一、常用的有毒化学物质

果蔬加工企业有可能使用的有毒化学物质包括清洗剂、消毒剂、灭鼠剂、杀虫剂、润滑剂、分析试剂及食品添加剂等。

二、有毒化学物质的贮存和使用

应健全有毒化学物质的购买、领用、配制、使用记录，使全过程处于受控状态。对贮存和使用的有毒有害化学物质编写一览表，以便检查。所使用的各种有毒、有害化学物质必须有主管部门批准生产、销售及使用说明（如主要成分、毒性、使用剂量和注意事项与正确使用的方法等方面的说明）。

所有有毒化合物应在明显位置正确标记并注明生产厂商名及使用说明，同时设有警告标示。其应贮存于加工和包装区外的单独库房内，须由专人保管；不得与食品级的化学物品、润滑剂和包装材料共存于同一库房内。卫生监督员应检查其标签及在仓库中的存放情况，存放错误的化学物品要及时回位，对标签、标识不全者，拒不购入，并重新标记内容物模糊不清的工作容器。还应加强对保管和使用人员的培训，强化责任意识；及时销毁不能使用的盛装化学物品的工作容器。需要特别说明的是，严禁使用曾存放过清洗剂、消毒剂的容器再存放食品。

所有有毒有害化学物质必须由经过培训的人员管理和使用，须严格按照说明及建议操作使用。这些化学物质应由专人进行分装操作，应在分装瓶的明显位置正确标明该化学物质的常用名，不得将有毒化学物存放于可能污染原料、产品或包装材料的场所。卫生监督员负责检查标识和分装、配制情况。

三、有毒化学物质使用的监控、纠偏及记录

应确保以足够的频率监控有毒化合物的贮存、使用和标记情况，以确保符合卫生条件和操作要求。监控的区域主要包括食品接触面、包装材料、用于加工过程和包含在成品内的辅料。企业应监控有毒化学物质是否被正确标记、贮藏和使用；且要以足够的监控频率来检查，推荐监控频率是每天至少一次，开工前的检查可确保前一天使用过的有毒物均已被放回原处。加工者在全天的操作过程中都应时刻注意有毒化合物的正确使用。

对不满意的情况及时采取纠正措施，避免有毒化合物对食品、辅料、食品接触面或包装材料造成潜在污染。几种常见的纠正措施包括：将存放不正确的有毒物转移到合适的地方；将标签不全的化合物退还给供货商；对于不能正确辨认内

容物的工作容器应重新标记；不合适或已损坏的工作容器弃之不用或销毁；准确评估不正确使用有毒化合物所造成的影响，判断食品是否已污染；加强员工培训以纠正不正确的操作。

要注意做好以下记录：有毒、有害物的购入记录和卫生部门允许使用证明的记录、使用审批记录、领用记录、配制记录、监控及纠偏记录。

第五节　人员的日常健康卫生管理

食品生产企业的生产人员（包括检验人员）是直接接触食品的人群，他们的身体健康及卫生状况直接影响产品的卫生质量。

一、人员健康卫生的日常管理

食品加工人员不能患有以下疾病：病毒性肝炎、活动性肺结核、肠伤寒及其带菌者、细菌性痢疾及其带菌者、化脓性或渗出性脱屑性皮肤病、手外伤未愈合等。对加工人员应定期进行健康检查，每年进行一次体检，并取得县级以上卫生防疫部门的健康证明。此外，食品生产企业应制订体检计划，并设有健康档案。食品生产企业应制订卫生培训计划，定期对加工人员进行培训，并记录存档；应使员工认识到疾病会给食品卫生带来的危害，并主动向管理人员汇报自己和他人的健康状况。生产人员要养成良好的个人卫生习惯，按照卫生规定从事食品加工，进入加工车间应更换清洁的工作服、帽、口罩、鞋等，不得化妆或戴首饰和手表等。工人上岗前应进行健康检查，发现有患病症状的员工，应立即调离食品生产岗位，待症状完全消失，并确认不会对食品造成污染后才可恢复正常工作。

二、人员健康卫生的监督、纠偏及记录

员工应每年进行一次全面健康检查。车间负责人每日关注员工的身体健康状况，确保良好状态。员工还需定期进行健康检查及上岗前接受健康检查；特别注意观察员工是否患病或有伤口感染的迹象，要关注员工的一般症状或状况，如发烧伴有咽喉疼痛、患黄疸（眼结膜或皮肤发黄）、手外伤未愈合等现象；同时需监控洗手、消毒程序的执行情况及工作服的洁净程度；严禁将与生产无关的物品带入车间；生产车间严禁吸烟、饮食；员工进入卫生间的更衣洗手情况；要求工作人员不得串岗，工作过程中的每个环节按要求定时洗手、消毒。

要求未及时体检的员工进行体检，体检不合格的调离生产岗位，直至痊愈；不按要求穿戴或身上有异物者，立即更正；受伤者（如刀伤、化脓）自我报告或经检查发现。应制订卫生培训计划，加强员工的卫生知识培训，并记录存档。注意做好以下几项记录：企业员工体检记录及健康档案；企业员工日常卫生检查记录；员工卫生培训记录；因病调离岗位或病愈后重返岗位的员工姓名、日期、病因、治疗结果以及重新体检的项目和结果（纠偏）记录。

第六节　虫害的防治

昆虫、鸟类、鼠类等不仅会直接消耗、破坏食品，还会带来病原菌，因此虫害的防治对果蔬加工企业来说是至关重要的。

一、虫害防治方法

果蔬加工企业内禁养一切禽、畜及宠物；清除害虫滋生地；生产场所、更衣室、卫生间内设备设施禁止使用木质材料，车间入口应安装铁门及胶帘；通过风幕、水幕、纱幕、黄色门帘、暗道、挡鼠板、翻水弯等防止害虫进入车间；在厂区和生产区设置灭鼠点，标识鼠夹的放置位置并编号记录，在灭鼠点设置粘鼠板或捕鼠器，捕鼠器的诱饵每两天更换一次，每天检查灭鼠情况并记录，对捕捉到的老鼠要进行卫生处理，如在车间或库房捕捉到老鼠，清除鼠后，要对局部区域进行清洁消毒。厂区用杀虫剂、车间入口处用灭蝇灯杀灭害虫，厂区内杀虫可与市政消杀队签订消杀合同，每月杀虫两次以上。为了有效管理并控制虫害问题，应制定一套全面的虫害控制审查或检查方案，以确保生产环境及产品的卫生与安全。

二、监控、纠偏及记录

一般应对加工区域、包装区域和储存区域进行视觉监控。监控频率根据检查对象情况而定，对工厂内害虫可能入侵点的检查，可每月或每周检查一次。对厂区内害虫遗留痕迹的检查，应按照相应 GMP 法规或 HACCP 计划的规定检查，通常为每天检查，也可根据经验来调整监控的频率。对可能产生危害食品安全或影响食品卫生的害虫问题，应及时采取杀灭措施，并考虑增加杀虫频率。同时还应检查防虫设施是否为有效状态或加以改进。要对厂区灭虫、灭鼠计划分布图以及灭虫、灭鼠行动和检查形成记录。

参考文献

[1]　刘九胜．国内外进出口食品安全管理．北京：人民军医出版社，2004．

[2]　李平凡，王瑶．食品企业安全生产与管理．北京：中国轻工业出版社，2012．

[3]　曲径．食品安全控制学．北京：化学工业出版社，2011．

[4]　中国标准化委员会．危害分析与关键控制点（HACCP）体系食品生产企业通用要求．北京：中国计量出版社，2009．

[5]　张立媛．粮油及制品质量安全与卫生操作规范．北京：中国计量出版社，2009．

[6]　刘金福．食品质量与安全管理．北京：中国农业大学出版社，2021．

[7]　刘少伟．食品安全保障实务研究．上海：华东理工大学出版社，2019．

第七章　HACCP体系在果蔬制品生产企业中的应用

07 Chapter

果蔬制品从原料的种植、收获、加工、储存、运输、销售到食用前的各个环节，都有可能被污染，造成果蔬制品的营养价值和卫生质量降低，或对人体健康产生危害。因此，加强果蔬生产加工各个环节的安全质量监控显得尤为重要。

HACCP体系提供了一种科学、逻辑的控制生物、化学和物理因素危害食品的手段，通过针对各个关键控制点，分析危害产生的可能性，建立一套行之有效、反应迅速、措施得力的预警制度，避免了单纯依靠最终检验控制的不足，最大限度地减少了食品安全风险。HACCP有助于食品生产企业以较低的成本换取较高的食品安全性，增加客户信任度。HACCP体系使企业由被动执行产品质量、卫生法规转化成主动推进产品质量保证体系的完善，由被动接受检查变为主动自查。因此，HACCP是保证食品安全最好的管理方式之一。HACCP体系已成为对出口食品企业实施安全控制的一项基本政策。

果蔬加工企业加工的产品很多，比较有代表性的如果蔬汁、果蔬罐头、速冻蔬菜、果蔬干制品、果蔬糖制品、蔬菜腌制品等。本章着重讨论HACCP体系在常见的果蔬汁、果蔬罐头和速冻蔬菜加工中的应用。

第一节　HACCP体系在果蔬汁生产企业中的应用

一、概述

果蔬汁（fruit and vegetable juice）是指未添加任何外来物质，直接从新鲜水果或蔬菜中用压榨或其他方法取得的汁液。以果汁或蔬菜汁为基料，加水、糖、酸或香料等调制而成的汁液称为果蔬汁饮料。果蔬汁含有水果和蔬菜固有的各种可溶性营养成分，其营养或风味都接近天然水果或蔬菜，可直接饮用、制成各种饮料或作为其他食品的原料。

我国作为世界农业生产大国，为果蔬汁的生产加工提供了丰富的资源，浓缩果汁的出口逐年增长，面对的国际竞争愈加激烈。因此，加快推行 HACCP 体系，促进我国果蔬汁企业安全质量管理水平的提高，具有重要的意义。

二、果蔬汁安全性的影响因素

影响果蔬汁产品安全性的因素主要有以下几个方面。

1. 果蔬汁原料

严格实施良好农业规范（GAP）管理，注意栽培过程、栽培环境空气的质量、土壤的质量、肥料的使用情况，控制原料中的农药残留、寄生虫及重金属残留。

2. 添加剂的使用

为使果汁长期保存，可使用防腐剂、抗氧化剂等，但必须在 GB 2760 规定的范围内使用。特殊情况要在产品标签上标记，以适合特定的消费者群体。

3. 加工过程

果蔬汁饮料生产过程中，如果杀菌不彻底或杀菌后微生物再污染容易导致果蔬汁饮料变质。因此，杀菌工序是果蔬汁生产中的一道关键工序，必须认真对待。果汁在杀菌前要进行适宜的包装，包装容器可有软包装（杀菌后包装）、涂料金属罐、玻璃瓶等。天然果汁的 pH 值通常在 4.0 以下，属于酸性食品（pH<4.5），通常只有酵母、霉菌可能繁殖。一般酵母菌在 $60\sim65℃$ 下经数分钟可杀死，霉菌在 78℃ 经 20min 也可杀死，故可用加热杀菌法除去。果蔬汁饮料可采用常压杀菌，瓶装产品一般采用两道杀菌工艺，即封盖前对果蔬汁采用高温短时巴氏杀菌工艺，一般杀菌条件为 $(93\pm2)℃$ 保持 $15\sim30s$；灌装后再采用间歇式或连续式二次杀菌。随着无菌包装技术的快速发展，越来越多的企业采用对料液进行超高温瞬时（UHT）灭菌（$130\sim135℃$，$4\sim6s$）后再进行无菌包装，该方法有利于最大限度地保留果蔬中的营养成分及产品的色、香、味，但要科学地确立杀菌温度和时间，否则将对产品的品质造成影响。

4. 包装容器

果蔬汁的包装材料一定要符合国家相关质量标准，要注意包装容器成分可能转移到产品或饮料成分对包装材料的腐蚀问题。

三、果汁加工中 HACCP 体系的建立

1. 果汁饮料产品描述

果汁的可溶性固形物一般为 $10\%\sim15\%$，新鲜果汁中绝大部分为水分，其次为糖分。果汁饮料是以果实为主要成分的不含酒精的饮料，其类型包括果汁系饮料、果肉系饮料、全果系饮料和干果系饮料。我国生产的果汁主要有柑橘汁、菠萝汁、葡萄汁、苹果汁等。浓缩苹果清汁的产品描述见表 7-1。

表 7-1　浓缩苹果清汁的产品描述

加工类别:果汁加工

产品类型:浓缩苹果清汁

(1)产品名称	浓缩苹果清汁
(2)主要原料	苹果、糖等
(3)产品特性	① 感官特性 色泽:汁液呈棕黄色或棕红色,久置后稍许变深;滋味及气味:具有新鲜苹果应有的纯正滋味,无异味;组织及形态:呈透明状,无沉淀物、悬浮物;其他杂质:不得检出 ② 理化指标 总酸/%:≤0.5(以苹果酸计);吸光度:0.15～0.70;果胶:无;淀粉:无 ③ 卫生指标 菌落总数:≤100 个/mL;大肠菌群:≤3MPN/100mL;致病菌(肠道致病菌及致病性球菌):不得检出
(4)预期用途及消费人群	批发、零售,所有的消费人群
(5)食用方法	打开即食
(6)包装类型	符合食品要求的包装材料,如玻璃瓶、塑料瓶等
(7)贮存条件	可溶性固形物含量在 70% 以上,应在 0～5℃低温贮存;可溶性固形物含量在 60%～70% 的,应在 −18℃ 冷冻贮存
(8)保质期	正常贮运条件下,保存期不低于 12 个月
(9)标签说明	产品标签应符合 GB 7718—2011 和 GB 13432—2013 的相关规定
(10)销售、运输要求	宜在 4℃ 以下贮存,可在常温下运输

2. 浓缩苹果清汁生产工艺流程

如图 7-1 所示为浓缩苹果清汁生产工艺流程图。

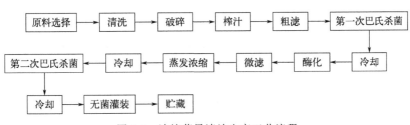

图 7-1　浓缩苹果清汁生产工艺流程

工艺要点:

(1) 原料选择

每年生产季节来临前的 3～6 月份,应对苹果收购区域的农药使用情况、果树管理情况进行普查,以确定农药、重金属安全的收购区域。生产季节在预定收购区域内按照《原料果收购标准》收购原料果。苹果应有良好的风味和芳香,色泽稳定,酸度适中,并在加工和贮藏过程中仍能保持这些优良品质,无明显的不良变化。

包装材料应为无菌袋、钢桶、聚乙烯塑料袋等，由质量稳定的厂商作为合格供方，按相关质量标准及《辅料验收办法》进行验收。包材由仓库统一管理，放置在库房的规定区域。

（2）清洗

苹果在果池充分浸泡后，经果渠输送到外提升机进行高压水喷淋冲洗和毛刷机刷洗，除去沙土等杂质。清洗后的苹果应表面干净、无泥土等杂物。最后在拣果台由专人对清洗后的苹果进行挑拣，拣出腐烂果、虫害果、油污果等不合格苹果及石块、树叶等杂物。

（3）破碎

将洗净的原料果在破碎机内粉碎成果浆，通过不锈钢管道进入榨汁机。

（4）榨汁

通过榨汁机挤压分成果汁和果渣。果汁由收集管道流入粗滤罐，果渣排出。

（5）粗滤

破碎压榨出的新鲜果汁中含有悬浮物，这些悬浮物不仅影响果汁的外观和风味，而且还会使果汁很快变质，因此要进行粗滤。在粗滤罐中经过滤可除去较大颗粒的非水溶性物质。

（6）第一次巴氏杀菌

在 90℃ 的巴氏灭菌装置中果汁需维持 30s，以灭酶、杀菌。

（7）冷却

杀菌后立刻进行冷却，在冷却（冷水循环）装置中迅速将果汁降至 50℃ 后由管道传送至酶化罐。

（8）酶化

在酶化罐中进行酶化，采用纤维素酶、淀粉酶和酸性蛋白酶的组合来提高澄清效果。酶化温度 50~55℃，时间 2h。

（9）微滤

采用过滤机进行硅藻土过滤，以除去果汁中水不溶性物质及尺寸大于 $0.02\mu m$ 或 $0.1\mu m$ 的颗粒，包括藻类以及细菌等微生物。

（10）蒸发浓缩

大多数企业采用三次减压蒸发浓缩装置。第一次浓缩的真空压力和温度为 $-0.84Pa$ 和 75~85℃，第二次浓缩的真空压力和温度为 $-0.84Pa$ 和 62~75℃，第三次浓缩的真空压力和温度为 $-0.84Pa$ 和 45~55℃。

（11）冷却

在冷却装置中将浓缩果汁的温度迅速降至 40℃，以防止色泽和香味劣变。

（12）第二次巴氏杀菌

在 93~98℃ 的巴氏灭菌装置中维持 30s 以杀死细菌。

（13）冷却

将浓缩果汁在冷却（冷水循环）装置中迅速降至 30℃ 以下，再由管道传送至暂存罐中暂存。

表 7-2　浓缩苹果清汁加工的危害分析

危害分析工作单

工厂名称:×××果汁有限责任公司　　产品名称:浓缩苹果清汁
工厂地址:×××省×××市×××区　　销售和储存方法:0~5℃贮存　　预期用途和消费者:原料,食品加工者
签名:×××　　日期:×××年×××月×××日

(1)配料/加工步骤	(2)确定本步骤引入的、受控的或增加的潜在危害		(3)潜在的食品安全显著性危害(是/否)	(4)对第(3)栏的判断提出依据	(5)对显著的危害能采能提供什么预防措施	(6)这一步骤是关键控制点吗?(是/否)
原料收购	生物性危害	细菌、霉菌等	是	原料果生长、采收、贮存过程中可能污染微生物	①对原料进行索证和验收,建立对供货商产品质量管理体系和状况进行检查。对原料的运输条件率控制在2%以下，将霉烂果率控制在2%以下　②后续步骤微滤可除去部分微生物;预巴杀、巴杀可杀死微生物	否
		寄生虫类	否	原料果生长过程中可能受害虫侵袭	在苹果收购、拣选过程中可剔除一部分,在破碎压榨过程中可将其杀死	
	化学性危害	农药残留、重金属	是	原料果或果树生长过程中为防治疾病喷洒农药,原料果表面或果肉有农药残留,原料果也可从生长环境中吸收重金属元素	通过调查确定安全区域,定点采购	是
		棒曲霉毒素	是	原料果腐烂时,某些霉菌类可产生棒曲霉素	将烂果剔除	否
		油污	否	采收、运输过程中可能受到油污污染	收果过程中发现油污果则拒收	否
	物理性危害	树叶、石头等	否	在苹果采收过程中可能混入、属外来杂物引起的不安全性	收购、拣选过程中剔除,冲洗步骤也可去除	否

(1)配料/加工步骤	(2)确定本步骤引入的、受控的或增加的潜在危害		(3)潜在的食品安全性危害的显著性（是/否）	(4)对第(3)栏的判断提出依据	(5)对显著的危害能提供什么预防措施	(6)这一步骤是关键控制点吗？（是/否）
冲洗	生物性危害	细菌、霉菌等	是	清洗用水若受致病菌污染，则可污染原料果，从而进入果汁中	进行SSOP控制，定期对清洗用水进行检测，以保证水质的安全	否
	化学性危害	农药残留、消毒剂	否	原料果可能仍存在农药残留，清洗水中可能存在消毒剂残留	清洗可除去果子表面部分农药残留，进行SSOP控制，定期对清洗用水进行检测，保证水质的安全	否
		棒曲霉毒素	是	腐烂果中某些霉菌可产生棒曲霉毒素	原料收购控制，剔除腐烂果，将烂果率控制在2%以内	
	物理性危害	树叶、绳头等	否	原料果中可能夹带树叶、包装袋上绳头、绳头片等可能混入	通过拣选、过滤剔除	否
破碎/压榨	生物性危害	细菌、霉菌等	是	设备清洗时若清洗水中有致病菌则可能污染清洗设备，清洗不彻底则会进入果汁	定期检测清洗用水的质量，严格按操作规程进行清洗，后面的预巴杀、巴杀也可杀死残留的致病菌	否
	化学性危害	润滑油	否	设备在维护过程中使用的润滑油可能进入果汁中	严格按操作规程加入润滑油，使用食品级润滑油	否
	物理性危害	玻璃碎片、设备破损片	是	外来杂物如照明灯具可能产生的玻璃碎片、设备破损片等	使用防护灯具，定期检查设备，更换零部件	否
粗滤	生物性危害	细菌、霉菌等	是	设备、工具、人员等对原料的污染对人体存在危害	进行SSOP控制	否
	化学性危害	清洁剂、消毒剂残留	否	粗滤罐清洗不净，可能导致清洁剂、消毒剂残留超标		
	物理性危害	滤料	否	滤网完整性受损，使滤料进入产品中		

续表

(1)配料/加工步骤	危害类别	(2)确定本步骤引入的、受控的或增加的潜在危害	(3)潜在的食品安全危害的显著性(是/否)	(4)对第(3)栏的判断提出依据	(5)对显著的危害能提供什么预防措施	(6)这一步骤是关键控制点吗?(是/否)
第一次巴氏杀菌	生物性危害	细菌、霉菌等	是	杀菌不彻底可能造成有害生物残留	后面的超滤工序可除去，第二次巴氏杀菌工序可杀死残留的有害微生物	否
	化学性危害	清洗用化学试剂残留	否	若清洗不彻底，则可能引起化学物质的残留	进行SSOP控制，严格按操作规程进行清洗	否
	物理性危害	无				否
冷却	生物性危害	细菌、霉菌等	否	温度控制不当可能造成霉菌、酵母生长	通过制冷和保温措施，严格控制冷却温度和时间，后续的巴杀工序也可将其杀死	否
	化学性危害	清洗用化学试剂	否	若清洗不彻底，则可能引起化学物质的残留	进行SSOP控制，严格按操作规程进行清洗	否
	物理性危害	无				否
酶解	生物性危害	细菌、霉菌等	是	酶制剂的加入可能造成致病菌的污染，酶解1~1.5h会引起致病菌的生长繁殖	后面的巴杀工序可杀死病菌	否
	化学性危害	酶制剂、清洗用化学试剂等	是	使用不安全的酶制剂可能污染果汁	使用安全可靠的酶制剂，酶制剂供应商提供安全性证明	是
				若清洗不彻底，则可能引起化学物质及酶的残留	进行SSOP控制，严格按操作规程进行清洗	否
	物理性危害	无				否

续表

（1）配料/加工步骤	（2）确定本步骤引入的、受控的或增加的潜在危害	（3）潜在的食品安全危害的显著性（是/否）	（4）对第（3）栏的判断提出依据	（5）对显著的危害能提供什么预防措施	（6）这一步骤是关键控制点吗？（是/否）
微滤	生物性危害　细菌、霉菌等	是	有害微生物的生长繁殖，微滤过程参数不当可能引起微生物残留或污染	巴杀工序可杀死残留的有害微生物，进行SSOP控制	否
	化学性危害　清洗用化学试剂	否	若清洗不彻底，则可能引起化学物质的残留	严格按操作规程进行清洗	否
	物理性危害　滤料	否	滤网完整性受损，使滤料进入产品中	进行SSOP控制	否
蒸发/浓缩	生物性危害　细菌、霉菌等	否	残存的致病菌生长繁殖	若果汁中有致病菌残留，后面的巴杀工序也可将其杀死	否
	化学性危害　清洗用化学试剂	否	若清洗不彻底，则可能引起化学物质的残留	严格按操作规程进行清洗	否
	物理性危害　无	否			否
冷却	生物性危害　细菌、霉菌等	否	温度控制不当可能造成霉菌、酵母生长，根据产品类别提前计划预防	通过制冷和保温措施，严格控制冷却温度和时间，后续的巴杀工序也可将其杀死	否
	化学性危害　清洗用化学试剂	否	若清洗不彻底，则可能引起化学物质的残留	进行SSOP控制，严格按操作规程进行清洗	否
	物理性危害　无	否			否
第二次巴氏杀菌	生物性危害　细菌、霉菌等	是	杀菌时间/温度不当造成致病菌残留	有效控制杀菌时间和温度	是
	化学性危害　清洗用化学试剂	否	若清洗不彻底，则可能引起化学物质的残留	进行SSOP控制，严格按操作规程进行清洗	否
	物理性危害　无	否			否

续表

(1)配料/加工步骤	(2)确定本步骤引入的、受控的或增加的潜在危害		(3)潜在的食品安全危害的显著性(是/否)	(4)对第(3)栏的判断提出依据	(5)对显著的危害能提供什么预防措施	(6)这一步骤是关键控制点吗?(是/否)
冷却	生物性危害	细菌、霉菌等	否	温度控制不当可能造成霉菌、酵母生长	通过制冷和保温措施,严格控制冷却温度和时间	否
	化学性危害	清洗用化学试剂	否	若清洗不彻底,则可能引起化学物质的残留	进行SSOP控制,严格按操作规程进行清洗	否
	物理性危害	无	否			否
灌装	生物性危害	细菌、霉菌等	是	无菌灌装不当会污染致病菌,包材若杀菌不彻底则可能会带来致病菌	严格按照操作规程进行无菌灌装机操作,包材供应商应提供彻底杀菌的包材	是
	化学性危害	清洗用化学试剂,包材中残留超标化学物质	否	若清洗不彻底,则可能引起化学物质的残留	严格按操作规程进行清洗	否
			是	若包材中含有危害性化学物质,则可能污染无菌袋	包材供应商提供合格的无菌袋	是
	物理性危害	无	否			否
储运	生物性危害	细菌、霉菌等	否	在低温条件下,无菌袋中果汁处于高渗透压下不可能受到微生物的污染	低温贮存,无菌袋包装	否
	化学性危害	无		果汁处于密封的无菌袋及钢桶中不可能受到化学物质的污染		否
	物理性危害	无				否

表 7-3 HACCP 计划表

| (1)关键控制点(CCP) | (2)显著危害 | (3)对每种预防措施的关键限值 | 监控 | | | | (8)纠偏行动 | (9)记录 | (10)验证 |
			(4)内容	(5)方法	(6)频率	(7)监控者			
原料收购	农药残留、重金属、棒曲霉素	农药残留、重金属、棒曲霉素等指标按国家或相关行业标准，烂果≤2%	农药残留、重金属、棒曲霉素等指标的检验合格证明、烂果	①逐车检查基地合同卡、各检测证书；②卸车时逐袋验收，控制烂果数量	每车、逐袋	收果人员	①拒收无资格证的原料；②拒收缺少任一检验合格报告的原料；③拒收烂果率过高的原料	原料各项检测报告	①复查每日记录；②对不同地域果分别进行同的原料各项控制项目的检测；③对不同时期的果计进行农残、重金属的检测
第二次巴氏杀菌	微生物	工作温度93~98℃，工作压力或流速	温度、流量/压力	设备自动显示杀菌温度，并同时绘制温度曲线图；定期检查流量计/压力计工作状态	连续记录	巴氏杀菌岗操作员记录	①若以上指标超出设定范围，则自动停止杀菌，机器报警；②对故障期的样品单独进行标识、评估；③机器维修使恢复正常状态	①温度/压力/流速记录；②纠偏记录	①每班复查记录结果；②质保部每周对成品抽检致病菌；③温度记录仪、压力计、流量计的校准
灌装	微生物	灌装机出口消毒蒸汽温度≥100℃，时间≥30min	温度/时间	温度、时间自动记录仪	连续记录	灌装岗操作员记录	①若以上指标超出设定范围，则自动停止灌装，果汁返回平衡罐重新杀菌，机器报警；②对故障期的样品单独进行标识、评估；③机器维修使恢复正常状态	①温度/时间记录；②纠偏记录	①每班复查记录结果；②温度记录仪、计时器的校准

（14）无菌灌装

暂存罐中的浓缩果汁经管道传送至无菌灌装机，利用灌装机口周围的100℃蒸汽形成灭菌条件，将果汁灌入无菌包装袋或通过无菌管道灌入大型集装罐中。灌装重量通过比重和流量控制。

（15）贮藏

浓缩果汁应尽可能在低温条件下贮藏，这样微生物量可以减少，风味和色泽变化较小，能够较好地保持色、香、味。

3. 危害分析

影响浓缩苹果清汁安全性的危害包括生物、化学和物理三大类。危害分析是顺着加工工艺流程，逐个分析每个生产环节，列出各环节可能存在的生物、化学和物理的潜在危害。用判断树判断潜在危害是否是显著危害，确定控制危害的相应措施，判断该环节是否是关键控制点。具体分析情况见表7-2。

4. HACCP 计划的编写

通过确定浓缩苹果清汁关键控制点的位置、需控制的显著危害、CCP 关键限值、监控程序、纠偏措施、监控记录、验证措施，确定原料验收、二次杀菌、灌装等 3 个关键控制点，编写出浓缩苹果清汁加工的 HACCP 计划（表 7-3）。

第二节　HACCP 体系在果蔬罐藏生产中的应用

一、概述

果蔬罐藏是果蔬加工的一种主要保藏方法。它是将新鲜果蔬原料经过预处理后，装入能够密封的容器内，添加或不添加罐液，排气（抽气），密封，再经高温处理，杀死引起食品腐败、产毒及致病的微生物，同时破坏果蔬原料的生命活性（主要指酶活性），维持密封状态，防止微生物、水分、空气等再次入侵，容器中的食品借以在室温下长期保存的方法。按照这种工艺方法制造出来的产品就称之为罐藏食品，也称为罐头。罐藏食品具有营养丰富、安全卫生，且运输、携带、食用方便等优点；可不受季节和地区的限制，随时供应消费者，无须冷藏就可以长期贮存；有助于调节食品的供应，改善和丰富人民生活，更是航海、勘探、军需、登山、井下作业及长途旅行者等的方便营养食品，对促进农牧渔业生产发展有重大作用。

二、果蔬罐藏产品安全性的影响因素

罐头的品质与微生物关系密切，引起罐头变质的微生物主要有霉菌、酵母菌和细菌等。在罐头的加工过程中，微生物广泛存在于原料、加工器具、操作人员、车间环境及加工用水中。如果杀菌不足或密封不严，果蔬罐头很容易腐败变质。pH 值与微生物引起的腐败密切相关。果蔬罐头的 pH 值分类及常见腐败菌见表 7-4、表 7-5。

表 7-4　果蔬罐头的 pH 值分类

酸度级别	pH 值	食品种类	常见致腐因素	热力杀菌要求
低酸性	5.0 以上	蘑菇、青豆、青刀豆、笋	嗜热菌、嗜温厌氧菌、嗜温兼性厌氧菌	高温杀菌：105～121℃
中酸性	4.6～5.0	蔬菜肉类混合制品、汤类、面条、沙司制品、无花果		
酸性	3.7～4.6	荔枝、龙眼、桃、樱桃、李、苹果、枇杷、梨、草莓、番茄、什锦水果、番茄酱、各类果汁	非芽孢耐酸菌、耐酸芽孢菌	沸水或 100℃以下介质中杀菌
高酸性	3.7 以下	菠萝、杏、葡萄、柠檬、果酱、果冻、酸泡菜、柠檬汁、酸渍食品等	酵母、霉菌、酶	

表 7-5　按 pH 值分类的果蔬罐头中常见的腐败菌

食品 pH 值范围	腐败菌温度习性	腐败菌类型	腐败类型	腐败特征	常见腐败对象
中低酸性食品（pH 值 4.6 以上）	嗜热菌	嗜热脂肪芽孢杆菌	平盖，酸败	产酸不产气或产微量气，不胀罐，食品有酸味	青豆、青刀豆、芦笋、蘑菇
		嗜热解糖梭状芽孢杆菌	高湿、缺氧发酵	产 CO_2 和 H_2，不产 H_2S，胀罐，产酸（酪酸）	芦笋、蘑菇
		致黑梭状芽孢杆菌	致黑（或硫臭），酸败	产 H_2S，平盖或轻胀，有硫臭味，食品和罐壁有黑色沉淀物	青豆、玉米
	嗜温菌	肉毒杆菌 A 型或 B 型	缺氧，酸败	产毒，产酸（酪酸），产 H_2S，胀罐，有酪酸味	青豆、青刀豆、芦笋、蘑菇
酸性及高酸性食品（pH 值 4.6 以下）	嗜温菌	耐酸热芽孢杆菌	平盖，酸败	产酸（乳酸），不产气，不胀罐，变味	番茄及番茄制品（番茄汁）
		巴氏固氮梭状芽孢杆菌	缺氧，发酵	产酸（酪酸），产气（CO_2 和 H_2），胀罐，有酪酸味	菠萝、番茄
		酪酸梭状芽孢杆菌			整番茄
		软化芽孢杆菌	发酵，变质	产酸，产气，也产丙酮和酒精，胀罐	水果及其制品（桃、番茄）
		多粘芽孢杆菌			
	非芽孢嗜温菌	乳酸菌明串珠菌	发酵，变质	产酸（乳酸），产气（CO_2），胀罐	水果、梨、果汁（黏质）
		酵母		产酒，产 CO_2，膜状酵母，有的食品表面形成膜状物	果汁，酸渍食品
		一般霉菌		食品表面上长霉菌	果酱，糖浆水果
		纯黄丝衣霉，雪白丝衣霉		分解果胶，果实瓦解，产 CO_2，胀罐	水果

除微生物外，食品中的酶也是引起果蔬罐头变质的另一重要原因。食品原料中含有多种酶，酶的活动能够引起原料中某些营养成分和品质发生改变。新鲜果蔬中含有多酚氧化酶、抗坏血酸氧化酶、果胶酶、淀粉酶等，这些酶与果蔬的色泽、营养成分及硬度具有密切关系。此外，部分微生物的代谢也能产生多种酶，例如脂肪酶、蛋白酶、淀粉酶和果胶甲酯酶，其中假单胞菌产生的脂肪酶和蛋白酶均为耐热性的微生物酶，需要较高温度才能钝化。因此，对于罐头污染菌产生的酶也应予以充分重视。

三、清水类蘑菇罐头食品加工中 HACCP 体系的建立

1. 产品描述

清水类蘑菇罐头的产品描述见表 7-6。

表 7-6 清水类蘑菇罐头的产品描述

加工类别:罐头
产品类型:清水类

(1)产品名称	清水类蘑菇罐头
(2)主要原料	符合水果蔬菜原料国家标准的蘑菇
(3)产品特性	① 感官特性 色泽:具有蘑菇原有的色泽;滋气味:具有蘑菇的滋气味;组织形态:随加工要求而不同; ② 理化指标:应符合相应国家或行业标准; ③ 卫生指标:应符合相应国家或行业标准
(4)预期用途及消费人群	日常烹饪加工,所有消费者
(5)食用方法	可烹制或开后即食
(6)包装类型	马口铁罐、玻璃罐或塑料包装
(7)贮存条件	低温避光保存
(8)保质期	按国家相关标准执行
(9)标签说明	产品标签应符合国标相关规定
(10)运输要求	宜在低温条件下运输,避免与有毒、有害及尖锐器物混装运输
(11)销售要求	宜在低温条件下销售

2. 清水类蘑菇罐头加工工艺流程图

加工工艺流程如图 7-2 所示。

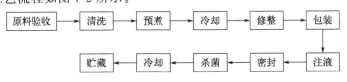

图 7-2 清水类蘑菇罐头加工工艺流程图

工艺要点：

（1）原料验收

蘑菇罐头加工用原料的供应基地应相对固定，要求蘑菇肉质丰富、新鲜，形态完整无损伤，色泽稳定，符合相应的卫生标准，且有检验合格证明。企业对原料蘑菇的采摘日期、时间、来源及卫生质量进行检查、验收、登记后方可入库，主要控制农药残留、重金属不能超标。原料蘑菇从采摘到加工的时间应控制在 6h 以内，主要目的是控制嗜热性芽孢菌的繁殖及肠毒素的产生。

（2）清洗

清洗应在短时间内完成，采用洗涤机或高压喷水冲洗，尽可能除去蘑菇表面沾有的泥土、灰尘、虫及虫卵、农药、化肥、微生物等。

（3）预煮

96～98℃，4～6min。

（4）冷却

蘑菇预煮后，立即冷却至30℃以下并沥水。

（5）修整

将菇片挑选、切分，使片径大小尽量一致，同时按有关要求进行分级。

（6）包装

适当的装罐对产品的质量和产品安全是十分重要的。无论使用何种容器，包装时都要注意留3～8mm顶隙，汤汁不可过满，装罐过量会引起杀菌不足或胀罐现象的发生。如果装罐不足，除了内容物达不到要求外，还会影响真空度。容器是罐头生产中的一个关键控制点，产品在贮藏过程中的污染和败坏与容器密封缺陷密切相关。每种空罐都有其具体的要求，如空罐的内径、卷边的情况、使用金属的重量及涂料的种类等。

（7）注液

配制汤汁，氯化钠含量0.8%～1.5%，pH5.8～6.4，同时加入少量柠檬酸，过滤备用。

（8）密封

封罐是罐头加工中的一个关键环节，罐头密封不标准或者存在其他缺陷，易导致其在后续工序中感染微生物。注入汤汁后，根据包装容器不同，加热排气或抽气密封。排气时，中心温度在70～80℃；控制真空度40～67kPa。应用感官和解剖的方法随时检查封口效果。对金属罐封口机来说，要求每个班至少拆卸一次风头滚轮，进行全面检查；每半小时对封口质量进行一次常规的感官检查。所有的封口检测和外观评估应由专人负责检查和记录，并记录封口机调整情况。

（9）杀菌

人工栽培蘑菇易感染耐热芽孢菌，因此在制定蘑菇罐头的杀菌条件时，应以杀死该菌为主要依据，若杀菌不足易导致成品发生平酸菌酸败。杀菌温度一般在110～121℃、杀菌时间为10～15min。

（10）冷却

杀菌后，为了保证产品质量，必须尽快冷却，采取杀菌锅内用压缩空气或水反压快速冷却，直至罐中心温度达 38℃左右。冷却时主要考虑的因素是冷却温度和时间，控制杀菌锅内的压力和冷却速率是防止容器变形的主要措施。

（11）贮藏

低温避光贮存，贮藏温度 0～10℃、相对湿度 80％。

3. 危害分析

清水类蘑菇罐头加工的危害分析见表 7-7。

表 7-7　清水类蘑菇罐头加工的危害分析

(1)配料/加工步骤	(2)确定本步骤引入的、受控的或增加的潜在危害	(3)潜在的食品安全危害的显著性（是/否）	(4)对第(3)栏的判断提出依据	(5)对显著的危害能提供什么预防措施	(6)这一步骤是关键控制点吗？（是/否）
原料验收	生物的：微生物及其毒素污染；化学的：农药残留、重金属污染；物理的：固体杂质残留	是	蘑菇携带微生物，其本身亦有受到农药残留及工业"三废"污染的可能	建立符合要求的蘑菇生产基地或指导菇农按相关标准栽培，拒收不合格蘑菇	是
清洗	生物的：微生物污染；化学的：无；物理的：固体杂质残留	否	可能有来自水中的微生物的进一步污染，清洗不净，固体杂质残留	所用水应符合饮用水标准，用流水漂洗	否
预煮/冷却/沥水	生物的：微生物污染；化学的：无；物理的：无	否	预煮后冷却时增加微生物污染机会，沥水器具可能造成微生物污染	用流水漂洗冷却，沥水器具使用前应清洗合格	否
修整	生物的：微生物污染；化学的：无；物理的：无	否	微生物污染原料机会增加	加强环境卫生及加工人员卫生	否
包装/注液	生物的：微生物污染；化学的：包装材料化学污染；物理的：杂质带入	是	包装材料可能造成微生物或化学污染	应选择合适的符合相关标准的包装材料	是
密封	生物的：微生物污染；化学的：无；物理的：无	是	密封出现问题造成微生物二次污染	严格按操作规程完成密封	是
杀菌	生物的：微生物污染；化学的：无；物理的：无	是	杀菌不足可能使耐高温的芽孢存活	严格遵守杀菌公式，充分杀菌	是
冷却	生物的：微生物污染；化学的：无；物理的：无	是	如有容器破损，可能受到冷却水中微生物的污染	由 SSOP 控制，冷却水应使用流水且符合饮用水标准	否
贮藏	生物的：微生物污染；化学的：无；物理的：无	否	贮存温度过高导致未被杀死的微生物繁殖	适宜环境贮存，贮存温度 0～10℃	否

表 7-8　HACCP 计划表

(1)关键控制点(CCP)	(2)显著危害	(3)对每种预防措施的关键限值	监控				(8)纠偏行动	(9)记录	(10)验证
			(4)内容	(5)方法	(6)频率	(7)监控者			
原料验收	微生物及其毒素污染、农药残留、重金属	①蘑菇农药残留、重金属含量不超过国家标准,原料合格率应在85%以上;②从采摘到加工的时间应控制在6h	农药残留、重金属、棒曲霉毒素等指标的检验合格证明	①检查基地合同卡、各检测证书;②逐袋验收,控制原料合格率	每车逐袋	原料验收人员	①拒收无资格证的原料;②拒收缺少任一检验合格报告的原料;③拒收原料合格率较低的原料	①原料各项检测报告;②纠偏行动报告	①复查每日记录;②对原料进行农残、重金属的抽检
包装空罐验收	微生物	①连接率≥50%;②紧密度≥50%;③完整率≥50%;④连接长度≥0.8mm;⑤无卷边质量缺陷;⑥无卷边外观质量缺陷;⑦提供出厂检验合格单	①封口"三率"及连接长度;②接缝质量缺陷;③卷边外观缺陷;④检验合格单	①空罐解剖检测;②撕拉接缝检查;③目测检查;④审阅相关检测证书、报告	每批	空罐验收人员	①不合格空罐予以拒收;②拒收无CIQ(中国出入境检验检疫局)登记厂的空罐	①空罐进厂验收检验记录;②纠偏行动报告;③成品商业无菌检验记录;④空罐厂检验合格单	①每日审核记录;②成品商业无菌检验

续表

(1)关键控制点(CCP)	(2)显著危害	(3)对对种预防措施的关键限值	监控				(8)纠偏行动	(9)记录	(10)验证
			(4)内容	(5)方法	(6)频率	(7)监控者			
密封	微生物	①迭接率≥50%; ②紧密度≥60%; ③完整率≥50%; ④迭接长度≥0.8mm; ⑤无封口缺陷	真空度,封口三率	感官、解剖	①每条生产线每2h解剖检测一次; ②逐罐及每30min抽查	密封岗操作员	①立即通知停车,并向车间主任及HACCP成员汇报; ②偏离时段的产品应扣留,评估处理; ③机器维修维修使恢复正常状态	①罐头二重卷边解剖检验原始记录; ②封口机维修记录; ③封口目测检验原始记录; ④成品商业无菌检验记录; ⑤纠偏行动报告	①每日审核记录; ②每年检定一次游标卡尺; ③成品商业无菌检验
杀菌	耐热芽孢菌	罐头初温≥30℃; 排气规程:6min排气温107℃; 杀菌时间和温度不得低于杀菌公式规定的时间和温度	罐头初温; 排气时间及温度; 恒温杀菌时间和温度	用温度计测定首篮、首罐初温; 观察时钟及表盘上温度; 仪表盘显示	①每锅必测初温; ②每锅排气时必测排气温度; ③每锅杀菌过程中,起始点及随后的每5min观察一次仪表盘温度显示	杀菌岗操作员	①若初温达不到,应进行保温处理,使初温达到要求可杀菌,产品隔离标识,评估后处理; ②如因蒸汽压力原因,排气时间已到而排气温度未到或需排气时间温度未到而排气温度已到的,均应重新排气,产品隔离标识,评估后处理; ③恒温杀菌阶段,如出现温度偏差,可升至杀菌温度后重新杀菌,产品隔离标识,评估后处理	①杀菌操作记录表; ②自动杀菌系统数据收集软盘; ③记录仪自动记录的温度图表; ④杀菌锅温度记录; ⑤纠偏行动报告; ⑥杀菌设备检查记录; ⑦成品商业无菌检验记录; ⑧自动杀菌系统校验记录	①每日审核记录; ②压力表每年半年计量一次; ③温度计及记录仪每年计量一次; ④温度计每3个月校正一次; ⑤每年一次对杀菌设备进行全面检查,并填写记录; ⑥商业无菌抽样检测; ⑦每年一次对自动杀菌系统进行校验

4. HACCP 计划的编写

通过确定清水类蘑菇罐头关键控制点的位置、需控制的显著危害、CCP 关键限值、监控程序、纠偏措施、监控记录、验证措施，确定原料验收、包装、密封、杀菌等 4 个关键控制点，编写出清水类蘑菇罐头的 HACCP 计划表，如表7-8 所示。

第三节　HACCP 体系在速冻果蔬加工业中的应用

一、概述

新鲜果蔬在常温下贮藏较长时间后，极易受到微生物的侵染而引起腐烂变质，同时在贮藏过程中又由于自身的生理生化作用，使风味及营养成分难免有所损失，因此它们不耐长期贮藏。果蔬速冻是一种利用现代制冷技术快速降低果蔬品温至−18℃以下，而达到长期保持较好品质的加工方法。果蔬速冻加工工艺因果蔬种类不同而有所区别，水果多以原果速冻为主，蔬菜则需经多道加工工序方可速冻。速冻蔬菜以其成本低、附加值高而成为出口创汇重要的农产品之一。我国是速冻蔬菜出口大国，拥有速冻蔬菜出口企业 300 多家，年出口量达数十万吨，创汇数亿美元。

二、速冻蔬菜加工中 HACCP 体系的建立

适合速冻的蔬菜品种有油豆角、青豌豆、豇豆、青刀豆、荷兰豆、蚕豆、毛豆、胡萝卜、青花菜、马铃薯、辣椒、香葱、蘑菇、竹笋、荸荠、芦笋、嫩玉米、甜玉米、蒜薹、蒜米、韭菜、菠菜、芹菜、山芋、芋头、南瓜、牛蒡、藕、莴笋、朝鲜蓟、苔菜等。

以速冻青刀豆加工中 HACCP 体系的建立过程为例进行介绍。

1. 产品描述

速冻青刀豆的产品描述见表 7-9。

表 7-9　速冻青刀豆的产品描述

加工类别:冷冻 产品类型:速冻蔬菜	
(1)产品名称	速冻青刀豆
(2)主要原料	符合水果蔬菜原料国家标准的青刀豆
(3)产品特性	① 感官特性 色泽:解冻前后颜色一致,均为正常的鲜绿色或深绿色;滋气味:解冻前后都保持青刀豆应有的滋味和气味,不得有异味;组织形态:符合加工产品的要求; ② 理化指标:应符合相应国家或行业标准 ③ 卫生指标:应符合相应国家或行业标准

续表

(4)预期用途及消费人群	日常烹饪加工,所有消费者
(5)食用方法	解冻后直接加工
(6)包装类型	符合要求的塑料包装
(7)贮存条件	在−20～−18℃条件下贮存
(8)保质期	12个月
(9)标签说明	产品标签应符合国标相关规定
(10)运输要求	在−20～−18℃条件下运输
(11)销售要求	在−20～−18℃条件下销售

2. 速冻青刀豆加工工艺流程图

如图 7-3 所示为速冻青刀豆加工工艺流程。

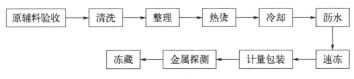

图 7-3　速冻青刀豆加工工艺流程图

工艺要点：

（1）原辅料验收

青刀豆要充分成熟，新鲜度高，无病虫害、无霉烂、无机械损伤、无锈斑。合格青刀豆应及时加工，或经预冷后贮存于 0℃ 以上的冷藏库中。内外包装材料符合卫生要求。

（2）清洗

采收的青刀豆表面一般都沾有泥土、灰尘、虫及虫卵、农药、化肥、微生物等，通过洗涤机清洗可将其不同程度地除去。清洗用水的有效氯浓度应在 5～10mg/L，须在流动水中冲洗。

（3）整理

摘顶、除柄，撕去青刀豆两侧的筋，同时分级。

（4）热烫

热烫可以使青刀豆中的酶失去活性，减少青刀豆表面的微生物和虫卵，排除青刀豆中部分空气，减少冻结中冰结晶的膨胀压，在冻藏中减少氧化、缩小体积，便于包装。青刀豆热水热烫时，水的温度一般为 90～100℃，时间 2～3min，品温要达到 70℃ 以上。

（5）冷却

热烫后的青刀豆应立即冷却，冷却过程尽可能快，且冷却水始终保持流动状态，降温至 5～10℃。

（6）沥水

青刀豆在冷却后，通过输送网带振动沥尽水分。

（7）速冻

沥水后的青刀豆需要快速冻结，制冷系统的蒸发温度为－45～－40℃，冷冻机室温在－33℃以下。流化床冻结时间最长不得超过15min；产品中心温度低于－18℃冻结。

（8）计量包装

用塑料袋作内包装，纸箱作外包装。

（9）金属探测

要求每一袋产品都必须过金属探测仪。金属探测仪工作前校准1次，工作中每小时校准1次，校准时用Fe φ1.5mm标准金属块。

（10）冻藏

冷藏库室温应保持在－18℃或以下，温度波动控制在2℃以内。环境湿度一般宜控制在85%～95%，及时通风换气。

3. 危害分析

速冻青刀豆加工过程的危害分析见表7-10。

表7-10　速冻青刀豆加工过程的危害分析

(1)配料/加工步骤	(2)确定本步骤引入的、受控的或增加的潜在危害	(3)潜在的食品安全危害的显著性(是/否)	(4)对第(3)栏的判断提出依据	(5)对显著的危害能提供什么预防措施	(6)这一步骤是关键控制点吗?(是/否)
原辅料验收	生物的:微生物及其毒素污染; 化学的:农药残留、重金属污染、包装材料含有毒化学物质; 物理的:固体杂质残留	是	种植环境中存在病原微生物;运输、贮存中会发生微生物增殖;产区环境受到污染导致原料重金属含量超标;农药使用不当造成原料受到农药残留污染;原料中可能夹带泥沙、金属杂质等;包装材料含有害化学物质,污染产品	建立生产基地;拒收不合格原料;后续清洗、热烫工序可减少、杀死微生物;清洗工序可去除泥沙;金检工序可去除金属杂质;包装材料要有相关部门出具的证明	是
清洗	生物的:微生物污染; 化学的:消毒剂残留; 物理的:无	是	原料中含有大量微生物;清洗用水含有微生物;消毒剂使用不当,浓度过高	后续热烫工序可进一步去除微生物;SSOP控制清洗用水质量	否
整理	生物的:微生物污染; 化学的:无; 物理的:头发、金属杂质	是	去筋等人工操作增加了微生物污染的机会,头发、金属器具会造成物理危害	通过SSOP控制	否

续表

(1)配料/加工步骤	(2)确定本步骤引入的、受控的或增加的潜在危害	(3)潜在的食品安全危害的显著性(是/否)	(4)对第(3)栏的判断提出依据	(5)对显著的危害能提供什么预防措施	(6)这一步骤是关键控制点吗?(是/否)
热烫	生物的:微生物污染; 化学:无; 物理:无	是	热烫温度、时间控制不好易造成病原体杀灭不全、酶活残存	严格控制热烫温度、时间	是
冷却	生物:微生物污染; 化学:无; 物理:无	是	冷却水中致病菌的二次污染	通过 SSOP 控制	否
沥水	生物:微生物污染; 化学的:消毒剂、清洗剂残留; 物理:无	是	输送网带清洗不彻底易存在微生物污染或消毒剂、清洗剂的残留问题	通过 SSOP 控制	否
速冻	生物的:微生物生长; 化学的:无; 物理的:金属杂质	是	处理时间超长,温度过高可能导致病菌生长;速冻网带可能有破损脱落	控制进库冻结的数量和时间,控制冻结速度;避免量和时间超出设备能力;后续金检可控制金属危害	是
计量包装	生物的:微生物生长; 化学的:无; 物理的:杂质残留	是	微生物污染可能来自车间、工器具、包装材料或操作人员;包装间温度过高可导致致病菌生长	通过 SSOP 控制交叉污染及包装间环境温度	否
金属探测	生物的:无; 化学的:无; 物理的:金属	是	原料中及前段工序可能混入金属及非金属异物	进行金属探测可剔除包含异物的可疑样品	是
冻藏	生物的:微生物污染; 化学的:无; 物理的:无	是	贮存温度过高导致未被杀死的微生物繁殖	适宜温湿度条件下贮存	是

4. HACCP 计划的编写

通过确定速冻青刀豆加工过程关键控制点的位置、需控制的显著危害、CCP关键限值、监控程序、纠偏措施、监控记录、验证措施,确定了原料验收、热烫、速冻、金属检测、冻藏等 5 个关键控制点,编写出速冻青刀豆的 HACCP 计划表,如表 7-11 所示。

表7-11　HACCP计划表

（1）关键控制点（CCP）	（2）显著危害	（3）对每种预防措施的关键限值	监控				（8）纠偏行动	（9）记录	（10）验证
			（4）内容	（5）方法	（6）频率	（7）监控者			
原辅料验收	农药残留、重金属、塑化剂残留	产品是否基地种植，合格供应商交售并按交货要求和产季结束时供应商提供蔬菜原料供应商声明书；农药残留、重金属、农药残留、重金属含量等指标的检验合格证留；重金属检测报告，原料合格率应在85%以上	产地证明；供应商声明书；应按要求结束时应提供蔬菜原料农药残留、重金属、农药残留金属含量等的检验合格证明	检查基地合同卡，各检测证书；控制原料合格率	每批	原辅料验收人员	① 拒收无资格证的原辅料；② 拒收缺少任一检验合格报告的原辅料；③ 拒收合格率较低的原料	① 原辅料各项检测报告；② 纠偏行动报告	① 复查每日记录；② 对原料进行农残、重金属的抽检
热烫	微生物	热烫水温为90~100℃，品温≥70℃，时间2~3min	热烫温度、时间	计时器、温度计	连续	操作人员	严格掌握热烫温度和时间，若水温未达到时已热烫，可视蔬菜原料轻重新热烫，或评估后改作他用：① 正在漂烫时如遇停电，应立即隔离商漂烫产品，并进行评估；② 如果漂烫时间不足，应要求补足漂烫时间；③ 如果产品漂烫超时，应对该批产品进行隔离，根据产品质量来判断是否合格品	① 热烫操作记录；② 纠偏行动报告；③ 设备校准记录	① 每日审核记录；② 定期抽检致病菌

续表

（1）关键控制点（CCP）	（2）显著危害	（3）对每种预防措施的关键限值	监控				（8）纠偏行动	（9）记录	（10）验证
			（4）内容	（5）方法	（6）频率	（7）监控者			
速冻	微生物	产品装载量，物料的初温，冷空气温度，第一冻结区的冷空气流速，第二冻结区的冷空气流速、速冻时间	流速、温度、时间	温度传感器、转速、计时器	连续	操作员工	① 如温度过高，应通知机房制冷降温，停止进料；若速冻产品积压，应减慢前道工序，等待时间过长，应即停车，并向车间主任及HACCP成员汇报；② 机器故障应立即通知停车；③ 偏离时段的产品应隔离、评估处理；④ 校车：机器维修恢复正常状态	① 速冻操作记录；② 机器维修记录；③ 纠偏行动报告	① 每日审核记录；② 产品中心温度抽检
金属检测	异物	Fe≤1.5mm SUS（不锈钢）≤2mm	金属及非金属异物	金属探测仪	连续	操作员工	① 金属探测器测到大于关键限值的金属碎片时，自动报警，操作人员将该包装剔除；② 当发现金属偏差时，立即停止生产，向车间负责人报告，同时通知金属探测维修人员对金属探测器进行检修，恢复其灵敏度；③ 确认金属探测器故障期间加工的产品及至上一次检测正常时间的产品，对已确认的产品单独标记存放，重新进行金属探测	① 金检操作记录；② 机器维修记录；③ 纠偏行动报告	① 每日审核记录；② 随机抽测

(1)关键控制点(CCP)	(2)显著危害	(3)对每种预防措施的关键限值	监控				(8)纠偏行动	(9)记录	(10)验证
			(4)内容	(5)方法	(6)频率	(7)监控者			
冻藏	微生物	库温,湿度	温度,湿度	温湿度记录仪	连续	冷库管理员	① 库温及湿度出现波动应及时调整; ② 出现不可控时应及时汇报,并将产品隔离评估后存于温湿度达标的备用库或改作他用,对冷库进行维修	① 冷库记录; ② 机器维修记录; ③ 纠偏行动报告	① 每周审核记录; ② 随机抽测

参考文献

[1]　孙秀兰．食品安全学：应用与实践．北京：化学工业出版社，2021.

[2]　刘刚，王伟．企业安全生产管理．北京：中国石化出版社，2021.

[3]　唐晓芬．HACCP 食品安全管理体系的建立与实施：中小企业实用指南．北京：中国计量出版社，2003.

[4]　吴双民，王文捷．果蔬汁危害与控制及其加工企业 HACCP 体系的建立和实施．北京：中国标准出版社，2008.

[5]　钱和．HACCP 原理与实施．北京：中国轻工业出版社，2003.

[6]　于新．果蔬加工技术．北京：中国纺织出版社，2011.

[7]　张根生．危害分析与关键控制点在现代食品加工企业中的应用．北京：中国计量出版社，2004.

第八章　果蔬制品安全控制新技术

08 Chapter

第一节　新型杀菌保鲜技术

作为食品加工中的关键环节，杀菌能够有效抑制或杀灭腐败菌和致病菌，从而达到延长产品贮藏期、保证食品安全的目的。传统的杀菌技术是以热处理为基础，通过让食品充分受热，使食品中可能生长的微生物降低到可接受范围内，同时钝化酶类，达到延长产品货架期的目的。但是，伴随着热处理，食品的营养或感官特性会产生不利的变化，因而替代热处理的新型杀菌技术应运而生。目前，国内外研发的新型杀菌技术主要有放射线杀菌、紫外线杀菌、超高压杀菌、脉冲电场杀菌、脉冲强光杀菌等。与热杀菌技术相比，以上杀菌技术不用热能来杀死微生物，因此又被称为冷杀菌。冷杀菌技术不仅能保证食品在微生物方面的安全，而且能较好地保持食品的固有营养成分、质构、色泽和新鲜程度，符合消费者对食品营养和感官的要求。下面对几种新型杀菌技术加以介绍。

一、辐照杀菌

1. 辐照杀菌的原理和特点

辐照杀菌的原理是基于电离辐射所引起的化学变化，运用诸如 X 射线、γ 射线或高速电子射线等辐射源照射食品，引起食品中的生物体产生物理或化学反应，抑制或破坏其新陈代谢和生长发育，甚至使细胞组织死亡，从而达到杀菌、延长食品货架期的目的。

根据食品辐照的目的及所需的剂量，辐照杀菌技术可以分为三类：辐照阿氏杀菌、辐照巴氏杀菌和耐藏辐照。辐照阿氏杀菌（radappertization），又称为商业杀菌或辐照完全杀菌，剂量范围大于 10kGy，可将食品中的微生物减少到零或仅存有限个数，食品在无再污染条件下可有效延长贮存期。辐照巴氏杀菌（radicidation）所使用的剂量范围为 5~10kGy，只杀灭无芽孢病原细菌。耐藏辐照（radurization）处理的剂量一般在 5kGy 以下，主要目的是降低食品中腐败微生物及其他生物数量，延长新鲜食品的后熟期及保藏期（如抑制发芽等）。除杀菌外，辐照还可应用于杀虫、抑制发芽、推迟生理过程、食品加工等。

食品用射线辐照处理时，射线可以穿过包装和冻结层，杀死食品表面及内部的微生物、害虫和寄生虫，而且在辐照过程中温度几乎没有升高，具有良好的保鲜效果；辐照处理可连续操作，加工效率高，节能环保。世界卫生组织已将辐照法纳入安全有效的食品处理方法，并制定了相应的标准。但要注意，敏感性强的食品和经过高剂量照射的食品，可能会发生不愉快的感官变化；能够致死微生物的剂量对人体来说是相当高的，所以必须非常谨慎，对辐射源进行充分遮蔽，做好运输及处理食品的工作人员的安全防护工作。

2. 果蔬辐照保鲜

一般来说，利用 0.5～3kGy 的剂量辐照处理果蔬食品可以有效控制微生物对水果的危害，其中 0.75～1.0kGy 的辐照剂量能够显著降低一些对辐射敏感的细菌数量，但进行微生物的灭菌处理则需要 1kGy 或更高的剂量。通常引起水果腐败的微生物主要是霉菌，杀灭霉菌的剂量依水果种类及贮藏期而定。生命活动期较短的水果，如草莓，用较小的剂量即可停止其生理作用；而对于柑橘类，要完全控制霉菌的危害，剂量一般需达到 0.3～0.5kGy 以上，但若剂量过高（2.8kGy），则会在果皮上产生锈斑。为了获得较好的保藏效果，水果的辐照常与其他方法结合，如将柑橘加热至 53℃保持 5min，并与辐照同时处理，剂量可降至 1kGy，还能控制霉菌及防止皮上锈斑的形成。

蔬菜的辐照处理主要是抑制发芽、杀死寄生虫。一般采用 0.02～0.15kGy 的辐照剂量就可以取得较为满意的效果，具体辐照剂量与作物的种类和品种有关。鳞茎和块根类作物在收获后和处于休眠期时立即进行辐照，抑制发芽的效果更为显著。研究表明，0.15kGy 甚至更低的辐照剂量能够有效抑制马铃薯、洋葱、大蒜发芽。大蒜收获后 2 个月内辐照的最低有效剂量为 0.05kGy，2 个月后为 0.08kGy，最高耐受剂量为 0.2kGy。生姜辐照抑制发芽的最适辐照剂量为 0.08～0.4kGy，最高耐受剂量为 0.4kGy。为了获得更好的贮藏效果，蔬菜的辐照处理常结合一定的低温贮藏或其他有效的贮藏方式。

1kGy 或更低的剂量辐射可抑制某些果蔬中的酶活性，延长木瓜、芒果、芦荟、蘑菇等的生理过程，延缓其成熟，从而阻止老化。对于大多数热带水果而言，延缓成熟的适宜剂量和能够耐受的最大辐照剂量因水果种类和品种的不同而异。在水果生理成熟阶段和完熟之前的低剂量（0.25～1.0kGy）辐照能够延缓香蕉、芒果、木瓜以及其他热带、亚热带和温带水果的成熟。低剂量辐照能够延迟"绿熟期"呼吸跃变型果实的正常生理成熟，在 0.25～0.5kGy 的剂量范围内辐照能使这一过渡期延迟数天。研究表明，1～2kGy 的辐照能够延长新鲜切割菜或初加工冷藏蔬菜的保存期。也有报道指出，2～3kGy 的辐照剂量能够抑制蘑菇的菌伞开裂和菌柄的伸长，辐照后在 10℃保藏时可以使货架期至少延长 2 倍，在更低温度时保藏的效果更好。

二、超高压杀菌

1. 超高压杀菌的原理及影响因素

食品高压处理（high pressure processing，HPP）技术，也被称为高静压（high hydro static pressure，HHP）处理技术、超高压（ultra high pressure，UHP）处理技术或超高静压（ultra high hydrostatic pressure）处理技术，是指将食品原料包装后密封于超高压容器内，以液体介质作为压力传递的媒介，或直接将液体类食品泵入高压处理槽内，在 100～1000MPa 压力下作用一定时间，基于高压对液体的压缩作用，杀死和钝化食品中的微生物和酶，从而达到食品灭菌、保藏和加工的目的。高压处理过程是一个纯物理过程，瞬间压缩、作用均匀、操作安全、耗能低，处理过程中不伴随化学变化的发生，有利于生态环境的保护。

根据超高压食品生产操作方式，高压处理可分为间歇式、半连续式和连续式三种类型。间歇式超高压杀菌适合于所有类型的食品，固体和液体食品皆可。半连续式超高压杀菌适合于部分液体食品和半固体食品。连续式超高压杀菌仅适用于液体食品。工业上目前主要采用间歇式和半连续式的超高压设备。连续式超高压设备在工业中大规模应用的还较少，因为生产中需要连续加压、卸压，对工艺控制及设备要求较高。超高压处理受一些变量如压力、保压时间、降压速率、温度、pH 值、水分活度、产品盐浓度、介质的成分、微生物的种类与数量、细胞生长状况以及升压时间等的影响。

2. 超高压杀菌在果蔬加工中的应用

已有研究发现，对呈酸性的柑橘类果汁而言，酵母、乳酸菌等是其腐败的主要原因。经 100～600MPa、5～10min 的高压灭菌后，柑橘类果汁（pH＝2.5～3.7）中细菌、酵母和霉菌数均随加压而减少，仅有部分枯草杆菌之类因形成耐热性的芽孢而残留。若加压至 600MPa 再结合适当加温（47～57℃），则可实现完全灭菌。400MPa、30min 可以很好地保藏葡萄汁、苹果酒、桃汁和梨汁，且不破坏风味。此外，超高压既能对果酒进行杀菌，同时又能改善果酒的风味。

采用超高压处理不同食品，也会伴随品质的一定变化，例如，高压处理后的番茄汁的黏度和颜色显著改善，杀菌效果良好，但可能由于高压使植物细胞破裂，加之酶的作用，导致产品产生一定的不良风味，且灭酶效果一般。此外，由于超高压处理的特殊性，使其对固态食品的连续操作较难实现，生产效率不高，且高压杀菌对设备的耐压性要求高，设备投资大。

三、高压脉冲电场杀菌

1. 高压脉冲电场杀菌的原理及影响因素

高压脉冲电场技术是近年来研究较多的一种非热杀菌技术。高压脉冲电场（pulsed electric fields，PEF）技术，又称为 PEF 技术，是将食品置于带有两个电极的处理室中，给予高压电脉冲，形成脉冲电场，作用于处理室中的食品，从而杀灭微生物和钝化酶活性，使食品得以长期贮藏。尽管高压脉冲电场对微生物有着明显的杀灭效果，但其作用机制仍不清楚。关于高压脉冲电场杀菌的机理有多种假说，包括细胞膜穿孔效应、电崩解模型、电解产物效应、臭氧效应等，大多数学者倾向于认同电穿孔模型和电崩解模型。在电崩解模型中，细胞膜被视为电容，在高压电脉冲作用下，膜两侧电位差进一步变大，由于电荷相反，它们相互吸引形成挤压力，当跨膜电位达到临界崩解电位差时，细胞膜就开始崩解，导致细胞膜穿孔（充满电解质）形成，进而在膜上产生瞬间放电，使膜分解。一般应用于杀菌的高压脉冲电场的电源电压高达几千伏至几万伏，电场强度为 5～100kV/cm，脉冲宽度一般为 1～100μs 至几毫秒。当运用 PEF 进行杀菌处理时，会产生类似巴氏杀菌的杀菌效果，但对介质品质的损害比热杀菌影响小。PEF 已在农产品加工、食品、水处理、卫生及其他相关领域受到越来越多的关注。

电场强度是影响杀菌效果的最重要因素之一。当超过微生物的临界跨膜电压时，微生物死亡率随场强的增加而增加。刚开始的杀菌效果随脉冲时间的延长而明显增强，但达到拐点值后，脉冲时间的增加对杀菌效果基本无影响。随着处理温度上升（在 24～60℃范围内），杀菌效果会有所提高，其提高的程度一般在 10 倍以内。液体食品适中的温度有利于杀灭微生物。所有波形中，振荡波杀灭微生物的效率最低；方波的效率比指数波的效率高；双极性脉冲波形对大肠杆菌的致死率比单极性波形高。脉冲电场的处理室结构、体积、缝隙、流速和停留时间等因素也会对杀菌效果产生一定影响。

不同菌对电场的承受力不同。不同菌的存活率由高到低为：霉菌、乳酸菌、大肠杆菌、酵母菌。无芽孢菌较有芽孢菌更易被杀灭，革兰氏阴性菌较革兰氏阳性菌易于被杀灭。处于对数生长期的菌体对电场更为敏感，培养基成分、温度、氧浓度对灭菌率有影响，其机理尚不清楚，但在 PEF 中不考虑这些因素将导致错误的结论。

食品的理化性质对 PEF 杀灭其中的微生物影响很大，特别是食品的 pH 值和电导率。pH 值和电导率越低，杀菌效果一般越好。在酸性条件下，革兰氏阴性菌对脉冲电场敏感；而在中性条件下，革兰氏阳性菌对高压脉冲电场比较敏感。水分活度低的微生物抵抗力越高，杀灭难度越大；而随着介质离子强度的下降，脉冲电场杀菌的效果会增加。

2. 脉冲电场杀菌技术在果蔬加工中的应用

研究表明，当电场强度达到 40kV/cm、处理时间为 40μs 时，高压脉冲电场对绿茶饮料的杀菌效果非常显著，总菌数可降低 2.7 个对数，且其中茶多酚、氨基酸含量和色泽均未发生明显变化。脉冲电场可以钝化果胶酯酶的活性及构象。随脉冲电场强度的增强（5～25kV/cm）和脉冲数的增加（207～1449），对果胶酯酶（pectinesterase，PE）的钝化效果增强。用脉冲电场对果蔬汁进行处理时，电场强度为 50kV/cm，10 次脉冲，脉宽为 2μs，处理温度为 45℃，产品的货架期可从 21 天延长至 28 天。经高压脉冲电场加工处理的饮料颜色、风味和口感近似新鲜饮料，营养物质损失少。

四、脉冲强光杀菌

1. 脉冲强光杀菌的原理及影响因素

脉冲强光杀菌（pulsed white light）技术是用连续的宽带光谱短而强的脉冲，抑制食品和包装材料表面、透明饮料、固体表面和气体中的微生物。该技术是采用脉冲的强烈白光闪照方法进行灭菌。高能量和高强度的脉冲光可以在物料中诱发光化学或者光热反应，改变微生物中蛋白质和核酸的结构，产生全面、不可逆的破坏作用，从而发挥杀菌的作用。脉冲光杀菌作用时间短、效率高，可以有效杀灭包括细菌及其芽孢、真菌及其孢子、病毒等在内的微生物，并影响食品物料中的内源酶，而对食品中原有的营养成分破坏较少，且残留少。

影响脉冲光杀菌效果的因素很多，包括光的性质、微生物的性质、被照射的物料和包装材料的性质等。对于液态食品，液体的透明度和深度也是重要的影响因素。光谱成分、光的强度等对脉冲光的杀菌效果均有影响。波长在 $200\sim320nm$ 的脉冲紫外光比其他脉冲光能量更高，杀菌能力更强。随着脉冲光强度的增大，微生物的致死量也会增加。闪照次数、输入电压和闪光间隔也会影响其杀菌效果。脉冲装置中受照射物体离光源的距离、触发脉冲宽度等参数也会影响杀菌效果。

微生物的种类及其在食品中的存在状态都对脉冲光的杀菌效果有影响。大肠杆菌对脉冲紫外光最为敏感，其次是肠炎沙门氏菌，而蜡状芽孢杆菌对脉冲紫外光最不敏感。脉冲强光对革兰氏阳性致病菌、革兰氏阴性致病菌、需氧细菌芽孢和真菌分生孢子都有一定的杀灭效应。$0.5J/cm^2$ 的脉冲闪光一次可将 $10^5CFU/cm^2$ 的微生物全部杀死；$0.75J/cm^2$ 的脉冲光闪照两次，能将浓度超过 $10^7CFU/cm^2$ 的金黄色葡萄球菌全部杀死。脉冲强光对霉菌有强烈的致死作用，并且随闪光次数增加，霉菌的残余菌数也明显下降。当闪照次数超过 36 次后，可使霉菌全部致死。

被处理对象的物态对脉冲强光杀菌效果有重要影响。物料的透明性好，脉冲光的穿透深度大，对物料内部的杀菌效果就好。当物料不透明时，脉冲光只能对物料表面很薄的一层起作用，而不能穿透到物料的内部。另外，食品的形状、颜色也对脉冲光的灭菌效果有一定影响。研究发现，脉冲强光能降低或钝化溶液状态的淀粉酶和蛋白酶的活力，而固态的酶活力几乎没有变化。

2. 脉冲强光杀菌技术在果蔬加工中的应用

果蔬采收后用脉冲光杀菌处理，可以减少潜伏侵染的微生物数量及贮藏过程中的腐烂，保持果品和蔬菜良好的品质，延长果蔬的保鲜期和货架寿命。目前，马铃薯、香蕉、苹果、梨等果品和蔬菜用脉冲光杀菌处理后，已获得了良好的保鲜效果。用脉冲光处理新鲜且完好无损的番茄，在冰箱中存放 30 天后，番茄仍然完好，具有很好的食用品质。草莓和甜樱桃在采收后容易受到灰霉病菌（Botrytis cinerea）和果生链核盘菌（Monilinia fructigena）的污染而腐烂。用脉冲时间为 30s、频率为 15Hz 的脉冲光处理 $1\sim250s$ 发现，该处理对两种真菌有相似的杀菌效果，最大杀灭率分别达到 3～4 个数量级，杀菌效果随光照强度的增加而增加，但难以达到完全杀菌。将脉冲光结合加热处理，加热温度为 35～45℃、时间为 3～15min，也取得了很好的杀菌效果。

五、电解、交变电流杀菌

1. 电解杀菌技术的原理及影响因素

交流电杀菌一般是指在果蔬汁类的液体食品内通以频率数百赫以下的低频交流电以杀死微生物的方法。低频交流电场的作用会影响分子的排列组合，从而对生物高分子产生影响。在低频范围内，由于电场交变的周期比极性高分子排列组合的缓冲时间长，这使高分子排列完整并朝向电场方向，导致 DNA、脂肪酶、蛋白酶等的活性变化（下降），并引起繁殖障碍。此外，通电过程中由于溶解氧的阴极还原反应生成的有毒性过氧化氢也可导致细菌死亡。交流通电杀菌的机理也可能与菌体内成分的漏出有关，即在交流通电时，有将菌体内的核酸关联物质（DNA、RNA 及其加水分解物）及蛋白质关联物质排出菌体以外的作用，从而使菌体细胞膜的机能产生变化。影响电解杀菌效果的因素很多，主要的影响因素有电流、NaCl 的浓度及氧气等。

2. 电解、交变电流杀菌在果蔬加工中的应用

鲜切蔬菜和水果是不经清洗、烹饪或额外配制即可食用的即食食品。如果卫生处理不过关，容易引起食源性疾病。以接近中性的电解食盐水（pH＝6.3～6.5，氧化还原电位为 800～900mV）处理菠菜、生菜及其加工环境 10min 后，对大肠杆菌、沙门氏菌、葡萄球菌、李斯特菌、粪肠球菌等具有显著的杀灭效果。电解食盐水处理草莓表面 15min 后，大肠杆菌 O157：H7 和李斯特菌减少超过 2CFU/mL，比单纯使用蒸馏水冲洗的效果明显改善。此外，研究表明，用酸性电解水和碱性电解水浸泡蔬菜，随着浸泡时间的延长，有机磷农药残留率呈下降趋势。浸泡处理 1h 后，碱性电解水对该农药的消除率达到 90％，酸性电解水达到 82％。因此，可以利用电解食盐水消除蔬菜表面的农药残留，确保消费者的食品安全。

六、微波杀菌技术

1. 微波杀菌的原理与特点

微波杀菌技术是近年来新兴的一项辐射杀菌技术，它不同于 X 射线、γ 射线，是一种非电离辐射。微波是指频率在 300～3000MHz 的电磁波。当它在介质内部起作用时，水、蛋白质、脂肪、碳水化合物等极性分子受到交变电场的作用而剧烈振荡，引起强烈的摩擦而产生热。产生的热量使微生物的蛋白质、核酸等大分子变性或失活。同时，微波还有很强的介电感应生物效应。高频电场使生物的膜断面的电位分布改变，影响细胞膜周围的电子和离子浓度，改变细胞膜的通透性能，高频电场还会引起 RNA 和 DNA 的氢键松弛、断裂和重组，诱发遗传基因突变或染色体畸变，甚至断裂。这些都对微生物产生破坏作用，从而起到

杀菌的效果。

与传统的加热方法相比，微波具有加热时间短、加热均匀、食品营养成分和风味物质破坏或损失少等特点，且在相同条件下微波杀菌的致死温度比常规加热灭菌时的致死温度要低。与化学药剂杀菌技术相比，微波杀菌无化学物质的残留而使其安全性大大提高。较之超滤等除菌技术，微波杀菌适应性更广，且操作费用相对较低。微波杀菌容易实现连续生产，穿透性好，可进行包装后杀菌。

2. 微波杀菌在果蔬加工中的应用

饮料制品经常发生霉变和细菌含量超标的现象，并且不宜高温加热杀菌。采用微波杀菌技术，具有温度低、速度快的特点，既能杀灭饮料中的各种细菌，又能防止其贮藏过程中的霉变。利用微波能对小包装紫菜处理后，可使细菌总数显著降低，且营养成分损失少，保鲜期延长。用微波处理青豆、菠菜可有效保留其还原性维生素 C 和叶绿素。此外，用 600W 微波炉对平菇进行 70℃、1.5min 或 80℃、1.0min 或 90℃、0.5min 的加热处理，其钝化过氧化物酶的效果与在 100℃热水中烫漂 5min 或蒸汽中处理 3min 的效果相同，且微波烫漂的菇体变色不明显，质地不软烂，效果良好。

七、超声波杀菌技术

振动频率在 $1.6 \times 10^4 \sim 10^6$ Hz 的声波称为超声波。超声波在固体、液体和气体中传播时，会产生一系列物理、化学和生物效应，利用这些效应可以影响、改变甚至破坏物质的组织结构和状态。利用超声波的机械效应，可进行杀菌、均质、乳化、粉碎等食品加工单元操作。超声波的化学效应主要表现在引起各种化学反应，如氧化还原反应、聚合反应、分解反应和电化学反应等；超声波对高分子化合物有分解作用，能裂解葡萄糖、果糖、核酸等；还可使氧化酶和脱氢酶失去活性。生物效应则主要表现在超声波使生物组织的结合状态发生改变，当这种改变为不可逆变化时，就会对生物组织造成损伤。研究证明，超声波能有效地破坏和杀死某些细菌及病毒，或使病毒丧失毒性。如 4.6MHz 频率的超声波可将伤寒沙门氏菌全部杀死；采用超声波清洗餐具 40s，大肠杆菌几乎不被检出，葡萄球菌的下降率为 99.5%，灭菌效果非常好。

超声波的杀菌效果受声强、频率、时间和波形等因素影响。目前用于超声波杀菌的频率一般在 20~50kHz，杀菌时间一般为 10min，虽然在一定时间范围内的杀菌效果与时间大致成正比关系，但进一步增加杀菌时间，杀菌效果无明显增加。

超声波杀菌适合于果蔬汁饮料、酒类、牛奶、矿泉水和酱油等液体食品。超声波杀菌不改变食品的色、香、味，且不破坏食品的组成成分。如果把超声波和其他非加热杀菌工艺结合起来，比如采用超声-激光或超声-磁化联合杀菌，则效果更佳。

第二节　栅栏技术

栅栏技术对于果蔬食品的保藏来说是很有意义的，因为栅栏技术能够通过协同作用，控制微生物对食品的破坏，保证产品的安全稳定，并降低各个因子的使用强度。这种技术作为控制微生物体系、保证食品安全、提高感官质量的综合保藏方法，已成功地被证明和应用。

一、栅栏技术理论

"栅栏技术"（hurdle technology，HT）是 1976 年由德国 Kulmbach 肉类研究中心的 Leistner 和 Roble 首先提出的。该理论认为，食品要达到可贮性与卫生安全性，其内部必须存在能够阻止食品所含腐败菌和致病菌生长繁殖的因子。这些因子通过临时性或永久性地打破微生物的内平衡来抑制微生物的致腐与产毒，保持食品品质。Leistner 等把食品防腐的技术方法，如高温/高压处理、低温冷藏或冻结、控制水分活性（A_w）、调节 pH 值、采用辐照、控制氧化还原电势、添加防腐剂等，归纳为栅栏因子（Hurdle）。在实际生产中，食品防腐就是科学合理地组合、调控这些因子，发挥其协同作用，从不同侧面抑制引起食品腐败的微生物，形成对微生物的多靶攻击和综合控制，以打破微生物的内平衡（home-ostasis），限制微生物的活性与食品氧化。这些因子相互作用形成了特殊的防止食品腐败变质的栅栏，对食品的防腐保持联合作用，即栅栏效应，这一技术即被称为栅栏技术。

较之单一目标的方法，栅栏技术既能达到降低各因子使用强度的目的，尤其是对食品的组织、品质、风味、颜色、保质期等有不良影响的技术因子尽量降低其强度，又能减小对产品质量的影响，而且所获得的保质期呈现出叠加效应，从而大大延缓了食品的劣变速度，更有益于食品品质的保持。例如，经过清洗等加工过程及杀菌处理，有的食品并不能完全达到无菌，而如果进一步结合其他措施，如低温、干燥、脱氧等，就可以有效控制食品中残留微生物的生长与繁殖，延长食品的保存期。

二、栅栏因子

到目前为止，在食品保藏中已经得到应用和具有潜在应用价值的栅栏因子的数量已经超过 100 个，其中已用于食品保藏的大约 50 个。在这些栅栏因子中，最重要和最常用的是温度（高温杀菌或低温保藏）、pH 值（高酸度或低酸度）、A_w（高水分活度或低水分活度）、氧化还原电势（高氧化还原值或低氧化还原值）、气调（O_2、N_2、CO_2 等）、包装材料及包装方式（真空包装、气调包装、活性包装和涂膜包装等）、压力（高压或低压）、辐照（紫外线、微波、放射性辐照等）、物理法（高电场脉冲、射频能量、振荡磁场、荧光灭活和超声处理等）、微结构（乳化法、固态发酵法）、竞争性菌群（乳酸菌、双歧杆菌等有益菌）和防腐剂（包括天然防腐剂和化学合成防腐剂）等。

一些栅栏因子不仅具有抑制微生物的特性，还能够改善产品的风味。此外，同一栅栏因子对食品的影响可能是消极的，也可能是积极的，这主要取决于其强度。如果食品中某种栅栏因子的作用强度比较小，则可适当增强；若其强度已经高到可能有损食品质量的程度，则应适当减弱。通过这样的调节，可将食品的栅栏因子控制在最佳的范围，充分发挥其作用，有效地保证食品品质的稳定和安全。依据不同产品，栅栏因子在性质和强度上也是有所区别的，但是在任何情况下，栅栏因子都必须使食品中微生物的数量处于受控状态。在产品贮藏中，食品中最初的微生物数量应当不能克服（越过）最初的栅栏因子，否则食品的安全性就会降低，甚至引发食物中毒。

三、栅栏技术在果蔬加工中的应用

利用栅栏理论，根据果蔬食品的种类和加工条件的不同，在其生产、保藏过程中施加不同的限制因素，通过一系列温和的作用就可使微生物指标和稳定性得到保证。因此，该技术可以防止果蔬食品品质的劣变。以下以栅栏技术在鲜切果蔬加工中的应用为例进行介绍。

鲜切果蔬产品具有新鲜、食用方便和营养卫生的特点。但其在加工和保藏过程中极易腐败变质，尤其是微生物引起的腐败变质、生化反应引起的褐变、枯萎或黄化等。在鲜切果蔬的原料选择、前处理、加工、包装到最后的配送，每一环节都应直接或间接地采取"栅栏"措施，以达到预期的保存目的。

1. 原料选择

果蔬原料因种类、品种不同，其内在的栅栏因子（如 A_w、pH 值）各不相同，导致贮藏特性和加工性能差异很大。

2. 修整与切分

最理想的修整与切分方法是采用锋利的切割刀具在低温下进行手工或机械操作。切分的大小对产品的品质也有影响，切分越小越不利于保存，不同果蔬对切分大小的要求各不相同。在进行切分操作时，要注意避免发生交叉污染。

3. 清洗与沥干

清洗可除去表面细胞汁液并减少微生物数量，防止贮存过程中微生物的生长及酶氧化褐变。通常在清洗水中添加一些化学物质，如柠檬酸、次氯酸钠等来减少微生物数量及阻止酶反应。辅助添加 EDTA 可有效防止褐变。H_2O_2 仅适合于部分果蔬的清洗，如卷心菜、青椒、莴苣及马铃薯等，而对青花菜、芹菜与番茄则效果不好。清洗后还应做除水处理，如沥干工序，以降低表面水活度，否则更易腐败。

4. 控制微生物及褐变处理

鲜切果蔬在贮存期间主要的质量问题是褐变和微生物腐败，其保存所设置的栅栏主要是针对果蔬中的酶类物质及微生物。化学保存剂是重要的栅栏因子，可分为抗微生物防腐剂和抗氧化、褐变的保鲜剂。化学保存剂的作用效果与果蔬种类、品种及微生物的种类和数量有关。两种以上保存剂一起使用可能有相乘、相加或拮抗作用。非热处理的物理方法如高压电场、高液压、超强光、超声波及放射线等，尤其是辐照，也逐步应用于鲜切果蔬的杀菌。此外，栅栏技术与食品包装的融合为鲜切果蔬的保存提供了一条新途径。将一些具栅栏功能的成分，如脱氧剂、防腐剂与抗氧化剂、吸湿剂及乙烯吸收剂等，添加到包装（材料）中能更好地发挥栅栏功能。涂膜保鲜是鲜切果蔬保存最有潜力的方法之一。

5. 贮运与销售

温度是影响鲜切果蔬质量的主要因子。产品在贮运及销售过程中应处于低温状态，包装后的产品必须立即放入冷库中贮存。配送期间可使用冷藏车进行温度控制，尽量防止产品温度波动，以免质量下降。零售时，应配备冷藏设施，如冷藏柜等，组成冷链。

第三节　预测微生物学技术

一、预测微生物学技术的概念

预测微生物学（predictive microbiology）是以计算机为基础，从特定产品出发，描述特定环境下各种微生物的行为，建立大量的微生物动力学生长模型后，通过计算机和配套软件，预测细菌的生长、残存、死亡情况，无须进行传统的分析检测就可快速地对食品的货架期和安全性做出评估。其基本内容可归结为以下三点：

（1）对食品中残留的可能导致食品腐败和中毒的微生物进行大量实验，研究它们各自和相互间的特性，以及与其他栅栏因子（如温度、pH值、水分活度等）的关系，了解这些微生物在单一栅栏因子条件和不同栅栏因子交互效应下的生长繁殖等，并将研究结果标准化，形成数据库。

（2）通过最佳模拟数字化研究和计算机程序化计算，使上述数据相互连接且具有外推性，即广泛预测性，将所有结果构成一个完善的数字化集合，以作为微生物预报的模型基础。

（3）科学工作者将以上数据和模型资料有机组合，以软件方式建立咨询中心。这样，食品加工企业、商业系统、研究机构、卫检部门，甚至法律部门都可以对其加以应用。

二、预测微生物学技术体系的建立

对于预测微生物学技术而言，微生物数据库和数字模型是其必要的前提条件。另外，还需一个用户界面友好的软件。微生物数据库存储的是不同微生物在不同生长介质中的pH值、水分活度、培养温度及在有氧、无氧条件下惰性气体的关系数据。数学模型主要有经验型和机理型，一个有效的模型往往不是单一类型的，而是两种类型的混合体。

针对一定问题，选择相应模型，在数据库的支持下，研究者能预知目前状态下病菌的活动状况，并可借助计算机绘出相应曲线，从中了解某些试验中无法确定的中间状态值。另外，实验状态的模型能够帮助人们预知目前条件下病菌的生长情况和生长数量，并比较预测值与实际值的符合程度。如果不是十分相符，可以改进模型。其他学者发表的不同食品中某些病菌的增长数据，也可用于修正试验模型。利用这些模型和微生物数据库，可以测算食品中毒性增长程度。例如，这些模型可以预报沙门氏菌在不同温度、pH 值、食盐浓度、亚硝酸盐条件下的增长情况。

目前已开发了多种食品微生物生长模型预测软件。美国农业部开发的病原菌模型程序 PMP（pathogen modeling program）包括嗜水气单胞菌（*Aeromonas hydrophila*）、蜡状芽孢杆菌、肉毒梭菌、产气荚膜梭菌、大肠埃希菌、单核细胞增生李斯特菌、沙门菌、弗氏志贺菌（*Shigella flexneri*）、金黄色葡萄球菌、小肠结肠炎耶尔森菌（*Yersinia enterocolitica*）等 10 种重要的食源性病原菌的 38 个预报模型，每个预报模型包括温度、pH 值、A_w、添加剂等影响因子，其预测结果具有较高的精确度。英国农业、渔业和食品部开发的食品微生物模型 FM（food micro-model）含有 20 多种数学模型，对 12 种食品腐败菌和致病菌的生长、死亡和残存进行了数学表达。该系统具有数据库信息量大、数学模型成熟完善以及预测结果误差小的特点。美、英共同建立的世界最大预测微生物学信息数据库 ComBase，目前已拥有约 25000 个有关微生物生长和存活的数据档案。使用者可以模拟一种食品环境，通过输入相关数据（如温度、酸度和湿度等），搜索到所有符合这些条件的数据档案。这种方法可以大大减少无谓的重复试验，改进模型，并且实现数据来源标准化。

三、预测微生物学技术的作用及意义

预测微生物学技术使用数字方法描述环境因素对微生物生长的影响，其作用有以下几点：

① 可帮助和指导管理者贯彻危害分析与关键控制点系统于食品生产。外部多因素出现时，可决定关键控制点，并可决定竞争实验是否必须，同时对危害分析与关键控制点系统清单（菜单）给予补充。

② 在安全可以设计但无法检验出来的思想指导下，可以预测产品配方变化对食品安全和货架期的影响，并进行新产品货架期和安全性的设计。

③ 可以预测产品在贮存和流通中，在不同包装条件下微生物的变化，并客观评估该过程有无失误。

④ 可大量节约开发研究的时间和资金。

第四节　冷链贮运系统

一、概述

降低温度可以抑制食品中微生物的生长繁殖，并能减弱食品自身生理活动的强度。食品冷链是以制冷技术和设备为基本手段，以加工、贮运、供销易腐食品及其全过程为对象，以最大限度地保持易腐食品的原有品质并提供优质食品为目的的一项系统工程。

组成冷链的各个环节和设施，在建设和运作上的一般原则是：食品原料新鲜度要好，根据冻结食品的质量与容许冷藏时间和冷藏温度之间存在的关系（time-temperature-tolerance，T. T. T）理论，冷藏不能使产品恢复到初始状态，也不能提高其质量，只能最大限度地保持现有质量。因此，食品应在生产、收获或收集后尽快地予以冷加工处理，以尽可能保持最好的原有品质。食品从最初的加工工序到消费者手中的全过程，均应保持在适当的低温条件下。

由于食品冷链是以保证易腐食品品质为目的，以保持低温环境为核心要求的供应链系统，所以它比一般常温物流系统的要求更高，也更加复杂，且比常温物流的建设投资要大很多。此外，易腐食品的时效性要求冷链各环节具有更高的组织协调性。食品冷链的运作始终是与能耗成本相关联，有效控制运作成本与食品冷链的发展密切相关。

二、食品冷藏链主要环节

食品冷藏链一般由冷冻加工、冷冻贮藏、冷藏运输及配送、冷冻销售四个方面构成。在整个冷藏链各个环节中的装备、设施主要有原料前处理设备、预冷设备、速冻设备、冷藏库、冷藏运输设备、冷冻冷藏陈列柜（含冷藏柜）、家用冰柜、电冰箱等。由各食品冷冻厂生产或加工出来的易腐食品，或由设在产区的预冷站加工出来的水果蔬菜，经由长途冷藏运输（铁路、水路或航空）运到贮藏冷库长期贮藏，再（或）运到大中城市的分配性冷库或港口冷库暂时贮存。当需要时，由短途运输（公路）从分配性冷库运到各销售点的小型冷库或冷柜，再销售给消费者。

冷冻加工一般包括原料前处理、预冷和速冻三个环节，也可称为冷藏链中的"前端环节"。这一阶段对冷藏链中冷冻食品（指冷却和冻结食品）的质量影响很大。食品的冷却/冻结贮藏及水果蔬菜等食品的气调贮藏，是冷藏链的"中端环节"，它保证食品在储存和加工过程中的低温保鲜环境。冷藏运输包括食品的中长途运输及短途配送等物流环节的低温状态，贯穿在整个冷藏链的各个环节中。在冷藏运输过程中，温度波动是引起食品品质下降的主要原因之一，因此，运输工具应具有良好的性能，在保持规定低温的同时，更要保持稳定的温度，远途运输尤其重要。冷冻销售由生产厂家、批发商和零售商共同完成，是冷藏链的"末端环节"。随着大中城市各类连锁超市的快速发展，各种连锁超市正在成为冷链食品的主要销售渠道。在这些零售终端中，大量使用了冷藏/冷冻陈列柜和贮藏库，由此逐渐成为完整食品冷藏链中不可或缺的重要环节。

虽然不间断的低温是冷藏链的基础和基本特征，也是保证易腐食品质量的重要条件，但这并不是唯一条件。影响易腐食品贮运质量的因素很多，必须综合考虑、协调配合，才能形成真正有效的冷藏链。

参考文献

［1］ 徐怀德，王云阳．食品杀菌新技术．北京：科学技术文献出版社，2005．

［2］ 高福成，郑建仙．食品工程高新技术．北京：中国轻工业出版社，2020．

［3］ 哈益明，等．现代食品辐照加工技术．北京：科学出版社，2015．

［4］ 曾名湧．食品保藏原理与技术．北京：化学工业出版社，2014．

［5］ 谢岩黎．现代食品工程技术．郑州：郑州大学出版社，2011．

［6］ 张慜，李春丽．生鲜食品新型加工及保藏技术．北京：中国纺织出版社，2011．

第九章　果蔬制品安全性和营养性的检测

09 Chapter

第一节　食品营养与安全实验室管理

　　果蔬产品的生产是由一系列的加工设备和一整套的加工方法来完成的。产品的质量除了受原材料和辅料的影响外，还受到人员、环境条件、设备、生产工艺和技术等多种因素的影响，故产品是否合格只有通过检验才能确定。因此，生产企业应根据产品的特性，详细制定其产品的检验要求和验收准则，明确检测点、检测频率、抽样方案、检测项目、检测方法、判定依据、使用的检测设备等，并对检验方案实施有效的控制和保障。检验的目的除了保证产品符合规定的要求之外，还应检验产品是否符合顾客的嗜好需求。

一、果蔬产品的验收原则

　　食品营养与安全实验室应根据企业生产和经营产品的特点，结合顾客的嗜好需求和对营养的期望，按照国家标准或企业标准等选择确保产品符合要求的检验方法。以下列出了食品营养与安全实验室在选择产品检验方法时应考虑的几项内容：

　　（1）产品或原料的特性决定检测方法的种类、所要求的准确度和所需的技能。

　　（2）所需的仪器设备、分析软件、标准品和其他辅助工具应按照实际标准配置。

　　（3）按产品的加工过程，确定各关键环节进行样品的抽查和检验。

　　（4）确立在各测量点要检测的理化特性和检测标准。

　　（5）明确消费者对选定产品的特性要求所设置的见证点或验证点。

　　（6）要求有法律、法规授权的正规机构见证或由其进行检验或试验。

　　（7）根据企业的期望或根据消费者、法律法规授权机构的要求，由具有资质的第三方在明确的某处、某时，采用某种方法，对企业生产的目标产品进行下述活动：①一致性确认；②包装形式的检验；③在加工过程中的检验或试验；④营养性检验与评价；⑤安全性检验与评价。

（8）检验人员、被检验原材料以及半成品和成品、检验过程和质量管理体系的鉴定。

（9）记录产品检验的最终结果，并开具具有规范性的结果检验证书，以证实验证实验完成。

（10）可依据的产品质量标准有等级之分，其由低到高的次序为：企业标准→地方标准→行业（或部门）标准→国家标准→国际标准。许多国家标准采用了国际标准，当无标准时，可参照类似产品的标准执行。

二、果蔬制品检验的仪器设备

果蔬产品的特性与要求是否得到满足，主要依赖于对产品的全方位准确检验。而检验结果的准确、可靠与否，又取决于检验所利用的仪器设备的适宜性、精确性和有效性。企业和监督者只有通过准确的检验结果才能判定产品质量的优劣。因此，企业应严格按照国家计量的法律、法规和规章，对检验的仪器设备实施有效控制。

对有强制检定要求的仪器设备，必须在规定的检定周期内进行检定，以确保产品检测结果的准确性；对无强制检定要求的仪器设备，企业也应制定有效的检定规程，定期对仪器设备进行检定和维护。

另外，企业或检测检验单位也应该根据先进性的原则，定期更新设备和相应的软件，以提高对产品检测结果的准确性和灵敏度，并减少相应的系统误差。

三、果蔬制品的检验方法

果蔬制品的检验可根据不同的要求采用不同的方法，例如：可通过肉眼观察制品的颜色和状态；采用嗅觉和味觉评价制品的色、香、味；使用试验法判断微生物等安全指标；使用仪器设备检测营养素和活性物质等的含量以及其他安全性指标；也可以开展工艺环节的验证，最后提供具有相应资质的合格证明文件。

企业、监督或检测单位应根据目标产品的特性和重要程度，在检测和验收准则中对不同的产品规定可以选定不同的检验方法。例如，对采购产品可通过观察或提供合格证明文件等方法；对过程产品或半成品，可通过观察、工艺验证或测量等方法；而对于最终产品可能以上方法都得使用。

所使用的具体方法应按照国际标准进行；没有国际标准的产品，应按照国家标准进行；没有国家标准的产品，可以按照行业（或部门）标准进行；没有行业（或部门）标准的产品，可按照地方标准进行；没有地方标准的新产品，可按照企业标准进行。

关于标准的字母含义：GB，即"国家标准"的汉语拼音缩写；GB/T，指推荐性国家标准；SB，指商业行业标准；SB/T，指推荐性商业行业标准，例如葡萄酒原酒流通技术规范是 SB/T 10711—2012；QB，指轻工业行业标准；QB/T，指推荐性轻工业行业标准；SN，指商检行业标准；SN/T，指商检行业推荐性标准。

四、果蔬制品检验实验室的要求与管理

1. 检验实验室的基本要求

果蔬制品检验的实验室，首先应根据最大检验食品的量进行设计，包括药品储备与制备间、检测室、感官评价室以及临时储备间等。其次，要注意检测室的光线强度，保证室内明亮和接近自然光。另外，也要注意检测室的温度控制，要保证感官评价所需的温度和一些特殊性的要求，而不受季节的限制。最后，还需要检测实验室的空气能保证清新和通风良好，不会对感官评价在嗅觉和味觉上的结果产生影响。

2. 检验实验室的安全卫生管理制度

实验室全体人员必须明确各自职责，加强安全、卫生、环保的意识，坚持预防为主，做到五防五关，即防火、防盗、防水、防爆、防污染，离开实验室前关好水、电、煤气、门、窗。各项目负责人应在日常的工作中为组员做出榜样。每间实验室设安全、卫生和环保三位一体的负责人，负责本室的工作。

（1）新进人员必须了解实验室安全卫生制度，了解灭火器的放置位置、使用方法及紧急情况时的逃生之路，并进行安全生产的三级教育培训。实验室工作人员必须配合值班人员进行安全检查，做好检查记录。

（2）实验室及走廊内严禁吸烟，连接仪器的电线必须使用护套线。严格禁止乱拉乱接电源，要经常检修、维护线路以及通风、防火设备等。严禁在实验室内抽烟与未经批准动用明火，杜绝一切安全隐患。实验室内不得进食、随地吐痰或乱抛杂物，不得大声喧闹。

（3）实验室的设施、设备及药品摆放要合理，易燃、易爆的化学药品不得放在靠近烘箱等有热源的位置。使用氮气、氢气或二氧化碳等气体的实验室，其钢瓶放置的位置必须固定，属可燃性气体的，则该实验室门上应有禁火标志。实验室内所用药品必须严格分类、摆放整齐，易燃、易爆试剂必须限量，分散存放，需要有专人负责、妥善保管。没有防爆功能的冰箱内不得存放易燃、易爆试剂。剧毒、贵重药品以及贵重金属制品，必须存放在保险药品柜中，由两人保管。

（4）各实验室钥匙由该室使用人保管，实验室主任备有所有实验室钥匙，不得擅自出借及另配钥匙。

（5）在使用化学药品之前，必须了解该药品的理化性质、毒性、安全使用方法以及出现危险时的处理方法。对于剧毒、易燃、易爆及毒性较大的化学药品和放射性危险品，在从事相关实验时，必须有两名以上人员在场才可进行，并切实做好可能发生事故和危险的安全防范措施。严格做好剧毒危险品的领用、使用、剩余量和废物量等的登记与保管中的各个环节。

（6）实验进程中，必须有专人在场，且必须集中精力，不得擅自离开工作岗

位，离开时，必须关掉所有电源和设备，若短时间（如半小时）离开现场，则务必请其他工作人员代为关照；遇到实验异常现象，必须及时采取必要措施，保证实验安全；遇到实验设备的异常现象，必须及时终止所进行的实验，做进一步的检查，消除隐患后才能继续。凡确有必要通宵进行实验，须由各项目负责人报实验室主任登记备案。

（7）实验结束时，必须及时关闭水、电、煤气、门和窗等，并清洗仪器，保持桌面整洁，确保安全后方可离开。

（8）对于实验室三废的处理要根据公司环境保护暂行条例中的规定严格执行。严格按规定处理"三废"，严禁向水槽内倒废液，废液应分类处理或集中送交环保组处理；不准把实验室杂物堆放在走廊，废瓶、空瓶应集中送环保组处理，不得随便乱扔。实验室对不符合排放要求的，即需处理的无机、有机废液分别倒入废液桶内，并标明毒害物质名称，且要随手盖好盖子；对需处理的残渣的品名，也需注明；对需处理的空瓶等，均需要及时送到指定的地点集中处理。

（9）实验人员必须对其工作中可能会发生的事故类型及其救护的措施有所了解，以备万一发生事故时，可及时采取措施。实验室内发生事故，应立即采取应急措施，并及时书面向实验室主任和研发部技术主管汇报，以便及时了解情况，采取相应措施，不得隐瞒不报。

（10）实验室内保持整齐、清洁，经常进行小扫除，定期进行大扫除，做到窗明几净、无杂物、无积灰、无蛛网。各种仪器、设备布局合理、摆放整齐。安排好卫生值日工作，具体工作项目可向实验室工作人员询问。同时，维护室外环境（包括走廊、窗外）的清洁卫生，严禁随地吐痰和乱扔杂物。

（11）任何人在实验室工作，对实验室的仪器和设备，都必须严格遵守所制定的操作规程，不得让非实验人员操作。凡需持证上岗的岗位，严禁无证人员操作。凡因违反安全制度而引发事故，将追究当事人的责任，严肃处理。

3. 检验实验室的消防安全管理制度

为贯彻国务院有关防火重点单位消防工作十项标准，健全各项消防安全制度，认真落实"谁主管，谁负责"的原则，结合具体情况，制定各实验室的消防安全管理制度。

（1）各实验室应在逐级防火责任制的基础上，建立中心实验室消防安全管理网络，制定实验室消防安全实施细则，包括岗位责任制和实验安全准则。

（2）实验室管理人员应对进入实验室的人员进行防火安全教育，确保其了解实验中可能发生的危险和必要的安全常识，使其熟悉实验室内水、电、气的阀门和灭火设备的位置以及安全出口等。实验过程中有关人员不得随便离开实验室。

（3）由于管道煤气、液化气、天然气所用的燃气用具是不同的，因此实验室燃气设备必须与管道煤气匹配。燃气用具必须选用正规厂家的合格产品。

（4）使用煤气前，应先确认实验室内所有煤气开关安全后，再开启实验室煤气总管阀门。在使用煤气时，要先点火后开煤气阀门。一次没点燃，不要马上再点火，要关闭阀门，待残气疏散后重新点火，以防引起爆炸。在使用煤气时，人不能离开现场。用完煤气后，应先关闭管道上单、双火嘴的角阀，然后再关闭燃气用具阀门。离开实验室时，务必关闭煤气进户总管阀门。

（5）各种消防设备应有专人保管，保持良好的使用状态，如发现煤气连接胶管老化、失效、短缺等现象，应书面报告上级部门予以补充或更换。实验室工作人员必须熟练使用各类消防器材，懂得各种操作方法。

（6）一旦发现煤气意外泄漏，发生消防事故，应及时向本单位煤气管理所报修，同时要切断一切火源。也不能开关电器设备，要及时打开门窗疏散泄漏的气体，做好安全防护工作。

（7）使用钢瓶、烘箱、压力容器、化学危险品等火险隐患较大的设备，应落实岗位操作责任制。

（8）各检测实验室外必须保持通道畅通，禁止堆放杂物。

（9）各实验室主任在布置工作、总结、评比时，必须同时计划、布置、检查、总结、评比消防安全工作，应将实验室的消防工作列入考核内容之一。

4. 实验室检测样本的采集与留样保存

实验室检测的样本，建议检测者亲自取样，方可获得想要的结果，并可对检测结果负责，否则易出现误差。

其次，企业也应对大量的检验数据进行收集、分析和应用。确定使用何种统计技术，收集什么样的数据，如何充分利用这些数据，从而确定在人员能力、仪器设备、检验规程、原料或工艺流程等方面存在哪些缺陷，这样便于尽早发现不合格产品，并采取措施积极予以改进。对出现的不合格产品，要进行留样，便于复查与重检。

第二节　果蔬制品安全性和营养性的检测

果蔬制品的检测对象包括各种水果、蔬菜的原料、半成品、成品以及其他辅料成分。果蔬制品的成品包装类型包括塑料包装、纸包装、金属包装、玻璃包装以及一些利乐包装等。从营养性的角度来看，检测的内容主要包括水分、蛋白质、糖类、脂肪、维生素、膳食纤维和矿物质元素等；从安全的角度来看，检测的内容主要包括各种致病性微生物、农药残留、放射性物质、有害的化学物质和重金属等。此外，检测内容还包括各种物理特性及各种添加剂的检测。

一、果蔬制品理化特性的检测

关于果蔬制品理化特性的检测主要根据以下标准进行：

GB/T 5009.1—2003　食品卫生检验方法　理化部分　总则
GB 5009.2—2024　食品安全国家标准　食品相对密度的测定
GB 5009.3—2016　食品安全国家标准　食品中水分的测定
GB 5009.4—2016　食品安全国家标准　食品中灰分的测定

GB/T 10468—1989　水果和蔬菜产品 pH 值的测定方法

GB 12456—2021　食品安全国家标准　食品中总酸的测定

GB/T 12143—2008　饮料通用分析方法（饮料中可溶性固形物的测定方法）

GB/T 5009.38—2003　蔬菜、水果卫生标准的分析方法

二、果蔬制品营养性的检测

关于果蔬制品营养性的检测标准（国家标准）与检测项目列举如下：

GB 5009.5—2016　食品安全国家标准　食品中蛋白质的测定

GB 5009.124—2016　食品安全国家标准　食品中氨基酸的测定

GB 5009.6—2016　食品安全国家标准　食品中脂肪的测定

GB 5009.7—2016　食品安全国家标准　食品中还原糖的测定

GB 5009.8—2023　食品安全国家标准　食品中果糖、葡萄糖、蔗糖、麦芽糖、乳糖的测定

GB 5009.9—2023　食品安全国家标准　食品中淀粉的测定

GB/T 5009.10—2003　植物类食品中粗纤维的测定

GB 5009.88—2023　食品安全国家标准　食品中膳食纤维的测定

GB 5009.90—2016　食品安全国家标准　食品中铁的测定

GB 5009.91—2017　食品安全国家标准　食品中钾、钠的测定

GB 5009.92—2016　食品安全国家标准　食品中钙的测定

GB 5009.93—2017　食品安全国家标准　食品中硒的测定

GB 5009.94—2012　食品安全国家标准　植物性食品中稀土元素的测定

GB 5009.13—2017　食品安全国家标准　食品中铜的测定

GB 5009.14—2017　食品安全国家标准　食品中锌的测定

GB/T 5009.18—2003　食品中氟的测定

GB 5009.16—2023　食品安全国家标准　食品中锡的测定

GB 5009.87—2016　食品安全国家标准　食品中磷的测定

GB 5009.82—2016　食品安全国家标准　食品中维生素 A、D、E 的测定

GB 5009.83—2016　食品安全国家标准　食品中胡萝卜素的测定

GB 5009.84—2016　食品安全国家标准　食品中维生素 B_1 的测定

GB 5009.85—2016　食品安全国家标准　食品中维生素 B_2 的测定

GB 5009.86—2016　食品安全国家标准　食品中抗坏血酸的测定

GB 5009.89—2023　食品安全国家标准　食品中烟酸和烟酰胺的测定

GB 5009.154—2023　食品安全国家标准　食品中维生素 B_6 的测定

GB 5009.210—2023　食品安全国家标准　食品中泛酸的测定

GB 5009.211—2022　食品安全国家标准　食品中叶酸的测定

GB 5009.158—2016　食品安全国家标准　食品中维生素 K_1 的测定

GB 5009.153—2016　食品安全国家标准　食品中植酸的测定

GB 5009.157—2016　食品安全国家标准　食品中有机酸的测定

GB 5009.169—2016　食品安全国家标准　食品中牛磺酸的测定

三、果蔬制品安全性的检测

果蔬制品安全性的检测内容较多，主要包括农药残留、重金属和病原性微生物及其毒素等。关于果蔬原料安全性的检测标准（国家标准）与检测项目列举如下：

1. 果蔬制品及其原材料中微生物的检测

GB 29921—2021　食品安全国家标准　预包装食品中致病菌限量

GB 4789.1—2016　食品安全国家标准　食品微生物学检验　总则

GB 4789.2—2022　食品安全国家标准　食品微生物学检验　菌落总数测定

GB 4789.3—2016　食品安全国家标准　食品微生物学检验　大肠菌群计数

GB 4789.4—2024　食品安全国家标准　食品微生物学检验　沙门氏菌检验

GB 4789.5—2012　食品安全国家标准　食品微生物学检验　志贺氏菌检验

GB 4789.6—2016　食品安全国家标准　食品微生物学检验　致泻大肠埃希氏菌检验

GB 4789.7—2013　食品安全国家标准　食品微生物学检验　副溶血性弧菌检验

GB 4789.8—2016　食品安全国家标准　食品微生物学检验　小肠结肠炎耶尔森氏菌检验

GB 4789.9—2014　食品安全国家标准　食品微生物学检验　空肠弯曲菌检验

GB 4789.10—2016　食品安全国家标准　食品微生物学检验　金黄色葡萄球菌检验

GB 4789.11—2014　食品安全国家标准　食品微生物学检验　β 型溶血性链球菌检验

GB 4789.14—2014　食品安全国家标准　食品微生物学检验　蜡样芽胞杆菌检验

GB 4789.15—2016　食品安全国家标准　食品微生物学检验　霉菌和酵母计数

GB 4789.16—2016　食品安全国家标准　食品微生物学检验　常见产毒霉菌的形态学鉴定

GB 4789.26—2023　食品安全国家标准　食品微生物学检验　商业无菌检验

GB 4789.30—2016　食品安全国家标准　食品微生物学检验　单核细胞增生李斯特氏菌检验

GB 4789.31—2013　食品安全国家标准　食品微生物学检验　沙门氏菌、志贺氏菌和致泻大肠埃希氏菌的肠杆菌科噬菌体诊断检验

GB 4789.34—2016　食品安全国家标准　食品微生物学检验　双歧杆菌

检验

GB 4789.35—2023　食品安全国家标准　食品微生物学检验　乳酸菌检验

GB 4789.41—2016　食品安全国家标准　食品微生物学检验　肠杆菌科检验

GB 2761—2017　食品安全国家标准　食品中真菌毒素限量

GB 5009.22—2016　食品安全国家标准　食品中黄曲霉毒素 B 族和 G 族的测定

GB 5009.24—2016　食品安全国家标准　食品中黄曲霉毒素 M 族的测定

GB 5009.25—2016　食品安全国家标准　食品中杂色曲霉素的测定

2. 果蔬制品中重金属的检测

GB 5009.11—2024　食品安全国家标准　食品中总砷及无机砷的测定

GB 5009.12—2023　食品安全国家标准　食品中铅的测定

GB 5009.15—2023　食品安全国家标准　食品中镉的测定

GB 5009.17—2021　食品安全国家标准　食品中总汞及有机汞的测定

GB 2762—2022　食品安全国家标准　食品中污染物限量

3. 果蔬制品中农药残留的检测

GB 2763—2021　食品安全国家标准　食品中农药最大残留限量

GB/T 5009.19—2008　食品中有机氯农药多组分残留量的测定

GB/T 5009.20—2003　食品中有机磷农药残留量的测定

GB/T 5009.21—2003　粮、油、菜中甲萘威残留量的测定

GB/T 5009.102—2003　植物性食品中辛硫磷农药残留量的测定

GB/T 5009.103—2003　植物性食品中甲胺磷和乙酰甲胺磷农药残留量的测定

GB/T 5009.104—2003　植物性食品中氨基甲酸酯类农药残留量的测定

GB/T 5009.105—2003　黄瓜中百菌清残留量的测定

GB/T 5009.106—2003　植物性食品中二氯苯醚菊酯残留量的测定

GB/T 5009.107—2003　植物性食品中二嗪磷残留量的测定

GB/T 5009.109—2003　柑桔中水胺硫磷残留量的测定

GB/T 5009.110—2003　植物性食品中氯氰菊酯、氰戊菊酯和溴氰菊酯残留量的测定

GB/T 5009.112—2003　大米和柑桔中喹硫磷残留量的测定

GB 5009.129—2023　食品安全国家标准　食品中乙氧基喹的测定

GB/T 5009.131—2003　植物性食品中亚胺硫磷残留量的测定

GB/T 5009.132—2003　食品中莠去津残留量的测定

GB/T 5009.135—2003　植物性食品中灭幼脲残留量的测定

GB/T 5009.136—2003　植物性食品中五氯硝基苯残留量的测定

GB/T 5009.142—2003　植物性食品中吡氟禾草灵、精吡氟禾草灵残留量的测定

GB/T 5009.143—2003　蔬菜、水果、食用油中双甲脒残留量的测定

GB/T 5009.144—2003　植物性食品中甲基异柳磷残留量的测定

GB/T 5009.145—2003　植物性食品中有机磷和氨基甲酸酯类农药多种残留的测定

GB/T 5009.146—2008　植物性食品中有机氯和拟除虫菊酯类农药多种残留量的测定

GB/T 5009.147—2003　植物性食品中除虫脲残留量的测定

GB/T 5009.160—2003　水果中单甲脒残留量的测定

GB/T 5009.173—2003　梨果类、柑桔类水果中噻螨酮残留量的测定

GB/T 5009.175—2003　粮食和蔬菜中 2,4-滴残留量的测定

GB/T 5009.184—2003　粮食、蔬菜中噻嗪酮残留量的测定

GB/T 5009.188—2003　蔬菜、水果中甲基托布津、多菌灵的测定

GB/T 5009.199—2003　蔬菜中有机磷和氨基甲酸酯类农药残留量的快速检测

GB/T 5009.201—2003　梨中烯唑醇残留量的测定

GB/T 5009.218—2008　水果和蔬菜中多种农药残留量的测定

4. 果蔬制品中其他不安全性因素的检测

GB 14883.1—2016　食品安全国家标准　食品中放射性物质检验　总则

GB 14883.2—2016　食品安全国家标准　食品中放射性物质氢-3 的测定

GB 14883.3—2016　食品安全国家标准　食品中放射性物质锶-89 和锶-90 的测定

GB 14883.4—2016　食品安全国家标准　食品中放射性物质钷-147 的测定

GB 14883.5—2016　食品安全国家标准　食品中放射性物质钋-210 的测定

GB 14883.6—2016　食品安全国家标准　食品中放射性物质镭-226 和镭-228 的测定

GB 14883.7—2016　食品安全国家标准　食品中放射性物质天然钍和铀的测定

GB 14883.8—2016　食品安全国家标准　食品中放射性物质钚-239、钚-240 的测定

GB 14883.9—2016　食品安全国家标准　食品中放射性物质碘-131 的测定

GB 14883.10—2016　食品安全国家标准　食品中放射性物质铯-137 的测定

GB 5009.26—2023　食品安全国家标准　食品中 N-亚硝胺类化合物的测定

GB 5009.27—2016　食品安全国家标准　食品中苯并（a）芘的测定

GB 5009.33—2016　食品安全国家标准　食品中亚硝酸盐与硝酸盐的测定

GB 5009.34—2022　食品安全国家标准　食品中二氧化硫的测定

GB 5009.36—2023　食品安全国家标准　食品中氰化物的测定

GB 5009.44—2016　食品安全国家标准　食品中氯化物的测定

GB 5009.148—2014　食品安全国家标准　植物性食品中游离棉酚的测定

四、果蔬制品中食品添加剂的检测

果蔬制品中添加剂的检测标准（国家标准）与检测方法，主要项目列举如下：

GB 2760—2024　食品安全国家标准　食品添加剂使用标准

GB 5009.28—2016　食品安全国家标准　食品中苯甲酸、山梨酸和糖精钠的测定

GB/T 5009.30—2003　食品中叔丁基羟基茴香醚（BHA）与2,6-二叔丁基对甲酚（BHT）的测定

GB 5009.31—2016　食品安全国家标准　食品中对羟基苯甲酸酯类的测定

GB 5009.32—2016　食品安全国家标准　食品中9种抗氧化剂的测定

GB 5009.33—2016　食品安全国家标准　食品中亚硝酸盐与硝酸盐的测定

GB 5009.34—2022　食品安全国家标准　食品中二氧化硫的测定

GB 5009.35—2023　食品安全国家标准　食品中合成着色剂的测定

GB/T 5009.77—2003　食用氢化油、人造奶油卫生标准的分析方法

GB 5009.97—2023　食品安全国家标准　食品中环己基氨基磺酸盐的测定

GB 5009.139—2014　食品安全国家标准　饮料中咖啡因的测定

GB 5009.140—2023　食品安全国家标准　食品中乙酰磺胺酸钾的测定

GB 5009.141—2016　食品安全国家标准　食品中诱惑红的测定

GB 5009.149—2016　食品安全国家标准　食品中栀子黄的测定

GB 5009.150—2016　食品安全国家标准　食品中红曲色素的测定

GB/T 5009.183—2003　植物蛋白饮料中脲酶的定性测定

五、果蔬制品中食品接触材料的检测

果蔬制品加工及流通过程中涉及的接触材料检测标准（国家标准）与检测方法，主要项目列举如下：

GB 4806.1—2016　食品安全国家标准　食品接触材料及制品通用安全要求

GB 4806.3—2016　食品安全国家标准　搪瓷制品

GB 4806.4—2023　食品安全国家标准　陶瓷制品

GB 4806.5—2016　食品安全国家标准　玻璃制品

GB 4806.6—2016　食品安全国家标准　食品接触用塑料树脂

GB 4806.7—2023　食品安全国家标准　食品接触用塑料材料及制品

GB 4806.8—2022　食品安全国家标准　食品接触用纸和纸板材料及制品

GB 4806.9—2023　食品安全国家标准　食品接触用金属材料及制品

GB 4806.10—2016　食品安全国家标准　食品接触用涂料及涂层

GB 4806.11—2023　食品安全国家标准　食品接触用橡胶材料及制品

GB 5009.156—2016　食品安全国家标准　食品接触材料及制品迁移试验预处理方法通则

GB 9685—2016　食品安全国家标准　食品接触材料及制品用添加剂使用标准

GB 14934—2016　食品安全国家标准　消毒餐（饮）具

GB 31604.11—2016　食品安全国家标准　食品接触材料及制品　1,3-苯二甲胺迁移量的测定

GB 31604.12—2016　食品安全国家标准　食品接触材料及制品　1,3-丁二烯的测定和迁移量的测定

GB 31604.13—2016　食品安全国家标准　食品接触材料及制品　11-氨基十一酸迁移量的测定

GB 31604.14—2016　食品安全国家标准　食品接触材料及制品　1-辛烯和四氢呋喃迁移量的测定

GB 31604.15—2016　食品安全国家标准　食品接触材料及制品　2,4,6-三氨基-1,3,5-三嗪（三聚氰胺）迁移量的测定

GB 31604.16—2016　食品安全国家标准　食品接触材料及制品　苯乙烯和乙苯的测定

GB 31604.17—2016　食品安全国家标准　食品接触材料及制品　丙烯腈的测定和迁移量的测定

GB 31604.18—2016　食品安全国家标准　食品接触材料及制品　丙烯酰胺迁移量的测定

GB 31604.19—2016　食品安全国家标准　食品接触材料及制品　己内酰胺的测定和迁移量的测定

GB 31604.20—2016　食品安全国家标准　食品接触材料及制品　醋酸乙烯酯迁移量的测定

GB 31604.21—2016　食品安全国家标准　食品接触材料及制品　对苯二甲酸迁移量的测定

GB 31604.22—2016　食品安全国家标准　食品接触材料及制品　发泡聚苯乙烯成型品中二氟二氯甲烷的测定

GB 31604.23—2016　食品安全国家标准　食品接触材料及制品　复合食品接触材料中二氨基甲苯的测定

GB 31604.24—2016　食品安全国家标准　食品接触材料及制品　镉迁移量的测定

GB 31604.25—2016　食品安全国家标准　食品接触材料及制品　铬迁移量的测定

GB 31604.26—2016　食品安全国家标准　食品接触材料及制品　环氧氯丙烷的测定和迁移量的测定

GB 31604.27—2016　食品安全国家标准　食品接触材料及制品　塑料中环氧乙烷和环氧丙烷的测定

GB 31604.28—2016　食品安全国家标准　食品接触材料及制品　己二酸二

（2-乙基）己酯的测定和迁移量的测定

GB 31604.29—2023 食品安全国家标准 食品接触材料及制品 甲基丙烯酸甲酯迁移量的测定

GB 31604.30—2016 食品安全国家标准 食品接触材料及制品 邻苯二甲酸酯的测定和迁移量的测定

GB 31604.31—2016 食品安全国家标准 食品接触材料及制品 氯乙烯的测定和迁移量的测定

GB 31604.32—2016 食品安全国家标准 食品接触材料及制品 木质材料中二氧化硫的测定

GB 31604.33—2016 食品安全国家标准 食品接触材料及制品 镍迁移量的测定

GB 31604.34—2016 食品安全国家标准 食品接触材料及制品 铅的测定和迁移量的测定

GB 31604.35—2016 食品安全国家标准 食品接触材料及制品 全氟辛烷磺酸（PFOS）和全氟辛酸（PFOA）的测定

GB 31604.36—2016 食品安全国家标准 食品接触材料及制品 软木中杂酚油的测定

GB 31604.37—2016 食品安全国家标准 食品接触材料及制品 三乙胺和三正丁胺的测定

GB 31604.38—2016 食品安全国家标准 食品接触材料及制品 砷的测定和迁移量的测定

GB 31604.39—2016 食品安全国家标准 食品接触材料及制品 食品接触用纸中多氯联苯的测定

GB 31604.40—2016 食品安全国家标准 食品接触材料及制品 顺丁烯二酸及其酸酐迁移量的测定

GB 31604.41—2016 食品安全国家标准 食品接触材料及制品 锑迁移量的测定

GB 31604.42—2016 食品安全国家标准 食品接触材料及制品 锌迁移量的测定

GB 31604.43—2016 食品安全国家标准 食品接触材料及制品 乙二胺和己二胺迁移量的测定

GB 31604.44—2016 食品安全国家标准 食品接触材料及制品 乙二醇和二甘醇迁移量的测定

GB 31604.45—2016 食品安全国家标准 食品接触材料及制品 异氰酸酯的测定

GB 31604.46—2023 食品安全国家标准 食品接触材料及制品 游离酚的测定和迁移量的测定

GB 31604.47—2023 食品安全国家标准 食品接触材料及制品 纸、纸板

及纸制品中荧光增白剂的测定

　　GB 31604.48—2016　食品安全国家标准　食品接触材料及制品　甲醛迁移量的测定

　　GB 31604.49—2023　食品安全国家标准　食品接触材料及制品　多元素的测定和多元素迁移量的测定

六、果蔬制品中其他辅料的检测

　　果蔬制品加工中所用到的一些辅料的相关检测标准（国家标准）与检测方法参考如下：

　　GB/T 5009.39—2003　酱油卫生标准的分析方法

　　GB/T 5009.41—2003　食醋卫生标准的分析方法

　　GB 5009.42—2016　食品安全国家标准　食盐指标的测定

　　GB 5009.43—2023　食品安全国家标准　味精中谷氨酸钠的测定

　　GB/T 5009.55—2003　食糖卫生标准的分析方法

七、果蔬汁产品标准及检测

　　部分果蔬汁产品的相关标准列举如下：

　　GB 7101—2022　食品安全国家标准　饮料

　　GB/T 10789—2015　饮料通则

　　GB 17325—2015　食品安全国家标准　食品工业用浓缩液（汁、浆）

　　GB/T 31121—2014　果蔬汁类及其饮料

　　GB/ T 10792—2008　碳酸饮料（汽水）

　　GB/T 12143—2008　饮料通用分析方法

　　GB 15266—2009　运动饮料

　　SB/T 10199—1993　苹果浓缩汁

　　SB/T 10200—1993　葡萄浓缩汁

　　SB/T 10201—1993　猕猴桃浓缩汁

　　SB/T 10202—1993　山楂浓缩汁

　　SB/T 10203—1994　果汁通用试验方法

八、果蔬罐头制品成品标准及检测

　　部分果蔬罐头产品相关标准列举如下，其中企业标准种类较多。

　　GB/T 10784—2020　罐头食品分类

　　GB/T 10786—2022　罐头食品的检验方法

　　GB/T 13208—2008　芦笋罐头

　　GB/T 13209—2015　青刀豆罐头

　　GB/T 13210—2024　柑橘罐头

GB/T 13211—2008　糖水洋梨罐头

GB/T 13212—2022　荸荠（马蹄）罐头质量通则

GB/T 13516—2023　桃罐头质量通则

GB/T 13517—2008　青豌豆罐头

GB/T 13518—2015　蚕豆罐头

GB/T 14151—2022　食用菌罐头质量通则

GB/T 14215—2021　番茄酱罐头质量通则

SN/T 0400.2—2015　进出口罐头食品检验规程　第2部分：原辅材料

SN/T 0400.3—2005　进出口罐头食品检验规程　第3部分：加工卫生

SN/T 0400.4—2005　进出口罐头食品检验规程　第4部分：容器

SN/T 0400.5—2005　进出口罐头食品检验规程　第5部分：罐装

SN/T 0400.6—2005　进出口罐头食品检验规程　第6部分：热力杀菌

SN/T 0400.7—2005　进出口罐头食品检验规程　第7部分：成品

SN/T 0400.8—2005　进出口罐头食品检验规程　第8部分：包装

SN/T 0400.12—2015　进出口罐头检验规程　第12部分：口岸检验

SN/T 0400.13—2014　进出口罐头食品检验规程　第13部分：热渗透测试

九、果蔬速冻制品成品标准及检测

部分果蔬速冻制品产品相关标准列举如下：

GB 8864—88　速冻菜豆

GB 8865—88　速冻豌豆

GH/T 1140—2021　速冻黄瓜

GH/T 1141—2021　速冻甜椒

GH/T 1175—2021　冷冻辣根

GH/T 1176—2022　速冻蒜薹

GH/T 1177—2017　速冻豇豆

十、果蔬糖制品成品标准及检测

各类蜜饯类食品的标准与检验方法参见 GB 14884—2016 规定的操作方法进行。

糖果、糕点（饼干）、蜜饯、果脯类食品的微生物学的检验方法参见 GB 4789.24—2024 规定的操作方法进行。

十一、果蔬腌制品成品标准及检测

果蔬腌制品的标准及检验参见 GB/T 5009.54—2003 规定的操作方法进行。该标准适用于各种酱菜、发酵与非发酵性腌菜及渍菜等制品中各项卫生指标的分析。

第三节　主要果蔬制品安全性和营养性的检测

一、果蔬汁

1. 各种果蔬汁制品的通用标准与方法

（1）各种果蔬汁及其分类

主要果蔬制品可分为果蔬汁（浆）、浓缩果蔬汁（浆）和果蔬汁饮料。

水果和蔬菜中不仅富含糖类、维生素、膳食纤维、无机盐和水等人体所必需的营养成分，也富含多酚和黄酮等多种活性物质，具有健脾胃、增强免疫力、助消化、抗癌及抗氧化等多种保健功能。但由于果蔬的季节性较强，不耐储存，往往使人体得不到所需的营养成分和功能性物质。故将果蔬加工成饮品，不但解决了储存难的问题，而且方便、实用，还在很大程度上保存了果蔬中原有的营养成分，同时也丰富了产品市场。

（2）果蔬汁（浆）制品

果蔬汁（浆）制品是指以水果和/或蔬菜为原料，采用物理的方法（例如机械压榨、水浸提等方法）而制成的可发酵但未发酵的汁液、浆液制品；或在浓缩果蔬汁（浆）中加入其加工过程中所除去的等量水分，使其恢复到原来所制成的汁液、浆液的浓度的制品。

① 可添加糖（或其他甜味剂）或酸味剂或食盐调整果蔬汁（浆）的口感，但不能同时使用甜味剂和酸味剂。

② 可回添香气物质和挥发性风味物质或纤维、果蔬粒等，但这些物质的获取方式必须采用物理方法，且来源只能是同一种水果或蔬菜。

③ 可分成原榨果汁（非复原果汁）、果汁（复原果汁）、蔬菜汁、果浆/蔬菜浆、复合果蔬汁（浆）。

（3）浓缩果蔬汁（浆）制品

浓缩果蔬汁（浆）制品是指以水果和/或蔬菜为原料，采用物理的方法所制取的果汁（浆）或蔬菜汁（浆）或果蔬混合汁中，通过冷冻干燥或减压蒸发等方法除去一定量的水分而制成的，在加入其加工过程中除去的等量的水分复原后具有原果汁（浆）或蔬菜汁（浆）应有特征的制品。可回添香气物质和挥发性风味物质或纤维、果蔬粒等，但这些物质的获取方式必须采用物理方法，且来源只能是同一种水果或蔬菜。若含有不少于两种浓缩果汁（浆）、浓缩蔬菜汁（浆）或浓缩果蔬汁（浆）的制品为浓缩复合果蔬汁（浆）。

（4）果蔬汁（浆）类饮料制品

果蔬汁（浆）类饮料制品是以果汁（浆）、浓缩果汁（浆）或蔬菜汁（浆）、果蔬混合汁、水为原料，添加或者不添加其他食品原辅料、食品添加剂，经加工而制成的制品。

(5) 果蔬汁制品检测标准和检测技术的要求

① 原料和辅料的标准要求，要新鲜、完好、成熟，且腐烂率低于5%；原料和辅助原料，均必须符合国家标准及相关法规的规定。

② 果蔬汁制品的感官要求，主要在于色泽、滋味、气味和组织状态。色泽，要求具有所标识的水果、蔬菜制成的汁液（浆）相符的色泽；滋味，要求具有所标识的水果、蔬菜制成的汁液（浆）相符的滋味；气味，要求具有所标识的水果、蔬菜制成的汁液（浆）相符的气味；组织状态，无外来杂质。

③ 果蔬汁制品的理化标准与要求，主要在于果汁（浆）或蔬菜汁（浆）的含量以及可溶性固形物的含量，参见表9-1。其他原辅料应符合国家标准及相关法规的规定。

表 9-1 果蔬汁制品的理化标准与要求

产品类别	项目		指标或要求	备注
果蔬汁（浆）	果汁（浆）或蔬菜汁（浆）含量(质量分数)/%	≥	100	
	可溶性固形物含量/%	≥	65	
浓缩果蔬汁（浆）	可溶性固形物的含量与原汁（浆）的可溶性固形物含量之比	≥	2	
果汁饮料 复合果蔬汁(浆)饮料	果汁（浆）或蔬菜汁（浆）含量(质量分数)/%	≥	10	
蔬菜汁饮料	蔬菜汁（浆）含量(质量分数)/%	≥	5	
果肉(浆)饮料	果浆含量(质量分数)/%	≥	20	
果蔬汁饮料浓浆	果汁（浆）或蔬菜汁（浆）含量(质量分数)/%	≥	10(按标签标识的稀释倍数稀释后)	
发酵果蔬汁饮料	经发酵后的液体的添加量折合成果蔬汁（浆）(质量分数)/%	≥	5	
水果饮料	果汁（浆）含量(质量分数)/%		≥5且<10	

④ 果蔬汁制品食品安全的要求。食品添加剂和食品营养强化剂应符合国家标准 GB 2760—2024 和 GB 14880—2012 的规定。

(6) 果蔬汁制品检测的试验方法

① 样品准备。对于直接饮用的果蔬汁产品可以直接进行各项检测；对于浓缩果蔬汁（浆）和果蔬汁饮料浓浆等，应按照标签标示的使用或食用方法加以稀释后进行各项指标的检测。其中在测定浓缩果蔬汁（浆）的可溶性固形物时，无须稀释。

② 果蔬汁制品的感官检验。取约 50mL 混合均匀的样品于无色透明的容器中，置于明亮处，观察其组织状态及色泽，并在室温下空气新鲜的房间中嗅其气味，品尝其滋味。

③ 果蔬汁制品理化指标的检验，按 GB/T 12143—2008 规定的方法进行检测。

a. 果蔬汁制品中可溶性固形物的检测。在 20℃ 的条件下，用折光计测量待测液的折射率，并查折射率与可溶性固形物含量的换算表，或从折光计上直接读取读数，获得可溶性固形物的含量。该方法适用于透明液体、半黏稠、含悬浮物的饮料制品等。

b. 氨基酸态氮。按 GB 5009.235—2016 规定的第一方法——酸度计法进行检测。其原理是：利用氨基酸的两性作用，采用甲醛以固定氨基的碱性，用氢氧化钠滴定，以酸度计测定终点。该方法适用于果汁、蔬菜汁类饮料和复合果汁饮料等。

c. 果蔬汁制品中 L-抗坏血酸含量的检测。按照 GB 5009.86—2016 规定的方法测定食品中抗坏血酸（维生素 C）的含量。该标准规定了高效液相色谱法、荧光法、2,6-二氯靛酚滴定法测定食品中抗坏血酸的方法。其中，高效液相色谱法适合测定 L(＋)-抗坏血酸、D(＋)-抗坏血酸和 L(＋)-抗坏血酸总量。

d. 果蔬汁制品中钾含量的检测。按照 GB 5009.91—2017 规定的方法测定食品中钾的含量。该标准规定了食品中钾、钠的火焰原子吸收光谱法、火焰原子发射光谱法、电感耦合等离子体发射光谱法和电感耦合等离子体质谱法四种测定方法。

④ 果蔬汁制品中污染物检验。

a. 果蔬汁制品中有机氯农药多组分残留，按 GB/T 5009.19—2008 的操作方法进行检测，分为毛细管柱气相色谱-电子捕获检测器法和填充柱气相色谱-电子捕获检测器法。前者为第一方法，适用于六六六（HCH）、滴滴滴（DDD）、六氯苯、灭蚁灵、七氯、氯丹、艾氏剂等的检测；后者为第二方法，适用于六六六、滴滴涕残留量的测定。

b. 果蔬汁制品中有机磷农药，按 GB/T 5009.20—2003 的操作方法进行检测。该标准适用于使用过敌敌畏等二十种有机磷农药制剂的水果、蔬菜、谷类等作物的残留量分析。

c. 果蔬汁制品中砷的测定，按 GB 5009.11—2014 的操作方法进行。食品中总砷的测定可采用电感耦合等离子体质谱法、氢化物发生原子荧光光谱法或银盐法进行测定。

d. 果蔬汁制品中镉的测定，按 GB 5009.15—2023 的操作方法进行。食品中的镉可以通过石墨炉原子吸收光谱进行测定，其吸光度值与镉的含量成正比。

e. 果蔬汁制品中汞的测定，按 GB 5009.17—2021 的操作方法进行。食品中总汞的测定方法有四种：原子荧光光谱法、直接进样测汞法、电感耦合等离子体质谱法、冷原子吸收光谱法。方法一和方法四对于试样的预处理及消解的方法一样，前者在酸性介质中用硼氢化钾或硼氢化钠还原成原子态汞进行测定，荧光强度与汞含量成正比；后者是在强酸介质中以氯化亚锡还原成元素汞，进行冷原子吸收测定。

⑤ 果蔬汁制品中主要营养物质的检测。

a. 果蔬汁制品中蛋白质的检测，按 GB 5009.5—2016 的操作方法进行。该标准的凯氏定氮法和分光光度法适用于食品中蛋白质的测定，但不适用于添加无机含氮物质、有机非蛋白质含氮物质的含量测定。

b. 果蔬汁制品中氨基酸的检测，按 GB 5009.124—2016 的操作方法进行。对于氨基酸的测量，该标准规定了用氨基酸分析仪（茚三酮柱后衍生离子交换色谱仪）测定食品中氨基酸的方法，可对食品中酸水解氨基酸进行测定。

c. 果蔬汁制品中膳食纤维的检测，按 GB 5009.88—2023 的操作方法进行。采用酶重量法对于各种果蔬汁及其饮料中总的、可溶性和不溶性膳食纤维进行测定，但不包括低聚果糖、低聚半乳糖、抗性麦芽糊精、抗性淀粉等膳食纤维组分。

d. 果蔬汁制品中脂肪的检测，按 GB 5009.6—2016 的操作方法进行。一般采用索氏抽提法和酸水解法对水果、蔬菜汁及饮料中的脂肪进行测定。

2. 浓缩苹果汁制品的营养与安全性的检测

浓缩苹果汁是以苹果为原料，采用机械方式获取的可以发酵但未发酵的原汁，经真空浓缩、冷冻浓缩或反渗透浓缩等物理方法去除一定比例的水分获得的浓缩液，且不得添加食糖、果葡糖浆、梨汁或其他果蔬汁等原料。在配制 100％果汁时须在浓缩果汁原料中还原进去果汁在浓缩过程中失去的天然水分等量的水，制成具有原水果果肉的色泽、风味和可溶性固形物含量的制品。浓缩苹果汁分为清汁型浓缩苹果汁和浊汁型浓缩苹果汁。

（1）浓缩苹果汁制品的技术标准与要求

① 原辅料要求。苹果原料要求成熟、洁净、健全和优质，且无落地果，腐烂率小于 5％，方可以制造出优质苹果浓缩汁。加工工艺、营养和安全指标符合国家标准及相关法规。其他原辅料也应符合国家标准及相关法规。

② 浓缩苹果汁的感官要求，具体参见表 9-2。

表 9-2　浓缩苹果汁的感官要求

项目	清汁型浓缩苹果汁	浊汁型浓缩苹果汁
色泽	棕黄色至棕红色	浅黄色至棕黄色
外观形态	澄清、透明、无沉淀物、无悬浮物	浑浊均匀的汁液，久置允许有少许沉淀
香气	复水到可溶性固形物为 12％时，具有原来品种苹果制成的汁液（浆）相符的应有的香气，无异常香气	
滋味	复水到可溶性固形物为 12％时，具有原来品种苹果制成的汁液（浆）相符的应有的滋味，无异常滋味	
杂质	无正常视力可见的外来杂质	

③ 浓缩苹果汁的理化标准与要求，参见表 9-3。

表 9-3　浓缩苹果汁的理化标准与要求

项目		清汁型浓缩苹果汁	浊汁型浓缩苹果汁
可溶性固形物（20℃，以折光计）/％	≥	65.0	20.0
总酸（以苹果酸计）/％	≥	0.70	0.45

续表

项目		清汁型浓缩苹果汁	浊汁型浓缩苹果汁
花萼片和焦片数/(个/100g)	<	—	1.0
透光率/%		≥95.0	≤10.0
浊度/NTU	≤	3.0	—
色值	≤	阴性	0.08
不溶性固形物/%	≤	阴性	3
富马酸/(mg/L)	≤	5.0	—
乳酸/(mg/L)	≤	500	—
羟甲基糠醛/(mg/L)	≤	20	—
乙醇/(g/kg)	≤	3.0	3.0
果胶试验		阴性	—
淀粉试验		阴性	—
稳定性试验/NTU	≤	1.0(稳定)	—

注："—"表示不作要求。

④ 浓缩苹果汁的安全性标准与要求，见表 9-4。

表 9-4　浓缩苹果汁的安全性标准与要求

项目		浓缩苹果清汁	浓缩苹果浊汁
砷(以 As 计)/(mg/ kg)	≤	0.5	0.5
铅(以 Pb 计)/(mg/ kg)	≤	1.0	1.0
铜(以 Cu 计)/(mg/ kg)	≤	10.0	10.0
菌落总数/(个/mL)	≤	100	100
大肠菌群/(个/100mL)	≤	6	6
致病菌的检验		不得检出	不得检出

⑤ 浓缩苹果汁的食品安全要求。浓缩苹果汁所使用的食品添加剂，应符合国家标准 GB 2760—2024；所使用的食品营养强化剂，应符合国家标准 GB 14880—2012。

（2）浓缩苹果汁制品的试验方法

本试验检测方法所用水系指双蒸水或超纯水，所用试剂除特别注明外，均为分析纯试剂。

① 浓缩苹果汁的原料检查。按照进货批次和苹果总量的 5% 进行抽样，每30t 以内随机抽取 40kg 苹果，30t 以上的随机抽取 60kg 苹果。将随机抽取的加工用苹果进行混合，再称取 5～10kg 进行检验。称量苹果的总重量，然后将腐烂部分全部剔除并收集、称量，计算腐烂率。

② 浓缩苹果汁的样品准备。浓缩苹果汁的检测项目除可溶性固形物、可滴

定酸、花萼片和焦片数外，其余项目对清汁型浓缩苹果汁和浊汁型浓缩苹果汁分别在可溶性固形物为12%和10%的条件下测定。

花萼片：在加工过程中，苹果的花萼被机械性破碎后混入到成品中的碎片。焦片：在加工过程中，由于条件的控制不当造成产品的焦糊而混入到成品中的黑色片状物。

③ 浓缩苹果汁的感官检验。取清汁型或浊汁型浓缩苹果汁约50mL，置于无色透明的玻璃容器中。在自然光下或者相当于自然光的感官评定室中进行评定。用肉眼观察其色泽、组织形态和杂质；将试样中可溶性固形物含量调整为12%，并将其温度调整到室温，然后用嗅觉鉴别法鉴别香气；用味觉鉴别法鉴别滋味，看是否有异味。

④ 浓缩苹果汁的理化检验

a. 浓缩苹果汁中的可溶性固形物，按GB/T 12143—2008规定的方法进行检测。在20℃用折光计测量待测液的折射率，并用折射率与可溶性固形物含量的换算表查得或从折光计上直接读出可溶性固形物的含量。该方法适用于透明液体、半黏稠、含悬浮物的饮料制品。

b. 浓缩苹果汁中的总酸，按GB 12456—2021规定的方法进行检测。采用酸碱指示剂滴定法、pH计电位滴定法或自动电位滴定法测定浓缩苹果汁中总酸的含量。

c. 浓缩苹果汁的透光率，按GB/T 18963—2012规定的方法，采用分光光度法测定625nm处的透光率，进行分析与比较。

d. 浓缩苹果汁的浊度，按GB/T 18963—2012规定的方法，采用浊度计进行检测。

e. 色值，按GB/T 18963—2012规定的方法，采用分光光度法进行检测。

f. 浓缩苹果汁中的不溶性固形物，按GB/T 18963—2012规定的方法进行检测。将试样进行离心，读取锥形离心管底部的不溶性固形物的体积。

g. 浓缩苹果汁中的乙醇，按GB/T 12143—2008规定的方法进行检测。在酸性条件下，用重铬酸钾氧化苹果汁中的乙醇，再用硫酸亚铁铵滴定过量的重铬酸钾，根据重铬酸钾的加入量和硫酸亚铁铵所消耗重铬酸钾的量，计算苹果汁中的乙醇含量。

h. 浓缩苹果汁中的果胶，按GB/T 18963—2012规定的方法进行检测。将试样中可溶性固形物含量调整为12%，然后在试样中加入酸化乙醇，充分混合均匀后，静置15min肉眼观察。若出现凝胶或絮状物，则果汁中含有果胶；若没有絮状物质出现，则表明果汁中不含果胶（阴性）。

i. 浓缩苹果汁中的淀粉，按GB/T 18963—2012规定的方法进行检测。将试样中可溶性固形物含量调整为12%，然后加热试样至70℃，待冷却后，再加入碘标准溶液1mL，观察其显色反应。若显现蓝色或浅蓝色，则表明有淀粉；反之，则无淀粉（阴性）。

j. 浓缩苹果汁的稳定性试验，按GB/T 18963—2012规定的方法进行检测。

在试验处理前，第一次测量试样的浊度值（NTU），然后将试样在沸水浴中加热3min，迅速冷却，边冷却边搅拌。随后放入4℃冰箱中，静置12h，调整试样可溶性固形物含量为12%，第二次测量其浊度值，最后分析与比较两次所测量的浊度值，进行结果判断。

k. 浓缩苹果汁中微生物的检验，检验的对象包括同一批原料、同一班次、同一条生产线生产的中间半成品和包装完好的同一品种的成品。进行以下微生物检验：

菌落总数，按 GB 4789.2—2022 规定的方法进行测定；大肠菌群，按 GB 4789.3—2016 规定的方法进行测定；致病菌（肠道致病菌、致病性球菌），按 GB 4789 规定的方法进行检验。

l. 浓缩苹果汁中的金属元素的检测。浓缩苹果汁中的砷，按照 GB 5009.11—2014 规定的方法进行测定；浓缩苹果汁中的铅，按照 GB 5009.12—2023 规定的方法进行测定；浓缩苹果汁中的铜，按照 GB 5009.13—2017 规定的方法进行测定；浓缩苹果汁中的镉，按照 GB 5009.15—2023 规定的方法进行测定。

⑤ 浓缩苹果汁制品试验结果判定的基本规则。在检验结果中，如果感官指标、可溶性固形物、总酸、透光率、果胶、淀粉、净重量等不符合标准规定的要求，则可从该批中抽取两倍样品，对不合格项目进行复检。若复检结果仍有一项指标不符合该标准要求，则判定该批产品为不合格。若微生物指标或重金属指标中有一项不符合该标准要求，则判定该批产品为不合格。

3. 橙汁及橙汁饮料制品

（1）橙汁及橙汁饮料制品分类

橙汁，是以橙果实为原料，采用物理方法加工制成的可发酵但未发酵的汁液，可以使用少量食糖或酸味剂调整其风味。允许添加采用适当物理方法所获得的柑橘汁以及橙、柑橘类果实的果肉或囊胞。浓缩橙汁，是指采用物理方法从橙汁（浆）中除去一定比例的水分，加水复原后具有橙汁（浆）应有特征的制品。橙汁饮料，是指在橙汁（浆）或者浓缩橙汁（浆）中加入饮用水、食糖和（或）甜味剂、酸味剂等调制而成的饮料，也可加入橘类的囊胞，果汁（浆）含量（质量分数）不低于10%。

（2）橙汁及橙汁饮料制品的技术标准与要求

① 橙汁及橙汁饮料制品原辅料的要求。橙汁及橙汁饮料制品所需要的原料，要新鲜、完好、成熟，不良果率低于5%，无腐烂果，各项指标符合国家标准及相关法规的规定。其他辅助原料也应符合国家标准及相关法规的规定。

② 橙汁及橙汁饮料制品的感官标准与要求，即状态要求，呈均匀液体状态，允许有一定的果肉或囊胞沉淀物；色泽要求，具有橙汁应有的黄或淡黄色泽，允许有轻微的褐变；滋味要求，具有橙汁应有的酸甜爽口的滋味，无苦味和其他后味；气味要求，具有橙汁应有的香气，无其他异臭味；杂质要求，无肉眼可见的外来杂质和异物。

③ 橙汁及橙汁饮料制品的理化要求参见表 9-5。

表 9-5　橙汁及橙汁饮料制品的理化要求

项目		非复原橙汁	复原橙汁	橙汁饮料
可溶性固形物(20℃)/%	⩾	10.0	11.2	—
蔗糖/(g/kg)	⩽	50.0		—
葡萄糖/(g/kg)		20.0～35.0		—
果糖/(g/kg)		20.0～35.0		—
葡萄糖/果糖	⩽	1.0		—
果汁含量/(g/100g)		100		⩾10

注："—"表示该项指标不作要求。

④ 橙汁及橙汁饮料制品的食品安全要求。在橙汁及橙汁饮料制品的加工过程中，不得在其中同时加入食糖和酸味剂。在橙汁中加入的柑橘汁或果肉及囊胞的量，不得超过可溶性固形物总量的 10%。

橙汁及橙汁饮料制品中所使用的食品添加剂，应符合 GB 2760—2024 的相关规定和要求；所使用的食品营养强化剂，应符合 GB 14880—2012 的相关规定和要求。

（3）橙汁及橙汁饮料制品的检验方法

① 橙汁及橙汁饮料制品的感官检验。取 50mL 混合均匀的橙汁及橙汁饮料制品的试样于无色透明的容器中，置于明亮处，迎光观察其状态、色泽和杂质。在室温下，取一定量混合均匀的橙汁及橙汁饮料制品的试样，嗅其气味，品尝其酸甜滋味。

② 橙汁及橙汁饮料制品的理化检验

a. 橙汁及橙汁饮料制品中可溶性固形物含量的测定，按 GB/T 12143—2008 规定的方法进行可溶性固形物的检测。该方法适用于透明液体、半黏稠、含悬浮物的饮料制品等。

b. 橙汁及橙汁饮料制品中蔗糖、葡萄糖和果糖含量的检测，按照 GB/T 21730—2008 规定的方法进行测定。该标准规定了浓缩橙汁的技术要求、试验方法和检验规则。通过高效液相色谱法测定，外标峰面积法定量。

4. 苹果醋饮料制品的营养与安全性的检测

果醋饮料是一种新型的健康饮料，能促进新陈代谢，调节酸碱平衡，消除疲劳，对健康养生和美容养颜的功效显著，因此，果醋饮料是新时代的健康饮品。

以苹果或苹果汁为基础原料，可加入食糖和（或）甜味剂、苹果汁以及一定量的食用醋等，密封后置于阴凉处发酵一定的时间，开封后经调制、灌装与灭菌等加工工艺而制成的饮料产品，称为苹果醋。

（1）苹果醋饮料制品的技术标准与要求

① 苹果醋饮料制品的原辅料要求。饮料用苹果醋制品所使用的苹果或浓缩苹果汁（浆）应符合相关标准和法规的规定；生产过程中不得使用粮食及其副产

品、糖类、酒精、有机酸及其他碳水化合物类辅料；除乙酸外，同时含有苹果酸、柠檬酸、酒石酸、琥珀酸等不挥发有机酸；不得检出游离矿酸，也不得使用粮食等非苹果发酵产生或人工合成的食醋、乙酸、苹果酸、柠檬酸等调制苹果醋饮料。其他辅助原料应符合相关标准和法规的规定。

② 苹果醋饮料制品的感官要求，即色泽要求，具有与所开发的苹果醋相符的色泽；滋味要求，具有与所开发的苹果醋相符的酸甜爽口的滋味；气味要求，具有与所开发的苹果醋相符的苹果和醋的芬芳的气味；组织状态，允许有少量沉淀，无外来杂质。

③ 苹果醋饮料制品的配料要求，添加饮料用苹果醋（以总酸 4％计时），约 5％；添加苹果或苹果汁，不低于 30％。

④ 苹果醋饮料制品的理化要求，参见表 9-6。其他原辅料应符合国家标准及相关法规的规定。

表 9-6　苹果醋饮料制品的理化要求

项目		要求
总酸[①]（以乙酸计）/（g/kg）	≥	3
苹果酸/（mg/kg）		50～1000
柠檬酸/（mg/kg）	≤	300
乳酸/（mg/kg）	<	250
游离矿酸		不得检出

① 添加二氧化碳的产品总酸大于或等于 2.5 g/kg。

⑤ 苹果醋饮料制品的食品安全要求。GB 7101—2022 规定了果蔬汁饮料的指标要求、食品添加剂、生产加工过程的卫生要求、包装、标识、贮存、运输要求和检验方法。该标准适用于以水果、蔬菜或其浓缩물、蔬汁（浆）为原料加工制成的汁液，可加入其他辅料，经相应工艺制成的可直接饮用的饮料。该标准也适用于低温复原果汁。

苹果醋饮料制品中所使用的食品添加剂，应符合 GB 2760—2024 的相关规定和要求，所使用的食品营养强化剂，应符合 GB 14880—2012 的相关规定和要求。

（2）苹果醋饮料制品的试验方法

① 苹果醋饮料制品的感官检验。取约 50mL 混合均匀的苹果醋饮料样品于无色透明的容器中，置于明亮处，观察其组织状态及色泽，并在室温下嗅其气味，品尝其酸甜滋味。

② 苹果醋饮料制品的理化检验

a. 苹果醋饮料制品中总酸的测定，按 GB 12456—2021 规定的方法进行检测。该标准规定了采用酸碱指示剂滴定法、pH 计电位滴定法或自动电位滴定法测定苹果醋饮料中的总酸含量。该标准适用于果蔬制品、饮料、乳制品、饮料酒、蜂产品、淀粉等制品。

b. 苹果醋饮料制品中的苹果酸、柠檬酸、酒石酸、琥珀酸含量的测定，按

GB 5009.157—2016 规定的方法进行检测。将试样直接用水稀释后，经过强阴离子交换固相萃取柱净化，再经过反相色谱柱分离，以保留时间定性，外标法定量。该标准适用于果汁及果汁饮料、碳酸饮料、固体饮料、胶基糖果、饼干、糕点、果冻、水果罐头、生湿面制品和烘焙食品馅料中 7 种有机酸的测定。

c. 苹果醋饮料制品中游离矿酸的检测，按 GB 5009.233—2016 规定的方法进行检测。

二、果蔬罐头

1. 各种果蔬罐头制品的通用标准与方法

以水果、蔬菜等为原料，经预处理、调配、装罐、密封和加热杀菌等加工工序制作而成的商业无菌罐装食品，称为果蔬罐头制品。由于果蔬的季节性比较强，水分含量高，不耐储存。而罐头制品则具有保存时间长、方便使用和储存的特点。

（1）果蔬罐头制品的技术标准与要求

① 果蔬罐头制品的原辅料要求。各种水果和蔬菜的原料应新鲜、成熟、完好、无腐烂，符合国家标准及相关法规的规定和要求。其他辅助原料也应符合国家标准及相关法规的规定和要求。

② 果蔬罐头制品的感官标准与要求，即：容器，要求密封完好，无泄漏、无胖听，容器外表无锈蚀、内壁涂料无脱落；内容物，应具有该品种罐头食品应有的色泽、气味、滋味和形态特征。检验方法，按照 GB/T 10786—2022 规定的项目和标准方法进行检验。

③ 果蔬罐头制品的理化标准与要求参见表 9-7。

表 9-7 果蔬罐头制品的理化指标

项目		指标/（mg/kg）
锡（以 Sn 计）	≤	200
铜（以 Cu 计）	≤	5.0
铅（以 Pb 计）	≤	1.0
砷（以 As 计）	≤	0.5
食品添加剂		按照 GB 2760

④ 果蔬罐头制品的食品安全要求。果蔬罐头制品中所使用的食品添加剂，应符合 GB 2760—2024 的相关规定和要求，所使用的食品营养强化剂应符合 GB 14880—2012 的相关规定和要求。

（2）果蔬罐头制品的试验方法

① 果蔬罐头制品的感官检验，按 GB/T 10786—2022 规定的方法开展罐头制品的感官标准与要求的检测。

对于糖水型水果罐头、蔬菜类罐头及食用菌罐头，先在室温下打开罐头，滤去汤汁，然后将内容物倒入白瓷盘中，按相应产品标准要求观察并检测其组织、形态和杂质。

对于果酱类罐头制品，在室温（15～20℃）下开罐，用匙取果酱（约 20g）置于干燥的白瓷盘上，在 1min 内视其酱体有无流散和汁液析出现象，按相应产品标准要求观察并检测其组织、形态和杂质。

对于果汁类罐头，打开后将内容物倒入玻璃容器内静置 30min，观察其沉淀程度、分层情况和油圈现象，按相应产品标准的要求观察并检测其组织、形态和杂质。

② 果蔬罐头制品的理化检验

a. 果蔬罐头制品中可溶性固形物的检测，按 GB/T 12143—2008 规定的方法进行。该方法适用于透明液体、半黏稠、含悬浮物的饮料制品等。

b. 果蔬罐头制品的净含量和固形物含量的测定。首先擦净罐头制品外表的灰尘，然后用天平称取罐头制品的总重量。开罐后，将内容物全部倒出，用清水洗净，擦干后称重，计算果蔬罐头制品的净含量。开罐后，将内容物倾倒在预先称重的不锈钢圆筛上，不搅动产品，倾斜筛子，沥干 2min 后，将圆筛和沥干物一并称重，然后计算固形物的含量。

c. 果蔬罐头制品的 pH 值测定。采用准确度为 0.01 的 pH 计。首先将液态果蔬罐头制品混匀备用，固相和液相分开的制品取混匀的液相部分进行测定。对于稠厚或半稠厚制品及难以分出汁液的制品，需取一部分样品进行研磨（可加入等量刚煮沸的水）后混匀备用。测定温度应在（20±2）℃的范围内，否则需要进行温度矫正。读取数字时，要待数字稳定后方可直接读取 pH 值，至少测定两次，求其平均值。

d. 果蔬罐头制品中的微生物限量、污染物限量和真菌毒素限量。其中微生物限量，应符合罐头食品的商业无菌要求，按 GB 4789.26—2023 规定的方法进行检测；污染物限量，应符合 GB 2762—2022 所规定的范围；真菌毒素限量，应符合 GB 2761—2017 所规定的范围。

2. 桃罐头制品的营养与安全性检测

桃罐头制品是以优良罐藏品种的新鲜桃、速冻桃或预罐装桃为主要原料，经过预处理、装罐、加汤汁、密封、杀菌和冷却等一系列加工工艺处理后而制成的罐藏食品。

（1）桃罐头制品的分类

按照原料桃品种的不同，桃罐头制品可分为黄桃罐头和白桃罐头。按照原料桃所切割块形的不同，桃罐头制品可分为两开桃片、四开桃片、桃条、不规则桃条、桃丁、不规则桃丁等产品。按照加工过程中所用汤汁的不同，桃罐头制品可分为糖水型、果汁型、混合型、清水型和果酱型等产品。

（2）桃罐头制品的技术要求

① 桃罐头制品的原辅料要求。原料桃应选择新鲜、冷藏或速冻良好的饱满的桃果实，无严重畸形、霉烂、病虫害和因机械伤引起的腐烂现象，不良果率应

低于5%。其他辅助材料均应符合国家标准及相关法规的规定。

② 桃罐头制品的感官标准与要求，参见表9-8。

表 9-8　桃罐头制品的感官标准与要求

项目	优级品	一级品
色泽	黄桃呈金黄色至黄色;白桃呈乳白色至乳黄色,同一罐内色泽一致,无变色迹象;糖水澄清透明	黄桃呈黄色至淡黄色;白桃呈乳黄色至青白色,同一罐内色泽基本一致,核窝附近允许稍有变色
组织形态	肉质均匀,软硬适度,不连叉,无核窝松软现象;块形完整,大小均匀。过度修整、毛边、机械伤等不得超过总片数的25%,不得残存果皮	肉质较均匀,软硬较适度,有连叉,核窝有少量松软现象;块形基本完整,大小均匀。过度修整、毛边、机械伤等不得超过总片数的35%,不得残存果皮
滋味	具有桃罐头应有的滋味和口感,无不良后味	
气味	具有桃罐头应有的芳香气味,香味纯正,无异味	
杂质	无正常肉眼可见的外来杂质	

③ 桃罐头制品的理化标准与要求，参见表9-9。

表 9-9　桃罐头制品的理化标准与要求

项目	要求
净含量	标示值
固形物含量	50%
可溶性固形物	糖水型:低浓度10%～14%;中浓度14%～18%;高浓度18%～22%;特高浓度22%～35% 果汁型:低浓度8%～14%;中浓度14%～18%;高浓度18%～22% 混合型:低浓度10%～14%;中浓度14%～18%;高浓度18%～22%;特高浓度22%～35%
pH 值	3.4～4.0

④ 桃罐头制品的食品安全标准与要求。桃罐头制品所使用的食品添加剂，应符合 GB 2760—2024 的相关规定，所使用的食品营养强化剂应符合 GB 14880—2012 的相关规定。

（3）桃罐头制品的检验方法

① 桃罐头制品的感官标准与要求。按 GB/T 13516—2014 规定的方法开展桃罐头制品感官标准与要求的检测。在室温下打开桃罐头制品，滤去汤汁，然后将内容物倒入一个平底白瓷盘中，在光亮处观察其组织结构与形态特征以及色泽是否符合标准；接着，将汁液倒在干净的烧杯中，静置 3min 后，观察其汤汁是否清澈透明，有无夹杂物及引起浑浊的果肉碎屑等。最后，在感官评价室内品尝其滋味是否酸甜可口，并嗅其风味，检查是否有异样气味产生等。

② 桃罐头制品理化标准的检验

a. 桃罐头制品中可溶性固形物的检测。按 GB/T 12143—2008 规定的方法进行可溶性固形物的检测。

b. 桃罐头制品中净含量和固形物含量的测定。首先擦净桃罐头外表的灰尘，然后用天平称重桃罐头的总重量，开罐后，将内容物全部倒出，用清水洗净，擦干后称重，计算桃罐头制品的净含量。开罐后，将内容物倾倒在预先称重的不锈钢圆筛上，不搅动产品，倾斜筛子，沥干 2min 后，将圆筛和沥干物一并称重，然后计算固形物的含量。

c. 桃罐头制品的 pH 值测定，采用准确度为 0.01 的 pH 计。首先将液态桃罐头制品混匀备用，固相和液相分开的制品取混匀的液相部分进行测定。稠厚或半稠厚制品及难以分出汁液的制品需取一部分样品进行研磨（可加入等量刚煮沸的水）后混匀备用。测定温度应在（20±2）℃范围内，否则需要进行温度矫正。读取数字时，要待数字稳定后方可直接读取 pH 值，至少测定两次，求其平均值。

d. 桃罐头制品中的微生物限量、污染物限量和真菌毒素限量。桃罐头制品中的微生物限量，应符合罐头食品的商业无菌要求，按 GB 4789.26—2023 规定的方法进行检测；桃罐头制品中的污染物限量，应符合 GB 2762—2022 所规定的范围；桃罐头制品中的真菌毒素限量，应符合 GB 2761—2017 所规定的范围。

三、果酱制品

1. 果酱产品的分类

按照原材料及其配方组成，可以将果酱类产品分为原果酱和果味酱两大类。果酱是指以水果、果汁或果浆和糖等为主要原料，经清洗等预处理、打浆（或破碎）、过滤、煮制、调配、浓缩、包装和灭菌等多道工序加工制成的酱状产品。在果酱产品的配方中，水果、果汁或果浆的用量大于或等于 25％。果味酱则是指加入少量或不加入水果、果汁或果浆，使用增稠剂、食用果味香精、着色剂等食品添加剂，加糖（或不加糖），经调配、煮制、浓缩、包装等工序加工制成的酱状产品，配方中水果、果汁或果浆的用量小于 25％。

2. 果酱制品的技术标准与要求

（1）果酱制品原料和辅料的标准与要求

各种水果原料，要新鲜、自然色、成熟、完好，好果率大于 95％，腐烂果低于 5％，符合国家标准及相关法规的规定。其他食品添加剂和营养强化剂等辅料也应符合国家标准及相关法规的规定。

（2）果酱制品的感官标准与要求

即色泽，要有该品种加工后应有的色泽（原果酱）或使用食品添加剂加工后应有的色泽（果味酱）；滋味与口感，要具有该品种原料加工后应有的风味，酸甜适中，口味纯正，无异味；香味，要具有该品种原料加工后应有的香味，无霉味和其他异常风味；杂质，正常视力下无可见杂质，无霉变；组织状态，要内容物均匀，无明显分层和析水，无结晶。

（3）果酱制品的理化标准与要求

具体参见表 9-10。

表 9-10　果酱制品的理化标准与要求

项　目		果酱指标	果味酱指标
果浆或果汁的用量/%	≥	25	
可溶性固形物(以 20℃折光计)/%	≥	25	—
总糖/(g/100g)	≤	—	65
总砷(以 As 计)/(mg/kg)	≤	0.5	
铅(以 Pb 计)/(mg/kg)	≤	1.0	
锡(以 Sn 计)/(mg/kg)	≤	250[①]	

① 仅限马口铁罐装果酱。

注："—"表示不作要求；总砷、铅、锡的指标可参照 GB 11671 设定，并与该标准相同。

（4）果酱制品的食品安全要求

果酱制品中所应用的食品添加剂，应符合 GB 2760—2024 的规定；果酱制品中所应用的食品营养强化剂应符合 GB 14880—2012 的规定。

3. 果酱制品的试验方法

（1）果酱制品的感官检验

对于果酱类罐头，在室温下打开罐头后，用勺取果酱（约 30g）置于白瓷盘上，观察其色泽是否符合标准；并观察 1min 后酱体是否有流散和汁液析出现象。

对于果味类果酱罐头，在室温下打开罐头后，将内容物倒在玻璃容器中静置 30min，观察其色泽、沉淀程度、分层情况和是否有油圈现象。

（2）果酱制品的理化检验

① 果酱制品中可溶性固形物含量的测定，按照 GB/T 12143—2008 规定的方法，采用折光法。在 20℃条件下，用折光计测量待测液的折射率，并用折射率与可溶性固形物含量的换算表查得，或从折光计上直接读出可溶性固形物的含量。

② 果酱制品中总糖含量的测定，按照 GB 5009.8—2023 规定的方法进行测定。该标准主要有两种方法，第一种方法为高效液相色谱法，适用于谷物类、乳制品、果蔬制品、蜂蜜、糖浆、饮料等食品中果糖、葡萄糖、蔗糖、麦芽糖、乳糖的测定，通过高效液相色谱法测定时，采用外标峰面积法定量；第二种方法为酸水解-莱因-埃农氏法，适用于食品中蔗糖的测定。

③ 果酱制品中铅含量的测定，按照 GB 5009.12—2023 规定的方法进行测定。食品中的铅可以通过石墨炉原子吸收光谱法、氢化物原子荧光光谱法、火焰原子吸收光谱法和二硫腙比色法进行检验。

④ 果酱制品中砷含量的测定，按照 GB 5009.11—2014 规定的方法进行操作。食品中的总砷的测定采用电感耦合等离子体质谱法、氢化物发生原子荧光光谱法、银盐法。

⑤ 果酱制品中锡含量的测定，按照 GB 5009.16—2023 规定的方法进行操

作。该标准规定了食品中锡的氢化物原子荧光光谱法、电感耦合等离子体质谱和电感耦合等离子体发射光谱的测定方法,适用于罐装果酱、罐装固体食品、罐装饮料、罐装婴幼儿配方食品及辅助食品中锡的测定。

⑥ 果酱制品中微生物限量标准,应符合罐头食品商业的无菌要求,按 GB 4789.26—2013 规定的方法进行检测。

四、非油炸水果、蔬菜脆片制品

1. 非油炸水果、蔬菜脆片制品的分类

非油炸水果、蔬菜脆片制品,按照是否添加调味料可分为以下两类,即原味非油炸水果、蔬菜脆片和调味非油炸水果、蔬菜脆片。

(1) 原味非油炸水果、蔬菜脆片

以水果、蔬菜为原料,经(或不经)切片(条、块)后,采用非油炸脱水工艺制成的口感酥脆的水果、蔬菜干制品。

(2) 调味非油炸水果、蔬菜脆片

在原味非油炸水果、蔬菜脆片中添加调味料后,采用非油炸脱水工艺,制成的口感酥脆、风味浓郁的水果、蔬菜干制品。

2. 果蔬脆片制品的技术要求

(1) 果蔬脆片制品的原料要求

原料水果、蔬菜的品种、成熟度和新鲜度应符合相关国家标准及相关法规要求。病害果蔬和变质水果、蔬菜在整批原料中所占比例不应超过 5%。其他原辅料应符合国家标准及相关法规的规定。

(2) 果蔬脆片制品的感官要求与特征评价

参见表 9-11。

表 9-11 果蔬脆片制品的感官要求

项目	特征
色泽	具有该水果、蔬菜经加工后应有的正常色泽,且色泽均匀
滋味	具有该水果、蔬菜经加工后应有的滋味或调味料的滋味,无异味,口感酥脆
气味	具有该水果、蔬菜经加工后应有的香气或调味料的香气,无异味
组织形态	块状、片状、条状、丝状或该品种应有的其他形状,各种形态基本完好,厚薄均匀,大小一致
杂质	无正常视力可见的外来杂质

(3) 果蔬脆片制品的理化指标

参见表 9-12。

表 9-12 果蔬脆片制品的理化指标

项目		指标	项目		指标
配料比/%	≤	5.0	脂肪/%	≤	5.0
筛下物/%	≤	5.0	水分/%	≤	5.0

（4）果蔬脆片制品的微生物限量、污染物限量和真菌毒素限量标准

果蔬脆片制品，应符合罐头食品类的商业无菌要求，按 GB 4789.26—2013 规定的方法检测；果蔬脆片制品中的真菌毒素限量标准，应符合 GB 2761—2017 的规定；果蔬脆片制品中的污染物限量标准，应符合 GB 2762—2022 的规定。

（5）食品添加剂

果蔬脆片制品中所需要添加的食品添加剂，应符合 GB 2760—2024 的规定，且要按需、按量和科学地添加。

3. 果蔬脆片制品的检验方法

（1）果蔬脆片制品感官指标的检测

将果蔬脆片制品的试样放在洁净的白瓷盘中，在明亮的自然光下用肉眼直接观察其色泽、组织形态和杂质，并嗅其气味的香型和强弱、品尝其滋味和口感。

（2）果蔬脆片制品理化指标的检测

① 果蔬脆片制品的水分检测，按照 GB 5009.3—2016 规定的方法进行。该标准规定的直接干燥法，适用于在 101～105℃下，测定水果、蔬菜及其制品中的水分。

② 果蔬脆片制品的筛下物检测，按照 GB/T 23787—2009 规定的方法进行。称量试样后，连同接受盘和盖一起，置于符合规格的试验筛中。每次放入试验筛的试样不得超过试验筛体积的三分之一。双手握住试验筛沿水平方向摇动 8～10 圈，倒掉筛上物，称量筛下物的质量，计算筛下物的质量分数。

③ 果蔬脆片制品的脂肪检测，按 GB 5009.6—2016 规定的操作方法进行。一般采用索氏抽提法和酸水解法，对水果、蔬菜汁、饮料与果蔬脆片制品中的脂肪进行测定。

参考文献

［1］ GB/T 31121—2014 果蔬汁类及其饮料.
［2］ GB/T 18963—2012 浓缩苹果汁.
［3］ 郭晓焕. 浓缩苹果汁中耐热耐酸菌的检验. 社区医学杂志，2017（13）：12-14.
［4］ GB/T 21731—2008 橙汁及橙汁饮料.
［5］ 张妍. 橙汁特征性理化品质分析与鉴伪方法研究. 武汉：华中农业大学，2008.
［6］ GB/T 30884—2014 苹果醋饮料.
［7］ 李曦，陈倩，唐伟，等. 苹果醋饮料中的有机酸分析. 食品与发酵工业，2017，43（2）：220-225.
［8］ 李杏，孟岳成，陈杰，等. 发酵型苹果醋饮料的开发及其感官评价. 中国调味品，2012（6）：76-81.
［9］ 李素云，杨留枝. 苹果醋饮料研究的现状及发展前景. 饮料工业，2007，10（11）：8-10.
［10］ GB/T 10786—2022 罐头食品的检验方法.
［11］ GB/T 13516—2014 桃罐头.

［12］ 刘莉 . 黄桃罐头感官品质评价研究 . 天津：天津科技大学，2015.

［13］ GB/T 22474—2008 果酱 .

［14］ GB/T 23787—2009 非油炸水果、蔬菜脆片 .

［15］ 尚艳艳 . 蔬菜脆片的开发研究 . 武汉：武汉工业学院，2011.

［16］ 尚艳艳，田国军，黄泽元 . 非油炸小白菜脆片的加工工艺研究 . 食品科技，2011（5）：127-130.